Mechanische Verfahrenstechnik
Herausgegeben von M. Bohnet

Weitere empfehlenswerte Bücher:

Schubert, H. (Hrsg.)

Handbuch der Mechanischen Verfahrenstechnik

2 Bände
2003
ISBN 3-527-30577-7

Kraume, M. (Hrsg.)

Mischen und Rühren

Grundlagen und moderne Verfahren

2003
ISBN 3-527-30709-5

Kaye, B. H.

Characterization of Powders and Aerosols

1999
ISBN 3-527-28853-8

Pietsch, W.

Agglomeration Processes

Phenomena, Technologies, Equipment

2002
ISBN 3-527-30369-3

Zlokarnik, M.

Stirring

2001
ISBN 3-527-29996-3

Schmidt, P., Körber, R., Coppers, M.

Sieben und Siebmaschinen

Grundlagen und Anwendung

2003
ISBN 3-527-30207-7

Mechanische Verfahrenstechnik

Herausgegeben von Matthias Bohnet

WILEY-VCH

WILEY-VCH Verlag GmbH & Co. KGaA

Prof. Dr.-Ing. Matthias Bohnet
TU Braunschweig
Institut für Chemische und Technische
Verfahrenstechnik
Langer Kamp 7
38106 Braunschweig

Bibliografische Information Der Deutschen Bibliothek
Die Deutsche Bibliothek verzeichnet diese Publi-
kation in der Deutschen Nationalbibliografie;
detaillierte bibliografische Daten sind im Internet
über <http://dnb.ddb.de> abrufbar.

© 2004 WILEY-VCH Verlag GmbH & Co. KGaA,
Weinheim

Gedruckt auf säurefreiem Papier.

Satz Typomedia GmbH, Ostfildern

ISBN 978-3-527-31099-9

Titelbild   Partikel in dispersen Systemen
(Institut für Verfahrenstechnik der Bundesanstalt
für Ernährung, Karlsruhe, W.E.L. Spieß, S. Min)

Inhalt

Häufig benutzte Formelzeichen

Symbole

A	Flächen, allgemein
A_R	Reibungsfläche Zyklon
A_P	angeströmte Querschnittsfläche einer Partikel- bzw. Partikelprojektionsfläche
Ar	Archimedes-Zahl
a	Abstand
a	Einlaufhöhe
B	Bruchfunktion
$B;\, b$	Breite, allgemein
Bo	Bodenstein-Zahl
b	Einlaufbreite
b	Zentrifugalbeschleunigung
C_H	Hamaker-van-der-Waals-Konstante
c	Konzentration
c_W	Widerstandsbeiwert (für Widerstand F_W)
D	Durchmesser, allgemein
D	Diffusionskoeffizient, allgemein
D_h	mittlerer hydraulischer Durchmesser
$D(d) \equiv Q_3(d)$	Partikelgrößenverteilungsfunktion in der Mengenart Masse
d	Partikeldurchmesser
d_A	flächenäquivalenter Kreisdurchmesser der Projektionsfläche einer Partikel
d_a	Außendurchmesser
d_i	Tauchrohrdurchmesser
$d_{max};\, d_o$	maximale bzw. obere Partikelgröße eines Kollektivs
$d_{min};\, d_u$	minimale bzw. untere Partikelgröße eines Kollektivs
d_s	sinkgeschwindigkeitsäquivalenter Kugeldurchmesser einer Partikel
d_T	Grenzpartikeldurchmesser
d_Z	Zentralwert einer Partikelgrößenverteilung
E	elektrische Feldstärke
E	Elastizitätsmodul
E	Energie
F	Kraft
F_A	statischer Auftrieb
F_C	Coulomb-Kraft
F_F	Feldkraft
F_G	Schwerkraft
F_H	Haftkraft
F_N	Normalkraft
F_p	Druckkraft
F_R	Reibungskraft

F_S	Scherkraft
F_T	Trägkeitskraft
F_W	Widerstandskraft
F_Z	Zentrifugalkraft
Fr	Froude-Zahl
ff	Fließfaktor nach Jenike
ff_c	Fließfähigkeit eines Schüttgutes nach Jenike
g	Schwerebeschleunigung
$H; h$	Höhe, allgemein
h	Höhe Abscheideraum
h	Plancksche Konstante ($h = 6,626 \cdot 10^{-34}$ J s)
h_{ges}	Gesamthöhe Zyklon
$\hbar\bar{\omega}$	Lifschitz-van-der-Waals-Konstante
k	Boltzmann-Konstante
k_ψ	Partikelform-Korrekturfaktor
$L; l$	Länge, allgemein
m	Masse
$\dot{m}$	Massenstrom (Massendurchsatz)
$\dot{m}$	Gasmassenstrom
$\dot{m}_{se}$	Feststoffmassenstrom im Einlauf
$\dot{m}_{si}$	Feststoffmassenstrom im Tauchrohr
N	Anzahl; Partikelanzahl
Ne	Newton-Zahl
n	Drehzahl
n	Partikelanzahlkonzentration
P	Leistung
p	Druck
p_k	Kapillardruck
$Q_r(d)$	Partikelgrößenverteilungsfunktion in der Mengenart r ($r = 0$: Anzahl; $r = 3$: Masse bzw. Volumen)
$q_r(d)$	Partikelgrößenverteilungsdichte in der Mengenart r
$R; r$	Radius, allgemein
R_K	Filterkuchenwiderstand
R_M	Filtermittelwiderstand, Filtermediumwiderstand
R_e	Reynolds-Zahl
r	Probengröße
r	Radius
r_a	Außenradius
r_a/r_i	Radienverhältnis
r_e	Eintrittsradius
r_k	spezifischer Kuchenwiderstand
r_i	Tauchrohrradius
S	statistische Sicherheit
s^2	Stichprobenvarianz (empirische Varianz)
T	Temperatur

$T(\xi)$	Trennfunktion (Trennkurve)
t	Quantil der t-Verteilung
t	Zeit
U	Umfang
U	elektrische Spannung
u	Fluidgeschwindigkeit
u_r	Relativgeschwindigkeit zwischen Fluid und Partikel
u	Umfangsgeschwindigkeit
u_a	Umfangsgeschwindigkeit auf r_a
u_i	Umfangsgeschwindigkeit auf r_i
u_e	Eintrittsgeschwindigkeit
u_{tr}	Tauchrohrgeschwindigkeit
u_r	Radialgeschwindigkeit
u_{ri}	Radialgeschwindigkeit auf r_i
u_0	charakteristische Fluidgeschwindigkeit eines betrachteten Strömungsvorgangs bzw. -prozesses
V	Volumen
$\dot{V}$	Volumenstrom
v	Partikelgeschwindigkeit
v	Variationskoeffizient
v_s	stationäre Sinkgeschwindigkeit einer Partikel
$v_{s\varphi}$	stationäre Schwarmsinkgeschwindigkeit einer Partikel
We	Weber-Zahl
z	Zentrifugalwert

Griechische Buchstaben

α	Einschnürungskoeffizient
α	Irrtumswahrscheinlichkeit
β	Neigungswinkel gegen die Horizontale
$\beta = b/r_a$	Längenverhältnis Einlauf
γ	spezifische freie Grenzflächenenergie bzw. Grenzflächenspannung (Der Charakter der Grenzfläche wird mit Hilfe der Indices s, l und g gekennzeichnet, welche die angrenzenden Phasen bezeichnen.)
$\dot{\gamma}$	Schergeschwindikeit
Δp	Gesamtdruckverlust
Δ_p	Druckdifferenz; Druckverlust
Δp_e	Druckverlust im Abscheideraum
Δp_i	Druckverlust Tauchrohr
δ	Film, Lamellen- bzw. Schichtdicke
δ	Benetzungswinkel
ϵ	Konusneigungswinkel
ε	Porosität
ε	Dielektrizitätszahl (relative Dielektrizitätskonstante)

ε_0	elektrische Feldkonstante ($\varepsilon_0 = 8,854 \cdot 10^{-12}\,\mathrm{As/V^{-1}m^{-1}}$)
ζ	Widerstandsbeiwert
ζ	Zetapotenzial
η	dynamische Viskosität
η	dynamische Viskosität eines Fluids
η	Fraktionsabscheidegrad
η	Wirkungsgrad
η_G	Gesamtabscheidegrad
θ	Neigungswinkel gegen die Vertikale
κ	Kehrwert der Partikelstreuung
λ	Wandreibungskoeffizient reines Gas
λ_s	Wandreibungskoeffizient mit Feststoff
χ	Konzentrationsparameter
χ	Partikelstreuung
μ	Masseanteil
μ	Reibungskoeffizient
μ	1. Anfangsmoment einer Verteilungsfunktion (»wahrer« Mittelwert)
μ_e	Eintrittsbeladung
μ_G	Grenzbeladung
μ_s	Massenstromverhältnis
ν	kinematische Viskosität
ξ	Partikelmerkmal (Trenneigenschaft), allgemein
ξ_i	Druckverlustkoeffizient
ξ_{ie}	Druckverlustkoeffizient im Tauchrohr
ξ_{ii}	Druckverlustkoeffizient im Abscheideraum
ξ_T bzw. ξ_{50}	Trenngrenze i.e.S. (Trennschnitt) eines Trennprozesses
ρ	Dichte
ρ_b	Schüttdichte
ρ_F	Fluiddichte
ρ_p	Partikeldichte
ρ_S	Partikeldichte
σ	Normalspannung
σ_c	einaxiale Druckfestigkeit eines Schüttgutes
σ^2	Varianz
σ_Z^2	Varianz der vollständigen Zufallsmischung
σ_Z	Zugfestigkeit
τ	Schubspannung
τ	Verweilzeit
τ_c	Kohäsion eines Schüttgutes
ϕ	Bruchwahrscheinlichkeit
ϕ	Neigungswinkel Auslauftrichter
φ	Volumenanteil
φ_e	effektiver (innerer) Reibungswinkel eines Schüttgutes
φ_i	innerer Reibungswinkel eines Schüttgutes

φ_w	Wandreibungswinkel eines Schüttgutes, massenbezogene magnetische Suszeptibilität
ω	Kreisfrequenz
ω	Winkelgeschwindigkeit

Indizes

A	Aufgabegut
d	disperse Phase
F	Faser
F	Filter, Filtration
F	Fluid
g	Gas, gasförmig
i	Phase, Komponente, Merkmalklasse
K	Kuchen
K	Kugel
L	Luft
m	Masse, massenbezogen
m	mittlere
O	Oberfläche
P	Partikel
r	Mengenart bei Partikelverteilung
S	Feststoff, fest
T	Trennung, Trennschnitt
V	Volumen, volumenbezogen
W	Wand
z	Zentrifugal

Vektorielle Größen, Tensoren und Matrizen sind im Druck **halbfett** gekennzeichnet.

Herausgeber und Autoren

Herausgeber

Prof. Dr.-Ing. Matthias Bohnet
TU Braunschweig
Institut für Chemische und Thermische
Verfahrenstechnik
Langer Kamp 7
38106 Braunschweig

Autoren

Dr.-Ing. Harald Anlauf
Universität Karlsruhe
Institut für Mechanische Verfahrens-
technik und Mechanik
Am Forum 8, Geb. 30.70
76131 Karlsruhe
(Kapitel 4.4)

Prof. Dr.-Ing. Matthias Bohnet
TU Braunschweig
Institut für Chemische und Thermische
Verfahrenstechnik
Langer Kamp 7
38106 Braunschweig
(Kapitel 1, 4.23, und 4.24)

Dr.-Ing. Stefan Hogekamp
Universität Karlsruhe
Institut für Lebensmittelverfahrens-
technik
76128 Karlsruhe
(Kapitel 6)

Prof. Dr.-Ing. Dr.-Ing. E. h.
Kurt Leschonski †
ehemals TU Clausthal
Lehrstuhl für Mechanische Verfahrens-
technik
Adolph-Roemer-Str. 2A
38678 Clausthal-Zellerfeld
(Kapitel 4.1)

Prof. Dr.-Ing. Friedrich Löffler †
ehemals Universität Karlsruhe
Mechanische Verfahrenstechnik und
Mechanik
Kaiserstr. 12
76131 Karlsruhe
(Kapitel 4.21 und 4.22)

Prof. Dr. Otto Molerus
Universität Erlangen-Nürnberg
Lehrstuhl für Feststoff- und Grenz-
flächenverfahrenstechnik
Cauerstr. 4
91058 Erlangen
(Kapitel 3.2 und 9)

Prof. Dr. Reinhard Polke
(ehemals BASF Aktiengesellschaft)
Alemannenstr. 9
67112 Mutterstadt
(Kapitel 2)

Dr.-Ing. Jürgen Raasch
Am Kirchberg 43
76229 Karlsruhe
(Kapitel 3.1)

PD Dr.-Ing. habil. Bernd Sachweh
BASF Aktiengesellschaft
GCT / R
L 540
67056 Ludwigshafen
(Kapitel 2)

Prof. Dr.-Ing. habil. Eberhard Schmidt
Bergische Universität
Gesamthochschule Wuppertal
Fachbereich 14
Sicherheitstechnik/Umweltschutz
Rainer-Gruenter-Str.
42097 Wuppertal
(Kapitel 4.25, 4.26 und 4.3)

Prof. Dr.-Ing. Klaus Schönert
(ehemals TU Clausthal)
Tannenhöhe 4
38678 Clausthal-Zellerfeld
(Kapitel 5)

Prof. Dr.-Ing. habil. Helmar Schubert
Universität Karlsruhe
Institut für Lebensmittelverfahrens-
technik
76128 Karlsruhe
(Kapitel 6)

Prof. Dr.-Ing. Jörg Schwedes
TU Braunschweig
Institut für Mechanische Verfahrens-
technik
Volkmaroder Str. 4/5
38104 Braunschweig
(Kapitel 8)

Prof. Dr.-Ing. Karl Sommer
TU München
Lehrstuhl für Maschinen- und
Apparatekunde
85350 Freising-Weihenstephan
(Kapitel 7)

Vorwort

Die mechanischen Prozesse der stoffwandelnden Industrie zeichnen sich durch eine außergewöhnliche Vielfalt und Komplexität aus. Dies liegt daran, dass man es immer mit dispersen Systemen zu tun hat, bei denen schon die Charakterisierung der beteiligten festen Partikeln ein erhebliches Problem darstellt. Darüber hinaus sind an fast allen Prozessen mehrphasige Strömungen beteiligt, in denen feste Partikeln in Gasen oder Flüssigkeiten bewegt werden.

Die physikalische Beschreibung disperser Systeme hat in den letzten Jahren erhebliche Fortschritte gemacht. Hierzu hat die Entwicklung neuer Messverfahren wesentlich beigetragen. Diese ermöglichen es heute, Partikelsysteme, ihre mechanische Beanspruchung sowie Mehrphasenströmungen sehr genau zu untersuchen und dadurch einen besseren Einblick in die komplizierten Vorgänge zu gewinnen. Neue Methoden der numerischen Simulation der Partikelbewegung zeigen erfolgversprechende Wege auf, wie man dieses Werkzeug in Zukunft noch besser für die Analyse disperser Systeme nutzen kann. Trotzdem bleibt festzustellen, dass für die Auslegung verfahrenstechnischer Prozesse, in vielen Fällen, immer noch das Experiment unverzichtbar ist.

Die Autoren dieses Buches haben ihre wissenschaftliche Kompetenz und ihre industrielle Erfahrung in die Behandlung der unterschiedlichsten Prozesse der mechanischen Verfahrenstechnik eingebracht. Diese Einführung wird dem Leser schnell und zielgerichtet bei seiner Problemlösung helfen. Für diejenigen, die tiefer in die Materie eindringen möchten, werden die vielen Literaturhinweise nützlich sein.

Dem Verlag Wiley-VCH ist dafür zu danken, dass er dieses Buch herausgebracht hat. Es wird den in der Industrie Tätigen und den Studierenden den Zugang zu diesem faszinierenden Gebiet der Verfahrenstechnik erleichtern.

Braunschweig, November 2003   *M. Bohnet*

1
Einführung

Die Verfahrenstechnik befasst sich mit der industriellen Umwandlung von Ausgangsstoffen in einer Folge physikalischer, chemischer oder biologischer Prozesse zu verkaufsfähigen Zwischen- oder Endprodukten. Um Stoffe wandeln zu können, ist Energie in Form von Wärme oder mechanischer Energie erforderlich. Darüber hinaus nutzt man die Möglichkeit der chemischen Umwandlung sowie die Fähigkeit von Mikroorganismen, Stoffe zu wandeln.

Alle verfahrenstechnischen Prozesse lassen sich in Grundoperationen (unit operations) zerlegen. Dies hat zunächst den Vorteil, dass man die Gesetzmäßigkeiten der stoffwandelnden Vorgänge losgelöst von einem bestimmten Stoffsystem behandeln kann. Die Zusammenfügung der Einzelschritte zum Prozess ist Aufgabe der Systemverfahrenstechnik, die insbesondere die dynamische Aufeinanderfolge der Teilschritte umzusetzen hat. Hier finden sich dann wichtige Verknüpfungen mit der Mess-, Regel- und Automatisierungstechnik.

Die mechanische Verfahrenstechnik umfasst insbesondere Trennverfahren zwischen Feststoffen und Fluiden (Abschnitt 4), Mischvorgänge (Abschnitt 7), Zerkleinerungs- und Agglomerationsprozesse (Abschnitte 5 und 6), die Schüttguttechnik (Abschnitt 8) und den Transport von Feststoffen (Abschnitt 9). Für die Charakterisierung und Bewertung dieser Verfahrensschritte spielt die Partikelgrößenanalyse (Abschnitt 2.2) eine herausragende Rolle. Da in der mechanischen Verfahrenstechnik an fast allen Prozessen – bei nur wenigen Ausnahmen – feste Partikeln beteiligt sind, ist die Charakterisierung disperser Systeme eine der wichtigsten Aufgaben der Verfahrenstechnik (Abschnitt 2), weil die Eigenschaften von Produkten nicht nur durch ihre chemische Zusammensetzung sondern ebenso durch ihre physikalischen Größen bestimmt werden. Die Feststoffverfahrenstechnik, die hier behandelt wird, umfasst alle Verfahrensschritte einer Prozesskette, von der Entstehung des Feststoffes durch Kristallisation, Fällung oder Kondensation über die Formulierung bis hin zur Anwendung. Dabei werden die dispersen Systeme gezielt oder ungewollt verändert. Dies betrifft insbesondere den Dispersitätszustand. Durch Zerkleinern wird die Größe von Partikeln verringert, durch Agglomeration entstehen größere Partikelverbände. Durch Mischen oder Trennen wird die Häufigkeitsverteilung der unterschiedlichsten Merkmale verändert. Viele physikalische Eigenschaften, z.B. die Festigkeit oder das Haftverhalten von Partikeln ändern sich mit dem Dispersitätszustand. Im Kollektiv äußert sich der disperse Zustand in der Schüttgutdichte, im Fließverhalten von Schüttgütern oder in ihrer Durchströmbarkeit. Um dieses Verhalten zu beschreiben, müssen die physikalischen Eigenschaften der Feststoffe, z.B. Größe, Form und Festigkeit bekannt sein, wobei die Charakterisierung disperser Systeme auch die Ausgangs-, Zwischen- oder Endprodukte umfasst.

HANS RUMPF hat in seiner Veröffentlichung »Über die Eigenschaften von Nutzstäuben« [1.1] die Zusammenhänge zwischen Dispersitätseigenschaften und Produkteigenschaften beschrieben. An Beispielen wird aufgezeigt, wie die Produkteigenschaften – Produktzustand und Produktverhalten – disperser Systeme

Mechanische Verfahrenstechnik
Herausgegeben von Matthias Bohnet
Copyright © 2004 WILEY-VCH Verlag GmbH & Co. KGaA, Weinheim
ISBN: 3-527-31099-1

von physikalischen Partikeleigenschaften abhängen. RUMPF nannte den funktionalen Zusammenhang »Eigenschaftsfunktion« (Abb. 1.1).

Die Produkteigenschaften gliedern sich in drei Kategorien: Wirkung, Applizierbarkeit und Herstellbarkeit. Nur die ersten beiden Klassen sind für den Endverbraucher/Anwender relevante Qualitätsmerkmale; verarbeitungstechnische Eigenschaften interessieren dagegen nur den Hersteller. Im Folgenden sind Beispiele der unterschiedlichen Kategorien von Anwendungs- und Verarbeitungseigenschaften sowie Dispersitätseigenschaften aufgeführt.

Zu den Produkteigenschaften zählen:
● Anwendungseigenschaften: Bioverfügbarkeit, Farbe, Geschmack, Festigkeit, Aktivität eines Katalysators
● Verarbeitungstechnische Eigenschaften: Fließfähigkeit, Haftverhalten, Mischbarkeit, Filtrierverhalten, Abscheideverhalten, Verdampfungsgeschwindigkeit

Die Dispersitätseigenschaften umfassen:
● Partikelgröße, Partikelform, Porosität, Festigkeit, Kristallinität.

Prozesse der mechanischen Verfahrenstechnik zielen auf eine Veränderung der Partikeleigenschaften oder des Mischungszustandes hin. Die für die Charakterisierung disperser Systeme besonders wichtige Partikelmesstechnik dient dem Erfolgsnachweis der Maßnahmen in den einzelnen Prozessen, wobei der Erfolg eines jeden Prozesses selbst entscheidend vom dispersen Zustand bestimmt wird, zum Beispiel:
● mit abnehmender Partikelgröße lassen sich Stoffe schwieriger zerkleinern und schwerer abscheiden
● mit abnehmender Partikelgröße lassen sich Stoffe schneller verdampfen

Produkteigenschaften = f (Physikalische Eigenschaften)

$$PE = f\,(E_{i\ phys.}) \qquad E_{i\ chem} = const.$$

Produkteigenschaften PE

Verarbeitung PE₁
Filtrierbarkeit
Ausformbarkeit
Agglomerationsverhalten

Anwendung PE₂
Farbe
Wirkung
Geschmack

Physikalische Eigenschaften $E_{i\ phys.}$

Dispersitätseigenschaften DE
Größe
Form
Porosität
Festigkeit
Modifikation
Grenzflächeneigenschaften

Abb. 1.1   Eigenschaftsfunktionen

Die Prozesse lassen sich nach dem in Tabelle 1.1 gezeigten Schema ordnen, je nachdem, ob mit ihnen eine Änderung des Dispersitätszustandes, der Zusammensetzung bzw. des Mischungszustandes oder des Ordnungszustandes verbunden ist [1.2].

Beim Trennen, Mischen und insbesondere beim Fördern treten häufig ungewollt Veränderungen durch Abrieb oder Agglomeration auf. Zur Bestimmuung des Abriebs oder der Agglomeration werden die gleichen Messmethoden genutzt.

Die Elemente einer dispersen Phase bestehen aus: festen (Suspensionen, Aerosole), flüssigen (Emulsionen) oder gasförmigen (Blasen, Schäume) Partikeln. Die Elemente können durch verschiedene Merkmale charakterisiert werden, z. B. Größe, Form, Festigkeit, Struktur, Farbe, Porosität oder Homogenität. Die Merkmale sind immer verteilt. Die Elemente können verschieden angeordnet sein, als Primärpartikel, Agglomerate, unregelmäßige Flockungsstrukturen oder geordnete Strukturen. Diese Merkmale sind für die Produkteigenschaften entscheidend.

Ein Beispiel aus der Chemie soll die Bedeutung mechanischer Prozesse in der verfahrenstechnischen Industrie unterstreichen: Von den in der Chemie produzierten Produkten sind mehr als 50% disperser Natur. Von den übrigen durchlaufen viele während der Produktion einen dispersen Zustand.

Neue Aspekte kommen im Bereich nanoskaliger Partikeln hinzu. Die unterschiedlichen Herstellverfahren nanoskaliger Produkte über Flammsynthese, Verdampfung und Kondensation, Fällung, Kristallisation, Sol-Gel-Verfahren oder Zerkleinerung erfordern neue Messtechniken, die der Schnelligkeit der Prozesse gerecht werden und besonders die Wechselwirkungskräfte mit erfassen. Diese Wechselwirkungskräfte bestimmen in diesem Größenbereich das Produktverhalten wesentlich. Dies gilt sowohl für die Herstellung der Partikeln als auch für ihre Handhabung.

Die Besonderheit der mechanischen Verfahren ist darin begründet, dass die in den unterschiedlichsten Prozessen auftretenden Partikelgrößen acht Zehnerpotenzen umfassen können. Darüber hinaus bestehen die Feststoffpartikel häufig aus mehreren Komponenten, aus vielen Kristalliten einer Komponente oder es sind Agglomerate, die durch schwache Bindungskräfte (kapillare Haftkräfte, van-der-Waals-Kräfte, elektrostatische oder magnetische Kräfte) zusammengehalten werden. Eine

Tab. 1 Grundoperationen der mechanischen Verfahrenstechnik

Änderung des Dispersitätszustandes bestimmter Partikeleigenschaften		Änderung des Mischungszustandes ohne Änderung der Eigenschaften der einzelnen Partikeln	
Zerteilen	Zerkleinern, (Zerstäuben, Begasen)	Trennen	Sortieren, Klassieren, Abschneiden
Vereinigen	Kornvergrößerung (Agglomerieren, Kompaktieren, etc.)	Mischen	Beschichten, Komposit-Eigenschaften
Transportieren	Fördern, Lagern, Dosieren		
Messen	**Partikelmesstechnik** **Analyse von Mehrphasensystemen** **(Größe, Konzentration, Geschwindigkeit)**		

derartige Heterogenität der Stoffsysteme liegt in anderen Bereichen der Verfahrenstechnik nicht vor.

Im Folgenden kann nur eine Einführung in die mechanische Verfahrenstechnik gegeben werden, für eine umfassende Darstellung siehe [1.2]–[1.5].

2
Charakterisierung disperser Systeme

2.1
Eigenschaften disperser Systeme

2.1.1
Ziel einer Charakterisierung

Ziele der Charakterisierung disperser Systeme sind:
– die Auswirkung mechanischer Prozesse zu beurteilen; d. h. die dispersen Eigenschaften der Ausgangs-, Zwischen- und Endprodukte sowie der Reststoffe in ihren jeweiligen Systemen zu erfassen.
– Prozesse reproduzierbar zu führen, d. h. die für die Prozessführung relevanten Parameter zu identifizieren,
– die Umfeldbedingungen (Prozessluft, Emissionen) zu erfassen,
– Prozesse besser zu verstehen, d. h. zur Modellbildung beizutragen.

2.1.1.1 Eigenschaftsfunktion – Produktmodell
Bei der Anwendung disperser Systeme werden bestimmte *Produkteigenschaften* erwartet. In den Prozessen der mechanischen Verfahrenstechnik werden die *Dispersitätseigenschaften* gezielt eingestellt, die dann die angestrebten Produkteigenschaften zur Folge haben (Eigenschaftsfunktion [2.24]).

Die Ermittlung von Eigenschaftsfunktionen beinhaltet sowohl die Messung bestimmter Dispersitätseigenschaften, als auch die Erfassung von Produkteigenschaften, wie zum Beispiel die Messung der Bioverfügbarkeit und der Fließfähigkeit. Diese Produkteigenschaften werden von den einschlägigen Industriezweigen meist auf Basis empirischer Optimierung verarbeitungs- und anwendungsbezogen bestimmt. Im Folgenden werden einige Eigenschaftsfunktionen beispielhaft aufgeführt:

● Für die Beurteilung eines *Zements* beispielsweise wird die Druckfestigkeit eines Zementleimwürfels nach 2 beziehungsweise 28 Tagen Aushärtezeit gemessen. Als Maß für die Dispersitätseigenschaft hat sich neben der Partikelgrößenverteilung die spezifische Oberfläche etabliert.

Mit zunehmender Feinheit des Zements nimmt die Endfestigkeit des Zementleimwürfels zu. Dabei spielt nicht nur die mittlere Partikelgröße eine Rolle, sondern auch die Verteilungsbreite: je enger die Verteilung, desto höher ist die Festigkeit. Da Zement ein Massenprodukt ist, ist diese Eigenschaftsfunktion bereits früh sehr intensiv untersucht worden [2.1].

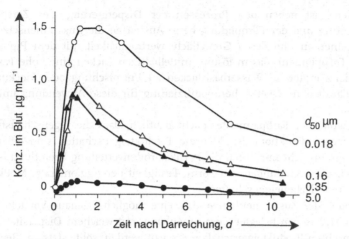

Abb. 2.1 Bioverfügbarkeit von β-Carotin nach einer einmaligen Dosis von 6 mg kg^{-3} bei Kälbern [2.2]

- Für die verschiedenen *Betongüteklassen* sind unterschiedliche Kiesmischungen vorgeschrieben, eine Eigenschaftsfunktion im Grobdispersbereich, die an jeder Betonmischstation umgesetzt wird.

- Für die Messung der *Bioverfügbarkeit* von Vitaminen wird beispielsweise der Gehalt an Wirkstoff im Blut gemessen. Abbildung 2.1 zeigt die Bioverfügbarkeit von Provitamin A (β-Carotin), gemessen als Gehalt von β-Carotin im Blut von Kälbern, als Funktion der Zeit, nach einer einmaligen Darreichung. Erst Nanopartikeln erreichen die gewünschte Wirkung, wobei der Einfluss des amorphisierten Zustandes dem der Partikelgrößenverteilung in diesem Fall überlagert ist und möglicherweise dominiert.

- Für die *optische Wirkung* eines Farbpigmentes (Abb. 2.2), wird die Koloristik nach Dispergierung und Applizierung eines Lackes gemessen. Optimale Farbstärke und Deckkraft eines Pigmentes werden bei unterschiedlichen Partikelgrößen erreicht.

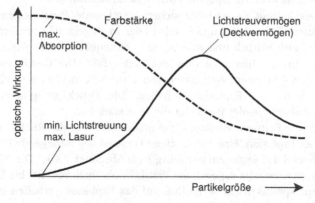

Abb. 2.2 Partikelgröße und optische Wirkung von organischen Pigmenten (schematisch)

Entscheidend ist neben den Prozessen der Dispergierung, der Zerstäubung, der Trocknung und der Filmbildung beim Aushärten die Zusammensetzung der Lackkomponenten und deren Grenzflächenverträglichkeit mit dem Pigment. So kann ein Farbpigment, das in lösungsmittelhaltigen Lacken eine hohe Farbstärke und Brillianz ergibt, in Wasserbasislacken zu Entmischung oder Flockung führen und damit ohne Oberflächenmodifizierung für diese Anwendung untauglich sein.

Das Beispiel der Farbpigmente macht deutlich, dass die Eigenschaftsfunktion keine einfache »Funktion« ist. Mehrere Produkteigenschaften sind einzustellen und sie werden nicht nur durch die Partikelgrößenverteilung beeinflusst, sondern auch durch die Verteilungen von Form, Festigkeit der Agglomerate, Modifikation oder der Grenzflächeneigenschaften.

Ein Modell der Zusammenhänge, d.h. eine möglichst genaue Vorstellung oder ein durch Messungen belegter Zusammenhang, mit welchem Dispersitätszustand die gewünschten Produkteigenschaften erreicht werden, sollte stets am Beginn verfahrenstechnischer Aktivitäten stehen.

Aus experimentellen Ergebnissen, aber auch aufgrund theoretischer Abschätzungen – z. B. einer Berechnung der Intensitätsverteilung des an Partikeln gestreuten Lichtes – kennt man bei konstanter Konzentration die Zunahme der Farbstärke mit abnehmender Partikelgröße. Das Streuvermögen – und damit verbunden das Deckvermögen eines Pigmentes – hat, wie in Abbildung 2.2 gezeigt, ein ausgeprägtes Maximum bei mittleren Partikelgrößen: Die Viskosität, die wichtig ist für die Tropfenbildung beim Lackieren und für den Verlauf bei der Filmbildung, steigt für Partikelgrößen unterhalb von 100 nm drastisch an.

Die *Partikelform* beeinflusst bei dichroitischen Kristallen den Farbton. Die Form wirkt sich auch auf die Dispergierhärte und die Rheologie aus, weniger stark auf andere Eigenschaften. Die Modifikation des Pigmentes beeinflußt vornehmlich den Farbton.

Die *Anordnung der Pigmentpartikeln* in einem Lack zueinander (Abstandsverteilung) – vereinzelt und gleichmäßig verteilt oder agglomeriert und geflockt (siehe Abb. 2.3) z. B. als Folge der Grenzflächeneigenschaften kann Produkteigenschaften wie Farbstärke oder Transparenz entscheidend beeinflussen.

- Die *Staubexplosivität* als wichtige sicherheitsrelevante Partikeleigenschaft [2.3] wird in einem Rohr (HARTMANN-Rohr) oder in Kugelautoklaven ermittelt. Das Pulver wird aufgewirbelt und mittels einer Zündquelle zur Explosion gebracht. Der Druck im Behälter wird über der Zeit erfaßt. Die Geschwindigkeit des Druckanstieges in einem Autoklaven von 1 m³ Volumen ist eine charakteristische Größe für das Explosionsverhalten. Die Druckanstiegsgeschwindigkeit nimmt mit abnehmender Partikelgröße sehr stark zu.

Je feiner die Partikeln werden, desto größer ist daher das Risiko und die Heftigkeit einer Explosion. Eine meist offene Frage ist der vorliegende Dispergierzustand während der Explosionsmessung (vgl. Abschnitt 2.4.1). Die Fähigkeit zur Explosion verschwindet dagegen bei Partikeln oberhalb von 400 bis 500 µm. Neben diesem »physikalischen« Einfluß auf das Explosionsverhalten ist selbstverständlich der Stoffeinfluß selbst wichtig.

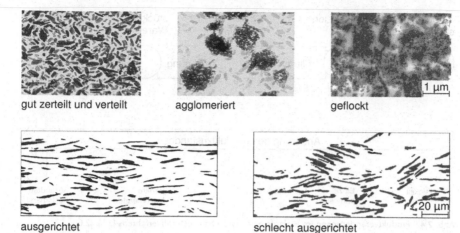

gut zerteilt und verteilt   agglomeriert   geflockt

ausgerichtet   schlecht ausgerichtet

Abb. 2.3 Anordnung, Abstandsverteilung und Ausrichtung der Pigmentteilchen in einem Lack entscheiden über die Qualitätseigenschaften

Weitere Beispiele von Eigenschaftsfunktionen und des Einflusses von Partikelgrößenverteilungen auf Produkteigenschaften [2.4]:

- Bei Pulverlacken hängt der Abscheidegrad, der Verlauf und das Aussehen der Lackoberfläche von der Partikelgrößenverteilung der Lackpartikeln ab
- Bei der Polypropylen-Synthese ist die Ausbeute an Polypropylen abhängig von der Partikelgröße der Katalysatoren
- Aktivität und Selektivität eines Katalysators hängen von seiner Porenradienverteilung ab
- Geschmack von Schokolade wird von der Größenverteilung der Kakaopartikeln mitbestimmt
- Rauschen und Frequenzgang von magnetischen Datenträgern sind von den Abmessungen und den Anordnungen der Magnetpigmente abhängig
- Die Auflösungsgeschwindigkeit von Partikeln ist umso höher, je feiner die Partikeln sind
- Beim Filtrieren nimmt der Durchsatz von Partikeln mit zunehmender Feinheit ab
- Das Haftverhalten von Partikeln steigt mit zunehmender Feinheit
- Die Fließfähigkeit von Pulvern und Suspensionen verschlechtert sich, wenn die Partikelgröße abnimmt

2.1.1.2 Prozessfunktion – Prozessmodell

Wenn bekannt ist, mit welchen Dispersitätsgrößen sich die gewünschten Produkteigenschaften ergeben, ist zu klären, wie diese im Prozess bzw. im Gesamtverfahren einzustellen sind. Im verfahrenstechnischen Prozess werden die Dispersitätsgrößen zum Beispiel bei der Fällung oder Mahlung gezielt eingestellt, aber auch gewollt bei der Formulierung verändert. Beim Transport können Produkte abgerieben werden

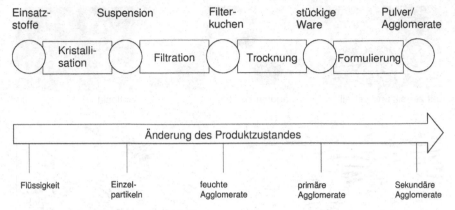

Abb. 2.4 Produktveränderungen im Verlaufe eines typischen Feststoffverfahrens [2.5], [2.6]

oder bei der Trocknung verbacken. Die Veränderungen des dispersen Zustands im Verlaufe eines Verfahrens zeigt Abbildung 2.4.

Zustand und Verhalten eines Produktes sind a priori nicht bekannt und vorhersehbar. Die Partikelmesstechnik befindet sich heute (2003) bereits auf einem hohen Niveau, aber sie wird niemals eine vollständige Beschreibung ermöglichen. Die Auswirkungen von Maschinen, Apparaten und Prozessparametern auf die Dispersitätseigenschaften, die *Prozessfunktion* [2.7], müssen experimentell für jedes Produkt ermittelt werden. Um bei der Vielzahl von Parametern den Überblick zu bewahren, kommt der Modellbildung eine dominante Rolle zu (siehe Abschnitte 2.1.2 und 2.4.1).

Die Dispersitätseigenschaften bilden über die Eigenschafts- und Prozessfunktion das Bindeglied zwischen Ausgangsstoffen, Zwischenprodukten und angestrebten Produkteigenschaften (siehe Abb. 2.5). Heute würde man eher von Produktmodell bzw. von Prozessmodell anstatt von Eigenschafts- bzw. Prozessfunktion sprechen.

Nach Auswahl einer geeigneten Maschine sind die Auswirkungen der Prozessparameter auf die Dispersitätseigenschaften (*Sensibilitätsanalyse*) zu ermitteln. Dabei wird festgestellt, welche Prozessparameter besonders »sensibel« für die Erzielung der angestrebten Dispersitätsgrößen sind. Diese Kenntnis ist sowohl für das Scale-up als auch für die reproduzierbare Produktion erforderlich. Sie ist die Basisinformation für Mess- und Regelkonzepte.

Am Beispiel der Zerkleinerung sollen die Schritte zur Gewinnung einer Prozessfunktion erläutert werden [2.8]. Aus den dabei erkennbaren Anforderungen wird auch die Bedeutung der Messtechnik deutlich.

● *Auswahl einer Zerkleinerungsmaschine*

Nach der Definition des Zieles genügen dem Zerkleinerungsexperten wenige Daten zur Charakterisierung des Ausgangsproduktes und zur Mengenangabe, um die Auswahl der möglichen Zerkleinerungsmaschinen auf wenige einzugrenzen:

– ist das Produkt trocken, feucht oder nass,
– ist das Produkt hart, spröde oder plastisch,

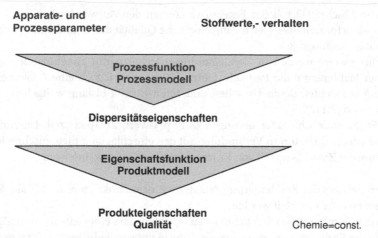

Abb. 2.5 Dispersitätseigenschaften – Bindeglied zwischen Ausgangsprodukten und Endprodukteigenschaften

- wie groß ist die Ausgangs-Partikelgröße,
- welche Feinheit soll erreicht werden
- welcher Produktdurchsatz soll erreicht werden, etc.

Sind die Ausgangspartikeln zu groß, kann eine Vorzerkleinerung erforderlich sein.

Nach der Auswahl einer geeigneten Mühle muss die Prozessfunktion ermittelt werden, da weder das Zerkleinerungsverhalten eindeutig charakterisiert noch die Auswirkungen von Prozessparametern auf die Partikeleigenschaften vorhersagbar sind: Wie sensibel beeinflussen Durchsatz, Drehzahl bzw. spezifische Energie oder geometrische Parameter der Mühle die Dispersitätseigenschaften? Ebenso muss geprüft werden, wie sensibel Produkteigenschaften des Ausgangsmaterials das Zerkleinerungsergebnis beeinflussen. Für die Durchführung dieser *Sensibilitätsanalyse* gelten auch wirtschaftliche Gesichtspunkte: geringer Aufwand, geringe Produktmengen, aber zuverlässige Aussagen für die Auswahl und Auslegung eines Verfahrensschrittes.

Neben der Messtechnik für den sicheren Betrieb der Mühle (zum Beispiel Explosionsschutz oder zur Sicherung der Gleitringdichtungen) werden alle möglicherweise prozessrelevanten Größen erfasst.

Die fundamentale Zielgröße bei der Zerkleinerung ist die Partikelgrößenverteilung. So werden z. B. bei Rührwerkskugelmühlen der Einfluss der Umfangsgeschwindigkeit des Rotors, des Durchsatzes, der Fahrweise (Passagen-, Kaskaden-, Pendel- oder Kreisfahrweise), der Mahlkörperdichte und -größe auf die resultierende Partikelgrößenverteilung experimentell ermittelt.

● *Scale-up*
Bei der Auswahl der Zerkleinerungsmaschine für die Sensibilitätsanalyse muss sichergestellt sein, dass die Ergebnisse (z. B. über die spezifische Mahlenergie) auf den Betriebsmaßstab übertragbar sind. Modellunterstützte Auswertungen

(siehe Abschnitt 2.1.2) der Ergebnisse können den Aufwand erheblich reduzieren; sie erfordern aber gleichzeitig eine hohe Qualität der Charakterisierung.

● *Sonstige Einflussgrößen*
Üblicherweise werden in Zerkleinerungsmaschinen mit zunehmender spezifischer Mahlenergie die Partikeln feiner. Häufig wird jedoch eine Agglomeratbildung beobachtet, deren Ursachen und deren Kinetik bislang weitgehend ungeklärt sind [2.112].

Ergänzende Charakterisierungen (z. B. pH-Wert, Zetapotenzial, Leitfähigkeit) sind erforderlich, um in Verbindung mit den einschlägigen theoretischen Kenntnissen die Zuverlässigkeit von Prozessfunktionen zu gewährleisten.

Die am Beispiel der Zerkleinerung erläuterte Prozessfunktion muss für alle Stufen der Prozesskette ermittelt werden.

Bei der *Gestaltung eines Verfahrens* ist zu beachten, dass einerseits mehrere Zielgrößen für das Endprodukt zu erreichen sind, die in unterschiedlichen Verfahrensschritten eingestellt werden, andererseits für Folgeschritte Produktzustände erforderlich sind, um diese Schritte effizient zu ermöglichen (zum Beispiel Flockung von Feinstpartikeln für die Filtration). Darüber hinaus können in Folgeschritten ungewollte Produktzustände (zum Beispiel durch Agglomeration bei der Trocknung) verändert werden.

Bislang ist bei den Eigenschaftsfunktionen nur die Partikelgröße als physikalische Größe berücksichtigt worden. Andere Dispersitätsgrößen können von ebensolcher Wichtigkeit sein.

Darüber hinaus muss jeder Prozessschritt im Gesamtverfahren möglichst optimal integriert werden. Am Beispiel einer Tablettenherstellung (Abb. 2.6) wird dies ersichtlich; die großen Kreise kennzeichnen die Prozessschritte mit der stärksten Auswirkung:

– Die Wirkung (bei schlecht löslichen Substanzen) wird bei der Kristallisation bzw. Fällung über Partikelgröße und Modifikation eingestellt. Insbesondere bei der Trocknung bilden sich mehr oder minder feste Agglomerate, die erst zerkleinert werden müssen.

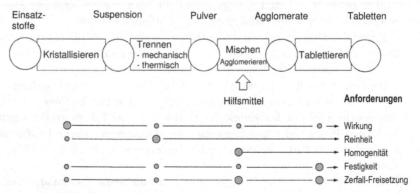

Abb. 2.6 Kundenanforderungen, am Beispiel von Pharmatabletten, werden an verschiedenen Prozessstufen eingestellt, an Folgestufen gewollt oder ungewollt verändert

- Die Zielgröße Reinheit wird im Verfahrensschritt Filtration/Waschung erreicht.
- Für die Mischung mit den Hilfsmitteln sollte eine einheitliche Agglomeratgröße eingestellt sein, um Entmischungen zu vermeiden.
- Um gute Fließeigenschaften für die Tablettiermaschine zu erreichen, wird häufig eine Agglomeration zwischengeschaltet.
- Die Zielgröße der Homogenität wird durch Mischen erreicht.
- Die Festigkeit und damit auch der Zerfall – als erste Stufe der Wirkstoff-Freigabe – der Tablette werden sowohl bei der Agglomeration als auch bei der Tablettierung selbst eingestellt.

Produkt- beziehungsweise Dispersitätseigenschaften der verschiedenen Stoffe sind für die Prozessfunktion der Formulierung eines Arzneimittels maßgeblich. Alle Größen müssen in ihrer Relevanz erkannt und entsprechend genau in ihren Dispersitätseigenschaften charakterisiert werden.

2.1.1.3 Kontrolle des Prozessumfeldes

Bei vielen Fertigungsprozessen (z. B. Chipherstellung), bei Prozessen der Lebenswissenschaften (z. B. Lebensmittelverfahrenstechnik, Bioverfahrenstechnik, Wasseraufbereitung), und in der Energieverfahrenstechnik müssen Umgebungsbedingungen, Prozessgas und Prozessflüssigkeiten möglichst partikelfrei sein; Schadstoffemissionen sind zu vermeiden. Die sich beim Abscheiden ergebenden Probleme sind eine Herausforderung für den Verfahrensingenieur. Beispiele der Anforderungen aus diesen Bereichen mögen dies verdeutlichen:
- in der Energieverfahrenstechnik ist man bestrebt, das Rauchgas unmittelbar auf eine Gasturbine zu leiten. Neben der Reinigung materialschädlicher Dämpfe gilt es die Partikeln abzuscheiden, so dass weniger als 3 mg m^{-3} i. N. Partikeln <3 µm im Prozessgas verbleiben. Die entsprechenden Anzahlkonzentrationen im Bereich 10 Partikeln pro Kubikzentimeter müssen bei einem Druck von 16 bar und einer Temperatur von 1400 °C erreicht und kontrolliert werden [2.9].
- Verdichterstationen für Erdgas erfordern weniger als 250 µg Partikeln pro Kubikmeter zur Vermeidung zu großer Erosion.

Reinraumbedingungen z. B. für die Chipherstellung erfordern eine Messtechnik, die in der Lage ist, weniger als 1 Partikel pro Kubikzentimeter zu detektieren, um die Ausschussquote bei der Waferfertigung zu minimieren. Die aktuellen Emissionsgrenzen liegen für inerte Stäube in Deutschland bei 20 mg m^{-3} i. N., was eine Messtechnik für Partikelgrößen auch unterhalb von 10 µm erfordert, da solche Partikeln bei diesen Grenzwerten signifikant zur Gesamtemission beitragen.

Die Anforderungen an die Partikelmesstechnik orientieren sich an den erforderlichen Grenzen und Rahmenbedingungen.

2.1.1.4 Modellbildung

Zur Verbesserung der Beschreibung verfahrenstechnischer Prozesse ist es notwendig, die Mikroprozesse zu betrachten. Die Einführung der Populationsbilanzen erwies sich als ein wichtiges Werkzeug für die Behandlung der komplexen Wechselwirkungen bei dispersen Systemen. Die Fortschritte in der Computertechnik und in der Softwareentwicklung ermöglichen bereits heute eine effektive Modellierung und Simulation von Prozessschritten [2.10].

Reale Prozesse sind in aller Regel zu komplex, um Eigenschaftsprofile und Prozessbedingungen in ihren wechselseitigen Beziehungen behandeln zu können. Der reale Prozess wird als Modell abgebildet [2.11]–[2.14]. Die Qualität der Modelle kann dabei sehr unterschiedlich sein: von ersten qualitativen Vorstellungen eines einzelnen Prozessschritts bis zur algorithmischen Beschreibung eines Gesamtverfahrens. Zu diesen Modellen gelangt man über bekannte und hypothetische Zusammenhänge und über die Erfassung der prozessrelevanten Prozess- und Produkteigenschaften mit der Partikelmesstechnik.

2.1.2
Definition der Messaufgaben und Nutzung der Messdaten

Die *Messaufgaben* ergeben sich aus verschiedenen Aspekten der Verfahrenstechnik und sind nur in Bezug auf die verfahrenstechnische Fragestellung definiert:
- Produkt- und Prozessgestaltung mit Hilfe von Eigenschafts- und Prozessfunktion
- Verfahrenstechnische Systemanalyse
- Ursachenanalyse bei Abweichungen bezüglich der Qualität oder des Prozesszustands
- Prozesskontrolle sowie -führung und
- Daten für die Prozessmodellierung

Bei der Produkt- bzw. Prozessgestaltung und zur Absicherung von Produkteigenschaften und Prozessstabilität müssen Eigenschaftsfunktionen und in Sensibilitätsanalysen Prozessfunktionen ermittelt werden. Die für Prozesse relevanten Parameter müssen identifiziert und in ihren Sollwerten und Toleranzgrenzen festgelegt werden: Mit welchem Messeffekt werden die als relevant erkannten Größen am besten bestimmt, mit welcher Genauigkeit müssen sie gemessen werden? Die Sensibilitätsanalysen bilden die Grundlage des Mess- und Regelkonzeptes.

Bei einer verfahrenstechnischen *Systemanalyse* oder bei einer *Ursachenanalyse* von Abweichungen sind die Produktzustände und das Produktverhalten im gesamten Prozess möglichst vollständig zu beschreiben. Simultane Messungen mehrerer Größen sind zur Interpretation meist unumgänglich, um möglichst quantitative Vorstellungen von Produkt- und Prozesseigenschaften, Effekten und Zusammenhängen zu gewinnen.

Messaufgaben zur *Prozessführung* können auf der Basis von Erfahrungen bei der Verfahrensausarbeitung beziehungsweise der Systemanalyse realisiert werden. Während für die Verfahrensausarbeitung (Prozess-Design) und Systemanalyse möglichst vollständige Informationen über das System vorliegen sollten, können für die Prozessführung Integralwerte, Mittelwerte, gewichtete Werte oder Indikatoren hinreichend sein. Mit zunehmendem Prozessverständnis können darüber hinaus modellgestützte Messverfahren mit einfach zu messenden Hilfsgrößen zur Prozessführung genutzt werden. Wie schnell und wie häufig gemessen werden muss, ergibt sich aus der Dynamik des Prozesses, aus Sicherheits- und Umweltaspekten und aus den Qualitätsanforderungen. Ob eine online-Analytik sinnvoll oder notwendig ist, hängt von der Schnelligkeit der Zustandsveränderungen im Prozess ab.

Bei der *Modellierung* von Prozessen [2.14] stehen physikalisch begründete Modelle im Vordergrund. Aber auch erste Vorstellungen über die Zusammenhänge sind hilfreich. Messwerte zur Produkt- und Prozessbeschreibung bilden in jedem Fall die solide Basis. Dementsprechend vollständig und präzise sollte die Beschreibung des dispersen Systems sein. Die Messung *einer* Dispersitätsgröße ist für die Beschreibung eines komplexen Partikelsystems meist nicht hinreichend. Durch die Kombination verschiedener Messmethoden lässt sich die Charakterisierung wesentlich verbessern.

Nach der Analyse der verfahrenstechnischen Situation in Bezug auf Produkteigenschaften und Prozesse wird die *Messaufgabe* definiert. Eine erste Beurteilung des dispersen Systems kann optisch, zum Beispiel mit Hilfe eines Mikroskops, erfolgen. Die physikalischen Messgrößen, die für die Beschreibung der verfahrenstechnischen Fragestellung am besten geeignet sind, werden identifiziert. Der Einfluß der Präparation wird untersucht und die geeignete Messverfahrenstechnik gewählt. Eine sinnvolle Interpretation der Ergebnisse und Bewertung der Konsequenzen für Produkt bzw. Verfahren ist nur unter Einbeziehung der speziellen Produktkenntnisse möglich.

In [2.15]–[2.35] sind zusammenfassende Darstellungen zur mechanischen Verfahrenstechnik und zur Partikelmesstechnik zu finden. Dort finden sich auch Hinweise auf zusätzliche, weiterführende Literatur.

2.1.3
Eigenschaften von Einzelpartikeln

Partikeleigenschaften und ihre Verteilungen sind die zentralen Elemente für die Beschreibung disperser Systeme. Die Eigenschaften *individueller Partikeln* werden auch als *Partikelmerkmale* (allgemeines Symbol ξ) bezeichnet. Das am häufigsten verwendete Partikelmerkmal ist die Größe, gekennzeichnet mit d oder x für den Durchmesser. Begriffe disperser Systeme finden sich in DIN 66160.

Das Verständnis der Eigenschaften individueller Partikeln ist der Schlüssel für die Beherrschung der Prozesse disperser Systeme (siehe Abschnitt 2.1.1). Im einfachsten Fall, dem einer Kugel, reicht die Angabe eines Durchmessers zur Charakterisierung aus. In der Praxis kommen aber unregelmäßige Partikeln mit Oberflächenrauigkeiten oder innerer Struktur vor, deren Eigenschaften nicht so einfach zu erfassen sind.

Jede verfahrenstechnische Situation ist einzigartig, z. B. bezüglich der Produkteigenschaften, aber auch bezüglich der Ausführung und Verschaltung der Apparate, der Prozessbedingungen, sowie deren Auswirkungen, die auch produktspezifisch sind.

Kennzeichnend für eine Partikel ist, dass sie ein räumliches Gebiet einnimmt und als Objekt von der Umgebung und anderen Objekten durch »irgendeine« Grenze getrennt wird. In einfachen Fällen ist dies die relativ scharfe Phasengrenze zwischen der dispersen Phase und der umgebenden kontinuierlichen Phase. Beide Phasen werden als homogene Kontinua angesehen. Auf molekularer Ebene ist diese Grenze nicht scharf, Festkörper besitzen häufig eine innere Struktur, es sei denn es sind Einkristalle oder homogene amorphe Körper. Metalle und Mineralien bilden im dichten Festkörper interne Phasengrenzen (*Verwachsungen*). Die Festigkeit der Verbindung der einzelnen Phasen ist ebenso unterschiedlich wie die Größenverteilung der Phasen. Die Phasen sind entscheidend für den Aufschluss von Mineralien oder von *Verbundstoffen*, die in den Produktionsprozess zurückgeführt werden. Abbildung 2.7 gibt die Definition von Primärpartikel, Aggregat und Agglomerat entsprechend DIN 53206 (Teilchengrößenanalyse – Grundbegriffe) wieder. Von der lockeren Flocke über das durch van-der-Waals oder Kapillar-Kräfte gebundene Agglomerat, bis hin zum durch Feststoffbrücken oder Versinterung gebundene Aggregat, das bis zu einem kompakten Festkörper verdichtet sein kann, sind hier zahlreiche Ausprägungen möglich. In dieser Reihenfolge: Flocke – Agglomerat – Aggregat – Festkörper nimmt die Porosität in der Regel ab und die Festigkeit zu. Es ist sinnvoll, die größte noch kompakte Struktur bzw. die kleinste Struktur, die sich durch Dispergierung erzielen lässt, als primär zu bezeichnen. Bei der aus der Röntgenbeugung bestimmten Kristallitgröße wird der Bindungszustand nicht berücksichtigt.

Es gibt zwei verschiedene Kategorien von Eigenschaften: primäre und sekundäre. Die primären Eigenschaften, d. h. die geometrischen (Form, Größe und Struktur), die chemisch-physikalischen (Zusammensetzung, Aggregatzustand, Kristallmodifi-

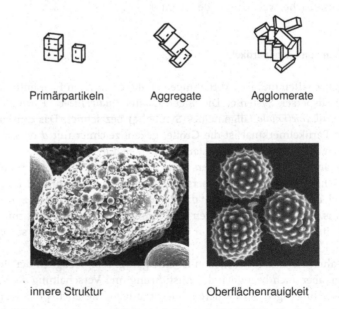

Primärpartikeln   Aggregate   Agglomerate

innere Struktur   Oberflächenrauigkeit

Abb. 2.7 Definitionen von Einzelpartikel-Eigenschaften nach DIN 53206, innere Struktur eines Sprühgranulats und Oberflächenrauhigkeit von Pollen [2.36]

kation), und die dynamischen (Lage, Orientierung und Bewegung), sind voneinander unabhängig. Die sekundären Eigenschaften leiten sich von den primären ab (z. B. Lichtstreuverhalten), oder ergeben sich aus der Wechselwirkung mit der Umgebung (z. B. Zetapotenzial).

Geometrische Eigenschaften. Es gibt grundsätzlich drei Kriterien, nach denen man eine Partikel beurteilen kann: eine (möglichst ähnliche) geometrische Grundform, die Rauigkeit der Oberfläche, und die Porosität. Eine Beschreibung oder Klassifizierung der Partikelform ermöglicht oft eine Einschätzung der (günstigen oder ungünstigen) Produkteigenschaften, z. B. Fließverhalten, Abriebsfestigkeit, Abrasivität usw. Es ist naheliegend, dass ähnliche Formen auch ähnliche Eigenschaften bedingen.

Formen und Formbeschreibung. Mit Form ist zunächst die Grundform gemeint, d. h. die eines geometrisch definierbaren Körpers, dem die tatsächliche Form mehr oder weniger gut entspricht. Man unterscheidet zwischen gekrümmten und planen Flächen, d. h. Kugeln bzw. allgemein dreiachsigen Ellipsoiden, Zylindern und Polyedern. Letztere sind z. B. bei kristallinen Partikeln typisch. Bei jeder Partikel kann man über die Flächen oder die Trägheitsachsen drei Hauptrichtungen definieren, und die Längenverhältnisse entlang dieser Hauptachsen bewerten. Sind diese Längen gleich, spricht man von isometrischen Partikeln, ist eine deutlich größer als die anderen, von nadelförmigen Partikeln, und wenn eine deutlich kürzer ist, von plättchenförmigen. Weiterhin ist der Verrundungsgrad der Kanten ein Formparameter. Anschauliche Beschreibungen und Abbildungen typischer Formen sind hier sehr wertvoll [2.37], [2.38].

Oft wird ein quantitatives Maß für die Partikelform benötigt, eine Vereinfachung im Sinne eines Formparameters. In der Literatur wurden viele sogenannte Formparameter definiert. Weiterführende Literatur findet sich in [2.39]–[2.41]. Durch die Bildanalyse (siehe Abschnitt 2.2.1.1) ist die Partikelform weitgehend erfassbar, wenn man sich auch in der Praxis überwiegend auf die Projektionsfläche beschränkt (die in zufälliger oder aerodynamisch ausgerichteter Orientierung oder in stabiler Lage erfasst werden kann). Die Rekonstruktion der 3D-Form wird nicht weiter betrachtet. Konkave Flächenanteile der Partikelform sind schwer zu erfassen, in der Regel muss man dann die Partikeln einbetten und Schnitte auswerten (was aufwendig und nicht immer möglich ist). Bei der Bildanalyse muss man in der Regel immer einen Kompromiss eingehen zwischen dem Wunsch, die Partikeln möglichst detailliert abzubilden (die sogenannte Pixelgröße, d. h. die Größe des digitalen Bildpunktes), und dem Wunsch, eine möglichst große, statistisch relevante Partikelzahl zu erfassen. Daher ist die Basis, auf der man Formparameter ermitteln kann, zunächst eine gerasterte Fläche oder Konturlinie. Aus dieser Fläche kann man den Flächeninhalt, den Umfang und den Flächenschwerpunkt bestimmen (also Größenparameter).

Waagerechte und senkrechte Sehnen sowie die Maße eines umschließenden Rechtecks oder Vieleckes sind im allgemeinen Fall orientierungsabhängig, und sollten daher nicht zur Charakterisierung von Form und Größe verwendet werden. FERET- oder MARTIN-Durchmesser (vgl. Abb. 2.8) und einige andere in der Literatur eingeführte Durchmesser fallen auch in diese Kategorie. Die Mittelung einer orien-

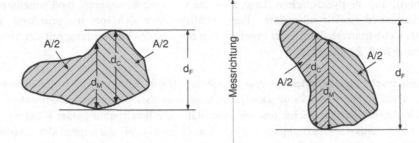

Abb. 2.8 Statistische Durchmesser, z. B. nach FERET, definiert über den Abstand zwischen zwei parallelen Tangenten an die Umrißlinie der Partikel (links) oder nach MARTIN, definiert über die Länge der Sehne, die die Projektionsfläche der Partikel halbiert oder die längste Sehne in Meßrichtung (rechts)

tierungsabhängigen Größe über alle Orientierungen liefert zwar eine orientierungsunabhängige, aber wenig aussagekräftige neue Größe, und sollte ebenfalls vermieden werden.

Orientierungsunabhängig sind die längste Sehne beliebiger Orientierung und die mittlere Ausdehnung quer zur Orientierung, sowie ein äquivalentes Rechteck oder eine äquivalente Ellipse gleicher Orientierung. Aus diesen Längen/Breiten-Verhältnissen lassen sich sinnvolle Formparameter bilden (siehe Abb. 2.9 links).

Die Möglichkeit, die fraktale Dimension der Kontur als Maß für die Form bzw. Rauigkeit heranzuziehen, ist in der Literatur schon oft beschrieben worden. Der Grundgedanke dabei ist, dass die Länge dieser Kontur mit einem charakteristischen Exponenten (nämlich dieser fraktalen Dimension) anwächst, wenn man sie mit zunehmender Auflösung betrachtet. Schon MANDELBROT [2.38] weist darauf hin, dass in realen Systemen dieser Exponent keineswegs konstant sein muss. Die fraktale Dimension hat jedenfalls den Vorteil, dass sie keine Grundform voraussetzt (s. Abb. 2.9 rechts). Sie ist allerdings in Bezug auf Produkteigenschaften schwer zu deuten und erfordert eine in der Alltagspraxis schwer erzielbare Detailliertheit der Abbildung.

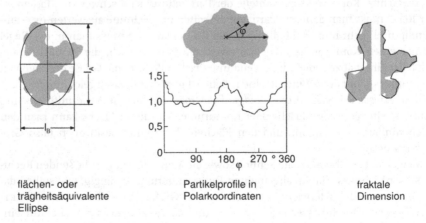

flächen- oder trägheitsäquivalente Ellipse

Partikelprofile in Polarkoordinaten

fraktale Dimension

Abb. 2.9 Kennzeichnung von Partikelformen

Schließlich kann man noch die Abstände der Konturpunkte vom Mittelpunkt als Funktion des Winkels betrachten (vgl. Abb. 2.9 Mitte), und z. B. die Fourierkoeffizienten dieser Funktion als Formbeschreibung verwenden.

Auch die Verhältnisse verschiedener Äquivalentdurchmesser, die sich aus den verschiedenen Messmethoden ergeben (Abb. 2.10), eignen sich als Formparameter. Die sogenannte Sphärizität nach WADELL [2.42] ist das quadrierte Verhältnis des Durchmessers der volumengleichen zu dem der oberflächengleichen Kugel. Gebräuchlicher, da in der Praxis unmittelbar erfassbar, ist das Verhältnis des Durchmessers des umfanggleichen zu dem des flächengleichen Kreises. Bei solchen Formparametern ist Vorsicht geboten, da eine Rauigkeit natürlich ebenfalls zur Vergrößerung des Umfanges oder der Oberfläche führt.

Rauigkeit. Details der Form, die im Vergleich zur Grundform auf einer deutlich geringeren Größenskala auftreten, bezeichnet man als Rauigkeit. Bei der Rauigkeit interessieren die Rauhtiefe, die Rauhfrequenz (»Wellenlänge«) und die Musterform (Wellen, Buckel, Kanten, Spitzen, Löcher, usw.). Ein Maß für die Rauigkeit kann auch die Zunahme der Oberfläche sein.

Porosität. Bei bestimmten Partikeln (Schäume, Agglomerate) ist das Bild einzelner konkaver Formdetails oder einer Rauigkeit nicht zutreffend. Es existieren zugängliche oder nicht zugängliche innere Hohlräume, die auch 90% des Gesamtvolumens ausmachen können. Bei Partikeln mit so großer innerer Oberfläche ist es wenig zweckmäßig, die Form auf die tatsächliche gesamte Phasengrenzfläche zu beziehen. Entweder bezieht man sich auf die konvexe Hülle, oder man berücksichtigt nur konkave Gebiete oberhalb eines bestimmten Porendurchmessers.

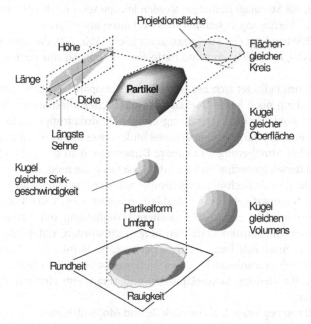

Abb. 2.10 Äquivalentdurchmesser (nach verschiedenen Messmethoden) und Partikelform

Das Verhältnis aus dem nicht durch die disperse Phase erfüllten Volumen und dem Volumen der äußeren Form nennt man Porosität, das Verhältnis aus Partikelmasse und äußerem Volumen Scheindichte. Wichtig ist bei solchen Partikeln nicht nur, welchen Anteil dieses Porenvolumen hat, sondern auch, wie es verteilt ist. Bei einem Katalysator zum Beispiel ist entscheidend, wie die innere Oberfläche geformt ist und wie zugänglich sie ist.

Größe. Für eine reale Partikel gibt es nur eine eindeutig definierbare geometrische Eigenschaft, nämlich das Volumen der dispersen Phase. Trotzdem hat es sich eingebürgert, die Größe der Partikel durch eine Länge anzugeben. Für nicht-kugelförmige Partikeln (siehe Abb. 2.10) definiert man einen Äquivalentdurchmesser, z. B. den Durchmesser einer volumengleichen Kugel. Andere Äquivalentdurchmesser leiten sich von der Oberfläche, der Sinkgeschwindigkeit oder anderen Eigenschaften ab.

Man versucht in der Literatur stets, Bereiche für die Größe zu definieren. Die Begriffe grob und fein können aber je nach Kontext ganz unterschiedlich angewendet werden.

- Partikeln oberhalb von etwa 100 µm können ohne Hilfsmittel gesehen, gefühlt und manipuliert werden. Ab dieser Größe wird auch die gezielte geometrische Formgebung relevant. Für diesen Bereich wird der Begriff grobdispers verwendet.
- Partikeln oberhalb von etwa 10 µm können relativ einfach gemessen, dispergiert und getrennt werden; ihr Verhalten wird nicht überwiegend von den Haft- und Wechselwirkungskräften diktiert.
- Unterhalb von 10 µm wird das Verhalten zunehmend von Grenzflächenkräften dominiert, die Streueigenschaften werden komplexer, und die Auswahl und Qualität der zur Verfügung stehenden Messverfahren ändert sich.
- Bei etwa 300 nm liegt das Streumaximum (siehe Abb. 2.2), darunter gelangt man in den Rayleigh-Bereich, einzelne Partikeln sind optisch nur noch schwer zu detektieren.
- Unter 100 nm befindet sich der Bereich der Nanopartikeln bzw. Kolloidteilchen. Dies ist bislang noch keine Domäne der klassischen mechanischen Verfahrenstechnik, obwohl für die Herstellung einiger Produktgruppen wie Katalystoren oder Pigmente seit Jahrzehnten Nanotechnik verwendet wird. Da es im Nanometerbereich bei Annäherung an atomare Dimensionen zu deutlichen Veränderungen der Materialeigenschaften kommt, befasst sich die moderne Feststoff-Verfahrenstechnik (Partikeltechnik) zunehmend mit der Nanotechnologie. Die Erzeugung von Nanopartikeln durch Zerkleinerung ist wegen der konkurrierenden Agglomeration nicht einfach. Die weitere Handhabung von Nanopartikeln, die nach den verschiedensten Verfahren hergestellt wurden, nutzt jedoch vielfältige Prozesse der mechanischen Verfahrenstechnik. Im Vergleich zu Partikeln im Mikron- oder Submikronbereich, haben Nanopartikeln äußerst interessante Eigenschaften z. B.: niedrige Schmelzpunkte und veränderte elektromagnetische Eigenschaften.
- Unter <10 nm beginnen Makromoleküle und Molekülcluster.

Inhomogene Partikeln und innere Struktur. Bislang wurden Partikeln mit homogener disperser Phase betrachtet. Diese Phase kann fest, flüssig oder gasförmig sein. Neben diesen homogenen Phasen gibt es insbesondere bei Feststoffen innere Strukturen mit internen Phasengrenzen. Viele Partikeln sind Mischungen, z. B. Erze oder formulierte Produkte oder Komposite. Bei polykristallinem, gesintertem oder auch nur verpresstem Material ist das Partikelvolumen mit Gebieten unterschiedlicher Gitterorientierung, Kristallmodifikation oder Zusammensetzung gefüllt.

Partikeln können auch eine Kern-Schalen-Struktur haben, z. B. durch die Aufbaugranulation oder eine Beschichtung. Die Partikel kann auch eine Mischung aus verschiedenen Phasen sein, z. B. von einer Benetzungsflüssigkeit gebundener Staub.

Grenzflächeneigenschaften. Die Grenze zwischen disperser Phase und kontinuierlicher Phase kann sehr komplex geformt oder unscharf sein. Aber auch im einfachsten Fall, z. B. einer Kugel in gasförmiger Umgebung, können Adsorbatschichten oder Ionisierung vorliegen. In Flüssigkeiten, insbesondere in wässrigen Elektrolyten, besitzt die Phasengrenze eine komplexe Struktur (innere und äußere HELMHOLTZ-Schicht, GOUY-Schicht: DLVO-Theorie [2.23]). Die Oberfläche der Partikel tritt mit dem umgebenden Medium in Wechselwirkung, und der sich einstellende Grenzflächenzustand beeinflusst das Verhalten der Partikeln erheblich. Dies betrifft insbesondere die Haft- und Abstoßungskräfte zwischen Partikeln und die Reaktivität der Oberfläche. Die Grenzflächeneigenschaften sind umso relevanter, je kleiner die Partikeln sind. Die Darstellung aller molekularen Prozesse, die an der Ausbildung von Grenzflächeneigenschaften beteiligt sind, würde hier zu weit führen, grundsätzlich kann man unterscheiden zwischen Reaktion, Adsorption und Diffusion. Insbesondere die ersten beiden Möglichkeiten werden genutzt, um Partikeleigenschaften gezielt zu verändern, z. B. um TiO_2-Partikeln durch Oberflächenbeschichtung mit SiO_2 oder Al_2O_3 zu passivieren und an Einsatzbedingungen anzupassen. Bei vielen technischen Produkten wird die Oberfläche der dispersen Phase durch Adsorption von Hilfsmitteln modifiziert. Direkt messbar ist der Einfluss der Adsorption von Ionen über das Zetapotenzial. Den Einfluss von nichtionischen Tensiden kann man in der Regel nur über die Auswirkungen auf die Agglomeratgrößenverteilung erfassen. Nichtionische Tenside können eine Agglomeration sehr wirksam verhindern. Man spricht dann von sterischer Stabilisierung.

Dynamische Eigenschaften. Eine weitere Gruppe von Merkmalen charakterisiert das Bewegungsverhalten von Partikeln. Dynamische Eigenschaften wie Impuls, Geschwindigkeit, Richtung und Energie sind Partikelmerkmale. Sie mögen nur momentan existieren und auch nicht Zielgrößen von Verfahrensstufen sein; sie können aber für das Verständnis von Prozessen notwendig sein.

Wichtig ist, zu erkennen, dass die Eigenschaften Geschwindigkeit, Aufenthaltsort und Orientierung der Partikeln individuell sind, und eine individuelle Antwort der Partikel auf die einwirkenden Einflüsse darstellen. Von der Masse und den dynamischen Größen abgeleitet sind Impuls und Energie der Translations- und Rotationsbewegung.

Sonstige Eigenschaften. Durch die bisher eingeführten Eigenschaften könnte eine Partikel eindeutig charakterisiert werden. Dies bedeutet nicht, dass alle diese Eigenschaften in der Praxis einer Messung zugänglich sind. Und selbst wenn es gelänge, wäre es nicht immer möglich, weitere (abhängige) physikalische Eigenschaften aus den bekannten herzuleiten.

Durch ihre *Leitfähigkeit* und ihre *dielektrischen* und *magnetischen* Eigenschaften erfolgt eine Wechselwirkung der Partikel mit elektromagnetischen Feldern. Für kugelförmige Partikeln lässt sich dies bei Kenntnis der Materialeigenschaften berechnen.

Eine wichtige Partikeleigenschaft ist die Fähigkeit, *Licht zu streuen*, was die Grundlage für viele Produkte ist (Pigmente), aber auch für viele Messmethoden.

Die *mechanische Festigkeit* von Partikeln hängt vordergründig vom Material ab, insbesondere bei Agglomeraten vom Haftverhalten, aber auch von der inneren Struktur und der Form.

Es gibt weitere Eigenschaften, die sich einer Partikel individuell zuordnen lassen, die aber nur in speziellen Situationen von Bedeutung sind, wie Elastizitätsmodul, Wärmekapazität, Viskosität oder Grenzflächenspannung.

Sehr komplex ist die Situation der Stoffeigenschaften, wenn die Partikeln nicht homogen sind. Gerade darin liegt aber auch eine Chance für die moderne Verfahrenstechnik, neuartige Partikeleigenschaften und damit neue Produkte zu gestalten.

Außerdem bedeutet der Begriff Eigenschaften nicht, dass diese Eigenschaften unveränderlich sind. Es sind mehr oder weniger veränderliche Zustände, die sich durch die Prozessschritte, aber auch aus inneren Ursachen heraus weiterentwickeln können.

Auf die chemische Zusammensetzung, auf thermodynamische und biologische Merkmale wird hier nicht eingegangen. Für neue Entwicklungen von Messverfahren und für die Bioverfahrenstechnik können sie aber relevant sein.

2.1.4
Eigenschaften von Partikelkollektiven

Die Eigenschaften eines Partikelkollektivs werden von den Eigenschaften der Einzelpartikeln und der Partikelumgebung bestimmt. Da die Merkmale zur Beschreibung von Einzelpartikeln stets auf die einzelnen Partikeln verteilt sind, müssen die Partikeleigenschaften an vielen Individuen gemessen werden. Die Eigenschaften von Partikelkollektiven werden – meist nach besonderer Präparation (vgl. Abschnitt 2.3.1) – am Kollektiv gemessen. Beide Eigenschaften – die der Einzelpartikeln und die des Kollektivs – wirken sich auf die Produkteigenschaften aus. Insbesondere verfahrenstechnisch relevante Eigenschaften lassen sich nur direkt am Partikelkollektiv, d. h. am Schüttgut messen, z. B.:
– Spezifische Oberfläche,
– Schüttgutdichte, Packungsvolumen,
– Fließeigenschaften,
– Verdichtungsverhalten,

- Anordnung der Partikeln
- Mischungshomogenität

2.1.5
Verteilungen und Mittelwerte von Partikeleigenschaften

Die Beschreibung der Eigenschaften von Partikelkollektiven basiert in der Regel auf der Untersuchung repräsentativer Teilmengen (Proben, Teilkollektive), und wird so formuliert, dass sie unabhängig von der Probenmenge ist, um auch die Gesamtmenge eines Produktes zu charakterisieren. Diese Übertragbarkeit gilt z. B. bei Mittelwerten und relativen Häufigkeitsverteilungen. Der dazu erforderliche Formalismus ist nicht ganz einfach, insbesondere dann, wenn man einerseits Ausdrücke für analytische Berechnungen definieren will (die dann durchaus mit numerischen Methoden verarbeitet werden können), und andererseits indizierte Größen (Matrizen) für diskrete numerische Berechnungen sauber definieren möchte. Eine exakte Definition ist auch die Basis für eine korrekte graphische Darstellung. Tabelle 2.1 fasst die speziell in diesem Kapitel verwendeten Symbole und Definitionen zusammen. Hier kann nicht auf alle mit diesem Formalismus mögliche Darstellungen eingegangen werden, wie z. B. auf mehrdimensionale Verteilungen und Korrelationsfunktionen von Merkmalen.

Tab. 2.1 Symbole und Definitionen zur Beschreibung von Verteilungen

ξ	Allgemeines Symbol für ein Partikelmerkmal
$\xi^{(K)}$	K-dimensionaler Merkmalsvektor
ξ_k	$k = 1$ bis K, eines von K Merkmalen
d	Partikeldurchmesser, Partikelgröße
r	Allgemeines Symbol für Mengenart d^r
N	Anzahl, auch Index $r = 0$
V, M	Volumen, Masse, auch Index $r = 3$
i	$i = 1$ bis I, Index von I Merkmalsklassen
j	$j = 0$ bis J, Index von $J + 1$ Stützstellen
$\xi_{i,u}$	untere Klassengrenze der i-ten Klasse
$\xi_{i,o}$	obere Klassengrenze der i-ten Klasse
$\xi_{i,m}$	charakteristischer Wert der i-ten Klasse
ξ_j	j-te Stützstelle
$Q(j), Q(\xi_j), Q_j$	Verteilungssumme bis zur j-ten Stützstelle
$Q(\xi)$	*Kontinuierliche Verteilungssumme am Merkmalswert ξ*
$h(i)$	relative Häufigkeit in der i-ten Klasse ($h(i) = n(i)/N$)
$q(i)$	relative Häufigkeitsdichte in der i-ten Klasse
$q(\xi)$	Approximierte kontinuierliche relative Häufigkeitsdichte
N	Gesamtanzahl der Partikeln
n	$n = 1$ bis N, Index der Partikel
$n(d_i)$	Teilanzahl in der i-ten Klasse
$m(d_i)$	Teilmasse in der i-ten Klasse
$\nu(d_i)$	Teilvolumen in der i-ten Klasse
$d_{Q,r}$	Partikeldurchmesser, bei dem die $Q_r(d)$-Verteilung den Wert Q annimmt, z. B. $d_{50,3}$
$d_{k,r}$	gewichteter Mittelwert von d, z. B. $d_{1,0}, d_{3,0}$ oder. $d_{1,2}$

Es ist nicht zu vermeiden, dass Indizes und Klammern verschiedene formale Bedeutung annehmen können. In der Praxis ergibt sich aber oft schon aus den Zahlenwerten, wie die Indices zu interpretieren sind, wie beispielsweise im Falle von $d_{3,0}$ und $d_{50,3}$. Um Mehrdeutigkeiten zu vermeiden, z. B. wenn man mehrere Indices mit verschiedener Bedeutung aneinanderreihen müsste, kann auch wie hier die Schreibweise in Klammern für die Indizierung verwendet werden, wie sie in Programmiersprachen gebräuchlich ist.

Wie in Abschnitt 2.2 weiter ausgeführt wird, können einige Messmethoden Eigenschaften der Partikeln individuell erfassen (Einzelpartikelanalyse, z. B. Zählverfahren), andere charakterisieren ein Partikelkollektiv in seiner Gesamtheit (Kollektivmethoden). Im zweiten Fall, beispielsweise bei einer Siebanalyse, können Mittelwerte nur aus den Verteilungen bestimmt werden. Verteilungen und Mittelwerte werden auch noch einmal aus dieser Perspektive behandelt.

Hier soll zunächst die Situation betrachtet werden, in der die Partikeln individuelle Beiträge zu Mittelwerten und Verteilungen liefern. Ein Kollektiv besteht aus N Partikeln (Index $n = 1$ bis N), mit K betrachteten Eigenschaften bzw. allgemeinen Merkmalen ξ_k (Index $k = 1$ bis K).

Beschreibung von Kollektiven in Listenform, Mittelwerte, Gesamtmengen. Das unmittelbare Ergebnis der Messung mit einem Zählverfahren ist eine Liste der Form

$$n, \xi_{k=1,n}, \xi_{k=2,n}, \cdots$$

Für Berechnungen von Mittelwerten und Standardabweichungen kann man eine solche Liste direkt auswerten.

$$\langle \xi_k \rangle = \frac{1}{N} \sum_{n=1}^{N} \xi_{k,n} = (\xi_k)_{1,0} \tag{2.1}$$

$\langle \xi_k \rangle$ ist der Mittelwert des Merkmals ξ_k für dieses Kollektiv. In der Partikelmesstechnik spricht man von mengenartigen Größen bzw. Mengenarten, wenn die Gesamtmenge des Kollektivs die Summe der Beiträge der Einzelpartikeln ist. Die einfachste Mengenart ist die Anzahl, diese wird oft durch den Index 0 gekennzeichnet, in der Praxis wird überwiegend die Mengenart Volumen (oft gleichgesetzt mit Masse) verwendet, die durch den Index 3 gekennzeichnet wird (dies bezieht sich auf den Exponenten der physikalischen Grundgröße Länge). Gebräuchlich ist auch die Mengenart Oberfläche, gekennzeichnet durch den Index 2. Länge als Mengenart ist ungebräuchlich, kann aber in bestimmten Situationen (Fasern) sinnvoll sein. Auch Impuls und Energie sind mengenartig, werden aber in der Praxis kaum verwendet. Bei der Betrachtung von mengenartigen Eigenschaften kann man das eigenschaftsverteilte Kollektiv durch die gleiche Anzahl von Partikeln mit der mittleren Eigenschaft ersetzen. Wichtig ist der Hinweis, dass die verschiedenen mittleren Durchmesser, z. B. der mittlere Durchmesser $d_{1,0}$, und der Durchmesser der Kugel mit dem mittleren Volumen, $d_{3,0}$ genannt, nicht übereinstimmen (siehe Abb. 2.11).

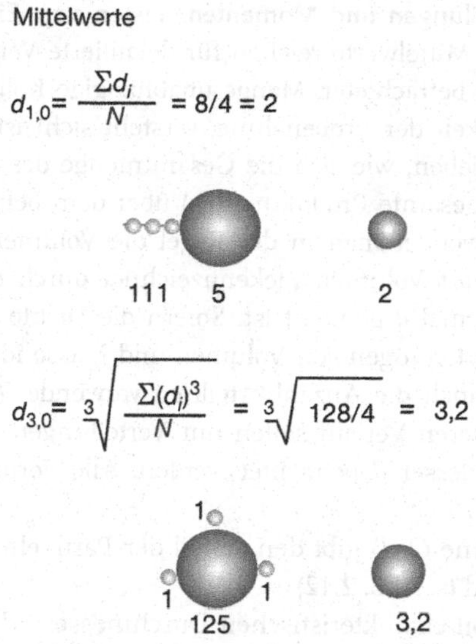

Mittelwerte

$$d_{1,0} = \frac{\Sigma d_i}{N} = 8/4 = 2$$

111   5   2

$$d_{3,0} = \sqrt[3]{\frac{\Sigma (d_i)^3}{N}} = \sqrt[3]{128/4} = 3{,}2$$

1

1   1

125   3,2

Abb. 2.11   Berechnung von Mittelwerten, Anzahl bzw. Volumen/Masse

$$d_{1,0} = \frac{1}{N} \sum_{n=1}^{N} d_n \tag{2.2}$$

$$d_{3,0} = \sqrt[3]{\frac{1}{N} \sum_{n=1}^{N} (d_n)^3} \tag{2.3}$$

Die gleiche physikalische Größe kann Merkmal und Mengenart sein, dies hat aber oft nur formale Relevanz. Eigenschaften wie spezifische Oberfläche, Geschwindigkeit, Form, Farbe, usw. werden üblicherweise nicht mengenartig dargestellt. Eine spezifische Oberfläche der Einzelpartikel muss z. B. mit d^3 gewichtet werden, damit der so berechnete Mittelwert der spezifischen Oberfläche des Kollektivs entspricht. Alternativ kann man das Verhältnis der beiden Mengen Gesamtoberfläche zu Gesamtvolumen bilden.

Die Standardabweichung eines Merkmals ist ein durchaus sinnvolles Maß zur Kennzeichnung von Partikelkollektiven. Es ist allenfalls theoretisch wichtig zu unterscheiden, ob man die Streuung (Gl. (2.4)) des erfassten Kollektivs beschreiben oder die Streuung des gesamten Kollektivs schätzen will (Gl. (2.5)), da sich beide bei großen N nicht sehr voneinander unterscheiden.

$$\sigma_\xi = \frac{1}{N} \sqrt{\sum_{l=1}^{N} (\xi_{k,l} - \sigma_N)^2} \tag{2.4}$$

$$\sigma_\xi = \frac{1}{N-1} \sqrt{\sum_{l=1}^{N} (\xi_{k,l} - \sigma_{N-1})^2} \tag{2.5}$$

Beschreibung mit Verteilungen und Momenten. Listen von Einzelpartikeldaten sind nicht vergleichbar, und Mittelwerte reichen für detaillierte Vergleiche von Produkten nicht aus. Eine von der betrachteten Menge unabhängige Kollektiveigenschaft (abgesehen von der Zufälligkeit der Probenahme, versteht sich) ist die Häufigkeitsverteilung. Hier wird beschrieben, wie sich die Gesamtmenge des betrachteten Kollektivs (stellvertretend für die gesamte Produktmenge) über dem betrachteten Merkmal verteilt. In der Praxis verwendet man in der Regel die Volumenverteilung, womit die Verteilung der Mengenart Volumen (gekennzeichnet durch den Index 3 im Sinne von d^3) über dem Merkmal d gemeint ist. Sofern die Dichte nicht von der Partikelgröße abhängt, sind Verteilungen von Volumen und Masse identisch. Neben der Volumenverteilung wird auch die Anzahlverteilung verwendet (Mengenart ist die Anzahl, Index 0). Im weiteren Verlauf sollen nur Verteilungen von Volumen und Anzahl über dem Durchmesser d betrachtet werden. Alle Formeln gelten sinngemäß für beliebige Merkmale.

Die Verteilungssumme $Q(d)$ gibt den Anteil der Partikeln wieder, die kleiner als die Partikelgröße d sind (s. Abb. 2.12).

Durch eine Reihe von charakteristischen Durchmessern d_j und denen ihnen zugeordneten Werten $Q(j)$ bzw. $Q(d_j)$ kann man ein Produkt verbindlich beschrei-

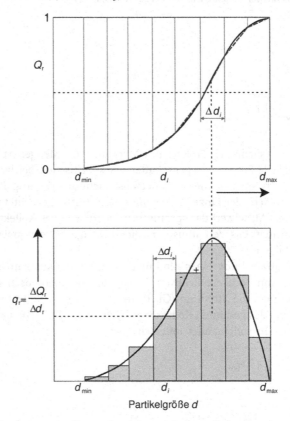

Abb. 2.12 Verteilungssummen- (oben) und Verteilungsdichtekurve (Balkendiagramm, unten)

ben. Wird der Anteil als Anzahl angegeben, spricht man von der Anzahlverteilungssumme $Q_0(d)$, ist das Volumen (bzw. die Masse) angegeben, so spricht man von der Volumenverteilungssumme $Q_3(d)$ oder Durchgangskurve (weil dies die Menge ist, die ein Sieb der Maschenweite d gerade durchlassen würde).

Alternativ kann man auch den Anteil angeben, der zwischen der oberen und unteren Grenze eines i-ten Größenintervalls anfällt ($h(i)$). Da diese Funktion von der Wahl des Intervalls abhängt, teilt man noch durch die Intervallbreite, und erhält die Verteilungsdichte $q(i)$, jeweils wieder als Anzahlverteilungsdichte $q_0(i)$ und Volumenverteilungsdichte $q_3(i)$. Es wird hier bewußt die Schreibweise $q(d_i)$ gewählt, um zu verdeutlichen, dass der Wert q einem Intervall und nicht einem einzelnen Wert von d zugeordnet wird.

Wie in Abbildung 2.12 gezeigt, sind diese beiden Definitionen formal unterschiedlich: Q ist eine für bestimmte Werte von d definierte Funktion (die sich graphisch als Polygonzug mit $J+1$ Stützstellen im Wertebereich 0 bis 1 darstellen lässt), q ein mittlerer Funktionswert zwischen zwei Werten von d (der sich als Balken in einem Balkendiagramm mit J Intervallen darstellen lässt). Diese Darstellungen geben den durch eine Messung gewonnenen Informationsgehalt getreu wieder:

$$q_0(d_i) = \frac{n(d_i)}{(d_{i,o} - d_{i,u}) \cdot \sum_{i=1}^{N} n(d_i)} = \frac{n(d_i)}{\Delta d_i \cdot N} \tag{2.6}$$

$$q_3(d_i) = \frac{n(d_i)(d_i)^3}{(d_{i,o} - d_{i,u}) \cdot \sum_{i=1}^{N}(d_i)^3 \cdot n(d_i)} = \frac{\nu(d_i)}{\Delta d_i \cdot V} = \frac{m(d_i)}{\Delta d_i \cdot M} \tag{2.7}$$

Als Grenzwert für unendlich große Kollektive und unendlich kleine Intervalle lassen sich Q und q auch als stetige Funktionen deuten (Abb. 2.13), wobei man q durch Differenzieren von Q erhält. Die fehlenden Zwischenwerte kann man durch Inter-

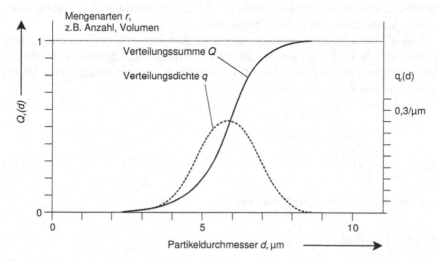

Abb. 2.13 Mengenarten und Merkmale für Verteilungen

polationsfunktionen wie z. B. kubische Splines schätzen, oder man passt eine möglichst sinnvolle analytische Funktion an die Daten an.

Die gebräuchlichen Approximationsfunktionen werden im folgenden vorgestellt. Eine gemessene Verteilung kann auch stückweise durch Geradenabschnitte approximiert werden. Der Versuch, den Approximationsfunktionen eine physikalische Bedeutung zuzuordnen, ist umstritten.

Potenzverteilung. Die Potenzverteilung oder *GGS-Verteilung* (nach GATES, GAUDIN und SCHUMANN, DIN 66143) wird als einfachste der gebräuchlichen Approximationsfunktionen ausschließlich für Volumenverteilungen benutzt. Sie ist definiert durch:

$$Q_3(d) = \left(\frac{d}{d_{\max}}\right)^m \quad \text{für } d \leq d_{\max} \tag{2.8}$$

$$Q_3(d) = 1 \quad \text{für } d > d_{\max} \tag{2.9}$$

Mit $d_{\max}$ und m enthält die Potenzfunktion zwei Parameter, mit denen die Verteilungsfunktion an eine gemessene Q_3 Verteilung angepaßt werden kann. Im doppeltlogarithmischen Netzpapier ergibt die Gleichung eine Gerade mit der Steigung m.

RRSB-Verteilung. Die nach ROSIN, RAMMLER, SPERLING und BENNET benannte RRSB-Verteilung (DIN 66145) ist ein Standard in der Aufbereitungstechnik und definiert durch:

$$Q_3(d) = 1 - e^{-\left(\frac{d}{d^{\bullet}}\right)^n} \tag{2.10}$$
$$Q_3(d^{\bullet}) = 0.632$$

Die Anpassungsparameter sind $d^{\bullet}$ und n, wobei $d^{\bullet}$ die Partikelgröße bezeichnet, bei der die Verteilungssumme den Wert $Q_3(d) = 0,632$ annimmt.

Durch Gleichung (2.10) wird die Teilung des speziellen RRSB-Netzes festgelegt. In diesem Netz erscheint eine Verteilung, die durch Gleichung (2.10) approximiert werden kann, als Gerade mit der Steigung n.

Logarithmische Normalverteilung. Die logarithmische Normalverteilung (DIN 66144) ist z. B. in der Aerosoltechnik, Zerkleinerung und Agglomeration sehr gebräuchlich und ergibt sich aus der GAUSSSCHEN Normalverteilung, wenn der Logarithmus von d normalverteilt ist.

$$q_3(d) = \frac{1}{d\sigma\sqrt{2\pi}} e^{-\frac{1}{2}\left[\frac{\ln\left(\frac{d}{d_{50,3}}\right)}{\sigma}\right]^2} \tag{2.11}$$

Die Verteilungssumme erhält man aus

$$Q_r(d) = \int_0^d q_r(d)\mathbf{d}d \tag{2.12}$$

Im logarithmischen Wahrscheinlichkeitsnetz erscheint die Verteilungssumme einer logarithmischen Normalverteilung als Gerade. Anpassungsparameter sind der Medianwert $d_{50,r}$ und die Standardabweichung σ. Jede logarithmische Normalverteilung kann in beliebige andere Mengenarten umgerechnet werden.

Diese Gleichungen werden oft auch in anderer Form dargestellt, die hier gewählte Schreibweise wurden wegen ihrer Einfachheit bevorzugt. Die Anpassungsgenauigkeit an die Messwerte und die Parameter dieser Approximationsfunktionen können heute einfach mit Standard-Software (z. B. Excel) ermittelt werden.

Mit diesen Näherungsfunktionen kann man auch auf relativ einfache Weise analytische Ausdrücke formulieren und Berechnungen anstellen. Diese Vorgehensweise war in der Vergangenheit durchaus sinnvoll, ist heute aber unter praktischen Gesichtspunkten überholt. Die meisten Messgeräte liefern alle benötigten Verteilungen und Parameter direkt als Tabelle und Diagramm. Rechner und Software können gemessene Verteilungen direkt für weitere numerische Berechnungen verwenden. Auch ist eine Einbindung in Prozessleitsysteme möglich, wodurch eine intelligente Steuerung von Prozessen oder Prozessschritten möglich wird.

Es ist lehrreich, einen Programmablauf, der aus gemessenen Partikeldaten die Größen $h_0(i)$, $q_0(i)$, und $Q_0(j)$, sowie $h_3(i)$, $q_3(i)$, und $Q_3(j)$-Verteilung bestimmt, einmal schematisch durchzugehen (siehe Abb. 2.14 und Tabelle 2.2).

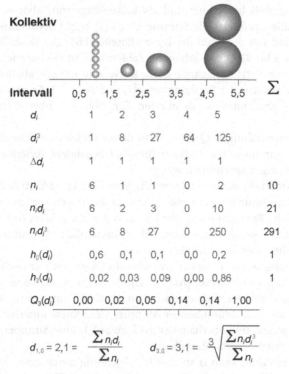

Intervall	0,5	1,5	2,5	3,5	4,5	5,5	Σ
d_i		1	2	3	4	5	
d_i^3		1	8	27	64	125	
Δd_i		1	1	1	1	1	
n_i		6	1	1	0	2	10
$n_i d_i$		6	2	3	0	10	21
$n_i d_i^3$		6	8	27	0	250	291
$h_0(d_i)$		0,6	0,1	0,1	0,0	0,2	1
$h_3(d_i)$		0,02	0,03	0,09	0,00	0,86	1
$Q_3(d_i)$	0,00	0,02	0,05	0,14	0,14	1,00	

$$d_{1,0} = 2,1 = \frac{\sum n_i d_i}{\sum n_i} \qquad d_{3,0} = 3,1 = \sqrt[3]{\frac{\sum n_i d_i^3}{\sum n_i}}$$

Abb. 2.14 Berechnung einer Partikelgrößenverteilung

Tab. 2.2 Prinzipieller Programmablauf für die Bestimmung von $h(d_i)$, $q(d_i)$ und $Q(d_i)$

1) **Definiere J Intervalle für das Partikelmerkmal d** J obere Intervallgrenzen $d_{i,o}$ J untere Intervallgrenzen $d_{i,u}$ $J+1$ Stützpunkte d_j
2) **Schleife über N Partikel** 2a) Berechne für jede Partikel den Index i des zugehörigen Intervalls 2b) Berechne für jede Partikel den Mengenbeitrag d^3 2c) Addiere 1 zu $h_0(i)$ 2d) Addiere d^3 zu $h_3(i)$
3) **Bestimme die Summe Σ aller $h(i)$** 4) **Setze $Q(0)$ auf 0**
5) **Schleife über J Intervalle** 4a) Teile $h(i)$ durch Σ 4b) $Q(i) = Q(i\text{-}1) + h(i)$ 4c) $q(i) = h(i)$ / Intervallbreite Δd_i

Die zunächst erhaltene Zahlenreihe ist die $h(i)$ Verteilung, die man als relative normierte Häufigkeit bezeichnet und als Balkendiagramm über den jeweils definierten Intervallen aufträgt. Die Summe aller $h(i)$ ergibt definitionsgemäß 1. Die Zahlenwerte sind von der Wahl der Intervallbreite abhängig. Deshalb rechnet man weiter (Schritte 3 bis 5). Die so erhaltene Zahlenreihe ist die normierte Verteilungsdichte und wird mit $q(i)$ bezeichnet. Diese Kurve wird wie $h(i)$ als Balkendiagramm dargestellt. Die Summe der Produkte von $q(i)$ und Δd_i ist 1. Ganz analog ergibt die Integration der abschnittweise definierten Funktion $q(d)$ über d ebenfalls definitionsgemäß 1.

Die Summenverteilungen $Q(d_j)$ sind in dieser indizierten Schreibweise einfach die laufenden Summen. Die Q-Darstellung ist besonders vorteilhaft, wenn man mehrere Verteilungen vergleichen will.

In den meisten Lehrbüchern werden die Momente einer Verteilung für die Darstellung der Berechnungen verwendet, sie sind sozusagen formale Bausteine, mit denen man solche Berechnungen sehr kompakt darstellen kann (vgl. Gl. 2.16–2.18). Da diese Momente selbst keine unmittelbar anschauliche Bedeutung haben, wird auf sie hier nicht näher eingegangen.

Nach dieser allgemeinen Darstellung wird im folgenden nur noch die Volumenverteilung Q_3 bzw. q_3 betrachtet (Abb. 2.12.). An der Volumenverteilung kann man bei jeder Größe d ablesen, welcher Anteil an der Gesamtmenge (in Volumen angegeben) kleiner als d ist. Definitionsgemäß muss diese Kurve unterhalb der kleinsten Partikel auf 0 gehen, und oberhalb der größten auf 1. Eine Summenverteilung von J Intervallen besitzt $J + 1$ Stützstellen.

Wie bereits erwähnt, kann man eine Q_3-Verteilung durch eine Siebung auch direkt bestimmen. Wenn man die Maschenweite des j-ten Siebes mit d_j annimmt, so ist $Q_3(d_j)$ gerade der Anteil der Probe, der durch das Sieb durchgeht, also feiner als die Maschenweite ist (deshalb wird die Q Kurve auch Durchgangskurve D genannt). Es ist auch unmittelbar einsichtig, dass die auf dem Sieb j zurückbleibende Menge um so kleiner wird, je näher die Maschenweite d_{j+1} an d_j liegt.

Eine Besonderheit ist der Wert, bei dem die $Q_3(d)$ Verteilung gerade die 50% Linie schneidet, (Abb. 2.15). Dieser d_{50}-Wert (genau genommen $d_{50,3}$) ist der in der Praxis übliche Wert, um eine repräsentative Größe eines Produktes anzugeben, unabhängig von der Verteilungsform, und wird auch als *Medianwert* bezeichnet. Man sollte allerdings beachten, dass es sich nicht um einen Mittelwert, sondern um einen Lageparameter handelt, der nicht unbedingt für Berechnungen geeignet ist, denn die Verteilungsform kann beliebig sein, insbesondere z. B. bei Mahlgut, das eine innere Struktur aufweist, oder wenn ein Produkt aus verschiedenen Fraktionen gemischt wird. Es gibt nur wenige Prozesse, die Partikeln mit einer Größenverteilung erzeugen, die einer analytisch darstellbaren Funktion entspricht, z. B. einer logarithmischen Normalverteilung.

Nur aus Gründen der Vollständigkeit sollte an dieser Stelle auch der *Modalwert* einer Verteilung genannt werden, der Durchmesser, bei dem die q-Verteilung ihr Maximum hat. Er hat keine besondere physikalische Bedeutung.

Wichtig ist dagegen die Unterscheidung zwischen breiten und engen Verteilungen, die oft durch Datenreduktion vereinfacht dargestellt wird: als Maß dienen die Standardabweichung, der Breiteparameter einer äquivalenten logarithmischen Normalverteilung, oft Polydispersität genannt, oder $(d_{75} - d_{25})/d_{50}$, oder ähnliche Konstruktionen [2.33], [2.35].

Bei der Beurteilung von Produkten ist die Darstellung von anderen Mengenarten nur sehr selten von praktischer Bedeutung, so dass auf die Anzahlverteilungen nicht weiter eingegangen wird (man kann Volumenverteilungen in Anzahlverteilungen umrechnen.) Man muss sich aber darüber im klaren sein, dass bereits kleine

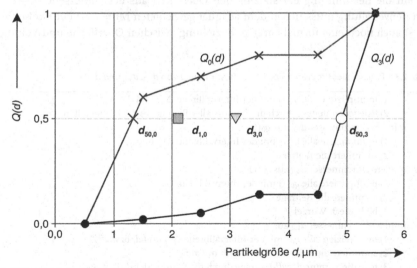

Abb. 2.15 Partikelgrößenverteilung $Q_0(d)$ und $Q_3(d)$ für das in Abbildung 2.14 gezeigte Beispiel

Messfehler zu großen Fehlern in der Anzahlverteilung führen. Man benötigt die Anzahlverteilungen aber für Berechnungen, z. B. für die Bestimmung der oben genannten Mittelwerte aus der Verteilung. Stellvertretend für die vielen Berechnungen sollen hier nur die Umrechnung von $q_3(i)$ in $q_0(i)$, sowie die Bestimmung von $d_{1,0}$, $d_{3,0}$ und $d_{1,2}$ (SAUTER-Durchmesser, d. h. der Durchmesser mit der repräsentativen spezifischen Oberfläche) beschrieben werden. Die Berechnungsvorschrift für $q_0(i)$ aus $q_3(i)$ lautet:

$$q_0(d) = \frac{d^{-3} \cdot q_3(d)}{\int d^{-3} \cdot q_3(d)\mathrm{d}d} \tag{2.14}$$

$$q_0(i) = \frac{(d_i)^{-3} \cdot q_3(i)}{\sum_{i=1}^{J}(d_i)^{-3} \cdot q_3(i) \cdot \Delta d_i} \tag{2.15}$$

$$d_{1,0} = \sum_{i=1}^{J} d_{i,m} \cdot q_0(i) \cdot \Delta d_i = M_{1,0} \tag{2.16}$$

$$d_{3,0} = \sqrt[3]{\sum_{i=1}^{J}(d_{i,m})^3 \cdot q_0(i) \cdot \Delta d_i} = \sqrt[3]{M_{3,0}} \tag{2.17}$$

$$d_{1,2} = \frac{\sum_{i=1}^{J}(d_{i,m})^3 \cdot q_0(i) \cdot \Delta d_i}{\sum_{i=1}^{J}(d_{i,m})^2 \cdot q_0(i) \cdot \Delta d_i} = M_{1,2} = \frac{M_{3,0}}{M_{2,0}} \tag{2.18}$$

Für die Bestimmung der spezifischen Oberfläche aus der gemessenen Partikelgrößenverteilung muss neben dem adäquat gewichteten Mittelwert der Größe (hier $d_{1,2}$) auch noch eine formabhängige Beziehung zwischen Oberfläche und Volumen

Tab. 2.3 Prinzipieller Programmablauf zur Bestimmung von $d_{1,0}$, $d_{3,0}$ und $d_{1,2}$

---
    1) multipliziere alle $g_3(i)$ mit der Intervallbreite Δd_i und d_i^{-3}
    2) teile jeden Beitrag durch die Summe aller Beiträge und die Intervallbreite
Der mittlere Durchmesser $d_{1,0}$ aus $q_0(i)$
    1) multipliziere alle $q_0(i)$ mit der Intervallbreite Δd_i und d_i
    2) summiere die Beiträge
Der mittlere Durchmesser $d_{3,0}$ aus $q_0(i)$
    1) multipliziere alle $q_0(i)$ mit der Intervallbreite Δd_i und d_i^3
    2) summiere die Beiträge
    3) bilde die 3. Wurzel
Der mittlere Durchmesser $d_{1,2}$ aus $q_{0,i}$
    1) multipliziere alle $q_{0,i}$ mit der Intervallbreite Δd_i und d_i bzw. d_i^3
    2) summiere die beiden Beiträge getrennt auf
    3) teile die Summe der d_i^3-Beiträge durch die Summe der d_i^2-Beiträge
---

vorgegeben werden. Für Kugeldurchmesser d bzw. Würfelseitenlänge d lautet diese Beziehung

$$A_{SPEZ} = \frac{6}{d_{1,2} \cdot \rho} \text{ üblicherweise in } \frac{m^2}{g} \tag{2.19}$$

Bei der bisher beschriebenen Mittelwertbildung wurde von Einzelpartikeldaten ausgegangen, so dass die Mengenbeiträge mit der vollen Messauflösung bestimmt werden konnten. In der nun geschilderten Situation ist nur noch die $q_3(d)$-Verteilung verfügbar, und zur Bestimmung des Merkmals bzw. Mengenbeitrags Größe und Volumen muss man für jedes Intervall einen repräsentativen Wert $d_{i,m}$ annehmen. Es ist nie ganz richtig, einfach die Intervallmitte zu wählen, aber es ist ein zweckmäßiger Kompromiß. Wenn bei der Umrechnung von Verteilungen Genauigkeitsprobleme auftreten, dann sollte man die Anzahl der Klassen erhöhen, am besten natürlich gleich bei der Bestimmung der Verteilungen. Nur wenn (bei Zählverfahren) Einzelpartikeldaten vorliegen, kann man alle Verteilungen direkt berechnen.

Ein wichtiger Hinweis in Zusammenhang mit Mittelwerten ist, dass sie alle unmittelbar von der Partikelzahl abhängen (auch dann, wenn diese im Falle einer Verteilung gar nicht explizit auftaucht). Eine winzige Menge von (virtuellen) Kleinstpartikeln, die vielleicht nur der Glättungsalgorithmus des Messgerätes erzeugt hat, weil z. B. eine physikalisch im konkreten Fall nicht angemessene logarithmische Normalverteilung erzwungen wurde, kann einen Mittelwert völlig verfälschen.

Als weiterführende Literatur empfehlen sich die Standardwerke zur Partikelmesstechnik [2.15], [2.19]–[2.24] oder die aus mehreren Einzelschriften bestehenden Werke über Partikelmessung aus den Reihen von VDI, DIN, NA Bau, ISO [2.33], [2.35].

Inversionsrechnungen. Eine besondere Rolle spielen die sogenannten Inversionsrechnungen. Diese sind immer dann erforderlich, wenn eine Größenklasse nicht ein eindeutiges sondern ein verteiltes Signal im primären messtechnischen Effekt erzeugt. Die Streulichtintensität eines Partikelkollektivs, aber auch orientierungsabhängige Impulshöhenverteilungen bei Zählern, Sehnenlängen- und Schnittkreisverteilungen haben diese Eigenschaft.

Bei der Auswertung von Schnitten aus eingebetteten kugelförmigen Partikeln (z. B. eingefrorene Emulsionen) muss man von der Verteilung der Schnittflächen auf die Verteilung der Kugeln zurückrechnen. Da man berechnen kann, welche Schnittflächen eine Kugel des Durchmessers d bei zufälliger Schnittführung erzeugt, kann man mit dieser berechneten Verteilung ermitteln, wie die Schnittkreisverteilung eines Kollektivs verschieden großer Kugeln aussehen müßte. Die Umkehrung (Inversion) dieses Zusammenhangs ist nicht trivial, aber numerisch lösbar, kann hier aber nicht im Detail dargestellt werden.

Beurteilung von Verteilungen. Wie schon erwähnt sollte zum Vergleich von Verteilungen nur die Summen-Darstellung gewählt werden [2.43]. Vergleicht man aber doch die Dichte-Darstellungen, entsprechen bei linearer Teilung der Achse die Flächen unter den Kurven den Mengenanteilen, so dass man nach Augenmaß abschätzen kann. Dies ist eine bei komplexen Kurvenverläufen sehr fehleranfällige Methode. Da Verteilungen in der Regel aber über logarithmisch geteilter x-Achse aufgetragen werden, erscheint die Gesamtfläche um so kleiner, je gröber die Verteilung ist.

Ein quantitativer Vergleich von Verteilungen (ab wann ist ein Unterschied signifikant ...) erfordert, dass die festgestellten Unterschiede mit den zwangsläufigen statistischen Schwankungen der Proben, der systematischen Reproduzierbarkeit der Ergebnisse, aber auch mit der Absolutgenauigkeit der Messung an sich verglichen werden. Hier ist also mehr die Erfahrung als eine Berechnungsvorschrift gefordert.

Messmethoden zur Partikelgrößenanalyse – Dispersitätsgrößen und Mengenart. Für die verschiedenen Messmethoden zur Partikelgrößenanalyse sind, neben den Dispersitätsgrößen der einzelnen Methoden, die Mengenarten der jeweiligen Dispersitätsgrößen gefragt. Der Begriff der Mengenart ist mit dem Begriff der Verteilung verbunden und drückt aus, um welche mengenartige Größe – Anzahl oder Volumen – der Inhalt eines Intervalls einer Verteilung erhöht wird, wenn eine Partikel detektiert und gemäß des an ihr bestimmten Merkmals dem Intervall zugeordnet wird.

Die Mengenart für Zählverfahren ist die Anzahl. Für die Siebung ist die Mengenart die Masse. Bei der Sedimentation ist die Mengenart ebenfalls die Masse oder eine der Masse proportionale Schwächung (Röntgenphotosedimention). Bei der Photosedimentation ist es die Extinktion, die bei konstantem Extinktionskoeffizient der Oberfläche proportional ist.

Tab. 2.4 Messmethoden zur Partikelgrößenanalyse*

Methode	Dispersitätsgröße	Mengenart
Zählverfahren		
Extinktionszähler	Extinktionsquerschnitt	Anzahl
Streulichtzähler	Streulicht gleicher Kugeln	"
Coulter-Counter	Feldströmung	"
Bildanalyse	Geometrische Abmessungen	"
Messungen am Partikelkollektiv		
Siebung	Geometrische Abmessung (Siebmaschenweite)	Masse
Sedimentations-		
-waage		Masse
-pipette	Sinkgeschwindigkeit	Masse
Photosedimentation		photom. Oberfläche
Röntgenphotosedimentation		Masse
Beugungsspektrometer	Beugungsmuster	Intensität*
dymamische Lichtstreuung	Diffusionsgeschwindigkeit volumengleicher Kugeln	Intensität* $I(r) \approx d^6$ (Rayleigh)
Ultraschall-Extinktion	Extinktion gleicher Kugeln	Intensität*
elektroakustische Schallamplitude	Partikelmobilität	Volumen*

*Bei den meisten modernen Messmethoden am Partikelkollektiv ist die Mengenart nicht einfach zu definieren, da Dispersitätsgrößen und Mengenart eng verknüpft sind.

Bei allen anderen Messverfahren am Kollektiv werden keine expliziten Mengen zugeordnet, sondern die Mengen werden aus Summensignalen durch Inversionsrechnungen bestimmt. In dieser Situation fragt man auch nach der primär bestimmten Mengenart. Gemeint ist damit allenfalls, mit welchem Gewicht die einzelnen Klassen (Intervalle) einer Verteilung im Summensignal vertreten sind.

Bei allen optischen Verfahren ist die Gewichtung proportional zur Streulichtintensität einzelner Partikeln im betroffenen Winkelbereich und deren Anzahl. Diese Funktion ist eine Variante der MIE-Kurve [2.44], die für Kugeln die Streulichtintensität in Abhängigkeit des Streuwinkels mathematisch exakt beschreibt (für gegebene Partikelgröße, Wellenlänge und Brechungsindex). Diese Kurve ist sehr komplex und bereichsweise nicht eindeutig umkehrbar.

2.1.6
Mischungszustand und Anordnung

Im vorherigen Abschnitt wurden Eigenschaften von Partikelkollektiven als Verteilungen von Partikelmerkmalen eingeführt. Es gibt weitere Eigenschaften, die auf der Anordnung von Partikeln und Teilkollektiven im Raum aufbauen, bzw. auf den Mengenverhältnissen von Teilkollektiven in Mischungen. Die wesentliche Eigenschaft in ruhenden Systemen ist die Konzentration der dispersen Phase im Fluid bzw. im Raum. Diese Konzentration kann als Massenanteil, Volumenanteil oder Masse pro Volumen angegeben werden, aber auch als Partikelanzahl pro Volumen. Unterscheidet man die Konzentrationen nach Merkmalsklassen (typischerweise nach Größe, aber z. B. auch nach Zusammensetzung), so spricht man von einer differenziellen Konzentration. In bewegten Systemen ist oft die Stromdichte relevant (z. B. Menge pro Zeit und Fläche).

Wenn die Partikeln sich teilweise unabhängig vom Fluid, und deshalb auch mit verschiedenen Geschwindigkeiten (in Abhängigkeit von der Größe) bewegen können, muss man Konzentration und Stromdichte unterscheiden. Je nachdem, worauf man sich bezieht, erhält man unterschiedliche Verteilungen. Die Stromdichte in der Strömung entspricht der erzeugten Verteilung (z. B. Zerstäubungsdüse). Wird ein Gesamtkollektiv in (im Prinzip gleichartige) Teilkollektive aufgeteilt (eine Charge in mehrere Gebinde, Probenahme, Probenteilung), so stellt sich immer die Frage, ob diese Teilkollektive repräsentativ für die Gesamtheit sind. Der Maßstab für diese Frage ist, wie gleich zwei zufällig entnommene Kollektive sein können. Hier kann man ganz pragmatisch definieren, dass Inhomogenität dann vorliegt, wenn die Schwankungen von Teilkollektiv zu Teilkollektiv signifikant größer sind als der zufällige Messfehler und die zwangsläufige statistische Zufallsschwankung. Dieser Sachverhalt ist nur scheinbar einfach, denn die Homogenität hängt immer von der Größenskala der Betrachtung ab. So kann z. B. jedes Gebinde einer Produktcharge die gleiche Zusammensetzung besitzen, das Gebinde selbst kann aber entmischt sein, so dass bei einer Entnahme unterschiedliche Kollektive erhalten werden (siehe Abb. 2.16).

Die Frage der Homogenität ist abhängig von der Probengröße. Eine Mischung verschiedenartiger Partikeln kann auch nur in Maßstäben homogen sein, die deut-

Mischungszustände

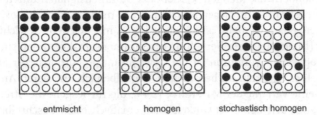

entmischt   homogen   stochastisch homogen

Abb. 2.16 Mischungszustände: a) völlig entmischt, b) homogen vermischt, c) stochastisch homogen vermischt [2.31]

lich größer als die einzelnen Partikelgrößen sind. Die Ursache für statistisch relevante unterschiedliche Zusammensetzungen der Teilkollektive ist eine orts- bzw. zeitabhängige Schwankung der Zusammensetzung im Produkt.

Bei vielen Messungen und Probenahmen in bewegten Systemen wird das Teilkollektiv nicht nur durch räumliche, sondern auch zeitliche Grenzen definiert (z. B. alle Partikeln, die in einem Zeitintervall durch einen Querschnitt treten). Es ist offensichtlich, dass die zeitliche Inhomogenität (Schwankungsfrequenz) eng korreliert mit der räumlichen in Strömungsrichtung. In vielen verfahrenstechnischen Großanlagen können Schwankungen mit vielen Stunden Periodenlänge entstehen (z. B. Granulierstraßen, Kristaller). Die häufigere Situation ist eine im mitbewegten System stationäre Inhomogenitätsstruktur, die am unbewegten Beobachtungs- bzw. Probenahmeort eine zeitliche Schwankung hervorruft. Eine solche Schwankung hebt sich im Zeitmittel auf, so dass sie nur detektiert werden kann, wenn sie größer als die Zufallsschwankung ist. Es gibt aber auch Entmischungen, z. B. durch Strömungskräfte oder Dichteunterschiede, die im bewegten System zu stationären Inhomogenitäten führen können. Diese kann man durch Wiederholungsmessungen an einem Ort auch dann detektieren, wenn sie klein sind. Gerade in verfahrenstechnischen Apparaten, die dem Mischen oder Beschichten von Schüttungen dienen, indem diese umgewälzt werden, muss man noch berücksichtigen, dass die Struktur einer Inhomogenität an jeder Stelle und in jede Raumrichtung anders sein kann.

2.1.7
Stabilität und Kinetik von dispersen Zuständen

In jedem dispersen System finden Agglomerations- und Dispergiervorgänge statt. Deren Kinetik hängt von vielen Randbedingungen ab, wie der Konzentration, der Beanspruchung, der Partikelgröße und den Grenzflächeneigenschaften, die Haftkräfte und Abstoßungskräfte beeinflussen (Abb. 2.17). Dabei variiert die Zeitskala von Millisekunden bis zu Monaten oder gar Jahren.

Mit dem Begriff stabil werden zwei völlig unterschiedliche Situationen bezeichnet: zum Einen ein Gleichgewichtszustand, der sich sehr schnell einstellt, sich

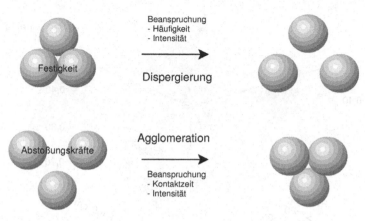

Abb. 2.17 Gleichgewicht und Kinetik von Agglomeration und Dispergierung

aber bei veränderten Bedingungen an einer anderen Stelle befinden kann, und zum Anderen ein Zustand, der zwar nicht im Gleichgewicht ist, aber sich so langsam verändert, dass im betrachteten Zeitraum keine relevante Veränderung stattfindet.

Eine große Hilfe sind in diesem Zusammenhang modellbasierte Methoden, die es erlauben, ein System zu verstehen und die Zusammenhänge zu identifizieren. Wichtig ist es beispielsweise zu verstehen, welche elementaren Beanspruchungsprozesse vorliegen, und wie sich diese auf Dispergierung und Agglomeration auswirken. Gleichzeitig kann man auch die konkurrierenden Prozesse, die zu Agglomeration führen, quantifizieren. Es ist z. B. möglich, einen momentanen Zustand des Originalsystems zu erhalten, indem man durch Verdünnung und Stabilisierung die Agglomeration stoppt, aber gleichzeitig auch die Dispergierung durch Zurücknahme der Beanspruchung. Neben dem momentanen Zustand will man bei der Beurteilung eines Dispergierfortschrittes meist auch ein Produktverhalten erfassen (Produkteigenschaft Dispergierhärte), oder einen Extremwert finden (Primärpartikelgröße), was gezielte Veränderungen erfordert (z. B. starke Beanspruchung). Bei Suspensionen, z. B. Mahlproben im Feinstbereich, ist zusätzlich zu klären, welches Reagglomerationsverhalten vorliegt, und ob durch Re- oder Umkristallisation eine Feingutauflösung oder Versinterung von Agglomeraten stattfindet. Viele Systeme sind vollständig redispergierbar, allerdings ist auch hier eine angemessene Beanspruchungsintensität und -dauer erforderlich. Es ist also möglich, durch die Auswertung von Zerkleinerungs- bzw. Dispergierversuchen das Beanspruchungsniveau und z. B. die Agglomeratfestigkeit zu bestimmen, wenn nur die Partikel- bzw. Agglomeratgrößenverteilungen hinreichend genau bestimmt werden (siehe auch Abschnitt 2.4.1).

Gerade im Submikronbereich sind Partikelgrößen, die sich in einem System einstellen, stark vom Zetapotenzial und der Leitfähigkeit abhängig (siehe Abb. 2.18).

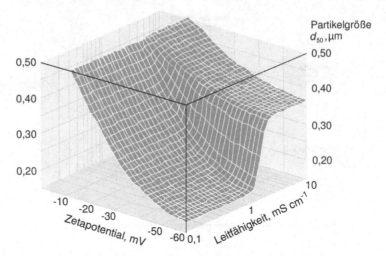

Abb. 2.18 Abhängigkeit der Partikelgröße von Zetapotential und Leitfähigkeit [2.45]

2.2
Messmethoden für Partikeleigenschaften und ihre physikalischen Grundlagen

Alle Partikeleigenschaften sind im Prinzip messbar. Man kann keine scharfe Grenze ziehen zwischen bewährten Methoden und »exotischen« Messverfahren. Im Folgenden werden vor allem allgemein (bzw. kommerziell) verfügbare Methoden dargestellt. Dabei werden die grundlegenden Messprinzipien erklärt, weniger die verschiedenen Kombinationen von Messverfahren, die zum Teil in einzelnen Messgeräten realisiert sind.

Das Prinzip jeder Messmethode ist, dass ein Messsignal quantitativ erfasst und in Bezug auf Partikeleigenschaften interpretiert wird. Die vielleicht wichtigste Unterscheidung ist, ob dieses Signal von einer einzelnen Partikel verursacht wird – man spricht dann von einem Zählverfahren – oder ob das Signal die Summe der Einzelbeiträge mehrerer Partikeln ist – dann spricht man von einer Messung am Kollektiv.

Abbildung 2.19 gibt den Einsatzbereich der heute gebräuchlichsten Messmethoden für Partikelgrößenverteilungen wieder.

Eine wichtige Variante sind Methoden, die das Kollektiv zunächst nach einem Merkmal klassieren, und dann die Anteile der einzelnen Klassen durch Zählen oder durch Bestimmen der Gesamtmenge in der Klasse ermitteln. Hierzu können alle in der Verfahrenstechnik bekannten Klassiermethoden eingesetzt werden z. B. Siebe, Sichter, Zyklone. Eine wichtige Rolle spielen nach wie vor die Sedimentation (Klassierung nach Sinkgeschwindigkeit) und die Trägheitsabscheidung (Impaktor). Einige Methoden nutzen die Kombination von Transport im Fluid, Diffusion und Kraftfeldern, um partikelgrößenabhängige Bahnen oder Transportzeiten zu realisieren (FFF = Field-Flow-Fractionation-Methoden, CHF = Capillary Hydrodynamic Fractionation, SMPS = Scanning Mobility Particle Sizer, Flugzeitanalysator usw.)

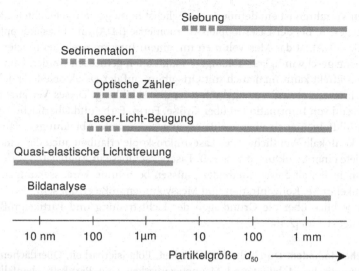

Abb. 2.19 Partikelgrößenbereich der gängigen Messmethoden

Diese Methoden erfordern zwar geschulte Betreiber; sie sind aber im Nanometer-Bereich unentbehrlich.

Die gezielte Beanspruchung vor der Messung ermöglicht, das Produktverhalten zu charakterisieren. Die physikalischen Grundlagen dieser Maßnahmen sind die gleichen wie in den Einzelverfahren (siehe Kapitel 3–9), so dass sie hier nicht näher erläutert werden.

Für spezielle Untersuchungen ist es möglich, Teile des Produktes mit Farbstoffen oder Tracern zu markieren. Solche Markierungen sind meist aufwändig, gehören aber in der Bioverfahrenstechnik zum Standard.

Optische Methoden. Die meisten Messmethoden für Partikeln beruhen auf Strahlungsdetektion. Verwendet werden elektromagnetische Wellen, meist sichtbares Licht, aber auch Mikrowellen, Infrarot-, UV- und Röntgenstrahlung, Elektronenstrahlen, Teilchenstrahlen und Ultraschall. Alle diese Strahlungen werden je nach Stoffsystem (Partikel/Fluid) unterschiedlich stark gestreut bzw. absorbiert. Sichtbares Licht dringt z. B. in eine konzentrierte Suspension aus 200 nm großen Pigmentpartikeln nur wenige Mikrometer tief ein, Ultraschall dagegen etliche Millimeter. Die für die elektromagnetische Strahlung relevante Materialeigenschaft ist der wellenlängenabhängige komplexe Brechungsindex (z. B. 1,0+0,0i für Vakuum, 1,5+0,0i für Glas, 1,5–0,7i für Ruß).

Man kann die Intensitätsschwächung in Transmissionsanordnung (Extinktion) bestimmen oder die Streulichtintensität. Bei Zählverfahren ist die Signalhöhe ein Maß für die Partikelgröße (in der Regel ist eine Kalibrierung erforderlich). Für Messungen am Kollektiv werden photometrische Methoden wie die Farbmetrik verwendet, aber auch die Auswertung der Abhängigkeit vom Streuwinkel (Beugungsspektrometer) und der Zeit (Auswertung der Fluktuation, z. B. Photonenkorrelation). Bei all diesen Verfahren ist ein definiertes, möglichst homogen ausgeleuchtetes Messvolumen gegeben. Bei der Laserdoppler-Anemometrie (LDA) und Phasendoppler-Anemometrie (PDA) ist das Messvolumen mit einem Interferenzebenenmuster gefüllt, so dass eine geschwindigkeitsabhängige Fluktuation gemessen werden kann. Einen ähnlichen Effekt kann man auch mit Ortsgittern auf der Detektorseite erzielen. Besonders interessant und aussagekräftig ist die Abbildung. Dieses Verfahren liefert eine Vielzahl von Informationen über Größe, Form, Farbe und Oberflächenstruktur, und bei Bildfolgen auch über die Bewegung. Bestimmte Abbildungsverfahren wie z. B. die konfokale Weißlicht- oder Lasermikroskopie erlauben auch das Eindringen in die Tiefe einer Struktur, so dass z. B. Fasereinschlüsse in Aggregaten verfolgt werden können. Bei all diesen Methoden müssen bestimmte Voraussetzungen bezüglich Partikelgröße, Konzentration und Messvolumengröße erfüllt sein.

Ein Überblick über die Grundlagen der Lichtstreuung und Partikelgrößenmessung findet sich in [2.46].

Elektrische Methoden. Durch ihre Leitfähigkeit, Polarisierbarkeit, Oberflächenladung, elektrophoretische Mobilität und Magnetisierbarkeit sind Partikeln ebenfalls nachweisbar, einzelne Partikeln beispielsweise durch Feldstörungen, für Messungen am Kollektiv sind die dielektrische Spektroskopie oder der elektroakustische Effekt (ESA) geeignet.

Wiegen/Kraftmessung. Eine ganze Reihe von Messverfahren basieren auf einer Kraftmessung, wie beispielsweise das Wiegen von Siebfraktionen. Am Kollektiv wird auch die Sedimentationswaage eingesetzt, und Schüttgüter und Pasten werden auch durch Scher-, Druck- und Haftkraftmessungen charakterisiert. Größere Einzelpartikeln (etwa ab 0,3 mm) können gewogen werden, oder die Festigkeit wird durch Druck oder Prallbeanspruchung gemessen, z. B. von Tabletten und Granulaten ab etwa 0,05 mm. Im Zentrifugalfeld kann die Haftkraft an einer definierten Oberfläche oder in einer Partikelkette bestimmt werden, und mit einem Rasterkraftmikroskop (AFM) auch die Wechselwirkung Spitze/Partikel bzw. Partikel/Partikel. Die Rasterkraftmikroskopie kann auch im Nanobereich Partikelstrukturen abtasten. Diese Methoden werden aber noch nicht routinemäßig eingesetzt.

Die Wägung wird oft in Verbindung mit einer Volumenbestimmung zur Ermittlung der Dichte eingesetzt, sowohl am Kollektiv, als auch an Einzelpartikeln. Bei Pulvern und Schüttgütern muss man unterscheiden zwischen dem Volumen der Schüttung, und dem Volumen des Feststoffes, wozu noch das Gasvolumen über eine Druckänderung bestimmt wird.

Sonstige Messmethoden. Die Oberfläche von Kollektiven kann durch kontrollierte Adsorptionsprozesse bestimmt werden (BET-Oberfläche, Ladungstitration). Die Porosimetrie bestimmt die durch eine Flüssigkeit gefüllten Hohlräume der Schüttung und der Partikeln in Abhängigkeit vom angelegten Druck und der Oberflächenspannung des Fluids. Schließlich können auch Benetzungseigenschaften von Pulvern bestimmt werden. Allerdings sind diese Verfahren keine Routinemessungen.

Produktspezifische Tests. Eine ganze Reihe von Methoden wurde entwickelt, um die Anwendungseigenschaften von Produkten zu prüfen. Beispiele aus der Lackherstellung sind der Grindometertest, der den Grobanteil eines Lackes erfasst, oder das Anreiben von Pigmenten in Prüflacken, Spritzen, Trocknen von Prüfblechen und anschließendes Vermessen mit einem Farbmessgerät. Anwendungstests gibt es für Fließverhalten, Lagerstabilität, usw. Im Pharmabereich kennt man Tests für die Freisetzungskinetik eines Wirkstoffs.

Solche Tests sind notwendige Bestandteile bei der Ermittlung der Eigenschaftsfunktionen. Die produktspezifischen Tests entscheiden, ob ein Produkt die Spezifikation erfüllt oder nicht, sie bilden die Grundlage für die Abwicklung von Kundenlieferungen. Die Tests dienen über die Eigenschaftsfunktion dazu, bei Problemen Ursachenanalyse betreiben zu können, Produkte zu optimieren und bessere Produkte zu gestalten.

In den folgenden Kapiteln werden die zur Zeit wichtigsten Messprinzipien zur Charakterisierung disperser Systeme kurz dargestellt. Es gibt verschiedene Kriterien für die Auswahl von Messtechniken, zum Beispiel Größenselektivität, Konzentration, Messdauer, oder zur Verfügung stehende Probemenge [2.20]. Das wichtigste Kriterium ist, dass die Messgröße für die verfahrenstechnische Fragestellung am besten geeignet ist.

2.2.1
Messmethoden für Einzelpartikeln

2.2.1.1 Zählverfahren zur Ermittlung von Partikelgrößenverteilungen
Die Kategorie der Zählverfahren beinhaltet optische Partikelzähler auf der Basis der Extinktion oder der Streuung, abbildende Verfahren wie Bildanalyse sowie Geräte, welche die Störung eines elektrischen Feldes (Coulter-Prinzip) nutzen. Eine wesentliche Voraussetzung für Zählverfahren ist, dass jede Partikel einzeln registriert wird, d. h. dass sich zum Zeitpunkt der Messung nur eine Partikel im Messvolumen befindet bzw. dass bei der Bildanalyse die Partikeln eindeutig getrennt erfasst werden. Das bedeutet, dass die Konzentration der Partikeln im Gas- bzw. Flüssigkeitsstrom klein sein muss, um Koinzidenzen [2.47] zu vermeiden. Die Koinzidenzwahrscheinlichkeiten lassen sich mit Hilfe der Poisson-Verteilung berechnen. Die zu messende Partikelzahl, um eine bestimmte statistische Sicherheit zu erreichen, richtet sich nach der Breite der Verteilung und nach der verfahrenstechnischen Fragestellung (z. B. nach Grobanteilen im ppm-Bereich).

Extinktionszähler. Das Messprinzip des Extinktionszählers beruht darauf, dass ein paralleler Lichtstrahl mit konstanter Intensität auf einen Detektor gebündelt wird (siehe Abb. 2.20).

Die Partikeln verursachen beim Durchtritt durch diesen Lichtstrahl einen kurzen Schwächungsimpuls. Die Schwächung ist näherungsweise proportional zu dem durch die Projektionsfläche abgeschatteten Teil des Strahlquerschnittes. Dieser kann großflächig oder linienförmig ausgebildet sein. Die erste Variante hat eine bessere Auflösung bei großen Partikeln, die zweite einen größeren Dynamikumfang

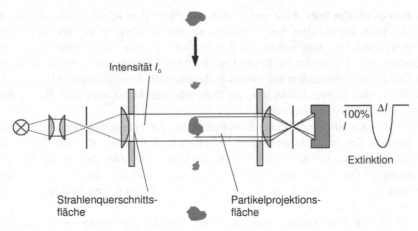

Intensität I_0

Strahlenquerschnittsfläche

Partikelprojektionsfläche

100%

Extinktion

Abb. 2.20 Schematische Darstellung eines Extinktions-Partikelzählers

(d_{max}/d_{min}), da große Partikeln dann nur noch Signale liefern, die proportional zu ihrem Durchmesser und nicht zu ihrer Fläche sind.

Abhängig von Partikelgröße und Transportgeschwindigkeit können bis zu 10 000 Partikeln pro Sekunde erfasst werden. Nachweisbar sind Schwächungen bis etwa 0,1%, d. h. je nach Querschnittsfläche des Lichtstrahles ergibt sich so eine untere Nachweisgrenze und eine maximale Partikelgröße. Der Partikelstrom muss vollständig durch das Lichtbündel transportiert werden, um Randzonenfehler zu vermeiden. Randzonenfelder sind dann nur bei inhomogen ausgeleuchteten Querschnitten zu beachten. In der Regel wird im Empfänger eine Blende verwendet, um den Raumwinkel der Detektion möglichst klein zu halten und somit ein vom Brechungsindex der Partikeln nahezu unabhängiges Signal zu erhalten.

Koinzidenzen werden üblicherweise bis zu 10% zugelassen. Bei erhöhten Anforderungen an die Messgenauigkeit muss die Zählrate und damit die Partikelkonzentration deutlich reduziert werden. Über eine Einzelimpulsanalyse können Koinzidenzen erkannt und reduziert werden.

Das relevante Partikelmerkmal ist die Projektionsfläche, aus der z. B. der Durchmesser des flächengleichen Kreises (Äquivalentdurchmesser) berechnet wird. Wie bei allen Zählverfahren wird primär eine Anzahlverteilung bestimmt.

Der Vorteil der Extinktionszähler liegt in der genauen Ermittlung auch der »Ränder« einer Verteilung. Extinktionszähler sind preiswert und eignen sich auch für den online Einsatz, sie müssen kalibriert werden.

Wird statt des üblichen Photodetektors eine CCD-(Charged-Coupled-Device-)Kamera verwendet (bei großen Partikeln kann man sogar auf ein Objektiv verzichten), so ist zwar die gewonnene Information einer Bildanalyse äquivalent, die Zählrate geht jedoch auf etwa 100 pro Sekunde zurück.

Erfolgt die Extinktionsmessung simultan unter drei orthogonalen Beobachtungsrichtungen [2.48], so können auch bei unregelmäßig geformten Partikeln die Volumina mit wesentlich höherer Genauigkeit bestimmt werden als bei üblichen Extinktionszählern, bei dreiachsigen Ellipsoiden sogar exakt. Die Abweichungen unter den drei Extinktionswerten hängen von der Form und der Orientierung der Partikeln ab; da die Partikeln in der Regel zufällig orientiert sind, kann daraus ein mittlerer Formfaktor bestimmt werden.

Streulichtpartikelzähler. Vereinzelte, im Aerosol- oder Flüssigkeitsstrom transportierte Partikeln werden mittels Weißlichtquelle oder Laserlicht beleuchtet. Laserlicht wird typischerweise bei Partikelgrößen < 1 µm verwendet, während Weißlicht vorteilhaft im Bereich > 0,3 µm eingesetzt wird. Die Winkelabhängigkeit des Streulichts erfordert eine Glättung, die über einen hinreichend großen Wellenlängen- oder Streuwinkelbereich erfolgen muss.

Die gemessene Streulichtintensität ist eine Funktion der Partikelgröße (vgl. Abb. 2.21).

Streulichtpartikelzähler können in unterschiedlichen optischen Anordnungen realisiert werden. Zwei der Möglichkeiten sind als Funktionsschemata in den Abbildungen 2.22 und 2.23 dargestellt. Eine häufig genutzte optische Anordnung ist die Dunkelfeldbeleuchtung (Abb. 2.24).

Der Auswertung nach der Partikelgröße liegt eine produktspezifische bzw. brechungsindexspezifische Kalibrierkurve zugrunde, die experimentell ermittelt werden muss und im einfachsten Fall mit monodispersen Materialien bekannter Größe erarbeitet wird. Abbildung 2.25 zeigt eine Kalibrierkurve, die mit engverteilten Kalibriermaterialien (z. B. Latices) verschiedener Größen gewonnen wurde, im Vergleich zu der nach Mie berechneten Impulshöhe.

Sind für nicht-kugelförmige Partikeln keine geeigneten Kalibriermaterialien verfügbar, kann man Streulichtpartikelzähler auch mit Hilfe des aerodynamischen

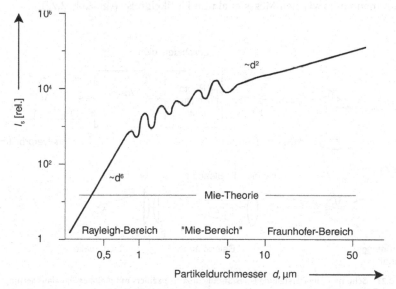

Abb. 2.21 Qualitativer Verlauf der Streulichtintensität I_S als Funktion des Partikeldurchmessers

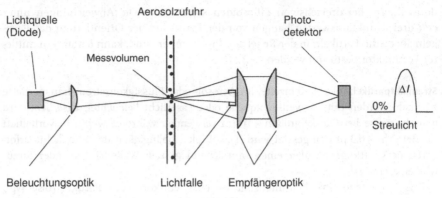

Abb. 2.22 Schematische Darstellung eines Streulichtpartikelzählers

Durchmessers kalibrieren, nachdem man die Partikelgröße z. B. mit einem Messzyklon ermittelt hat.

Das Messvolumen ist häufig optisch abgegrenzt, um Strömungsstörungen zu vermeiden. Allerdings erzeugen die Ränder des Messvolumens einen Fehler dadurch, dass entweder die Partikel nicht vollständig beleuchtet oder das Streulicht unvollständig detektiert wird. Durch Kalibrierung werden die Randzonenfehler bewertet. Eine ausführliche Behandlung des Randzonenfehlers finden sich in [2.49]. Zur Konzentrationsbestimmung und um die Repräsentativität der gemessenen Partikeln sicherzustellen, müssen ähnlich wie bei den Extinktionszählern Koinzidenzen vermieden werden.

Verbesserte digitale Auswertemethoden [2.50] führen zu einem nahezu linearen Zusammenhang zwischen Messsignal und Partikelgröße (vgl. Abb. 2.25).

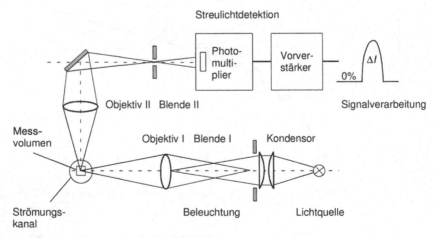

Abb. 2.23 Schematische Darstellung eines Streulichtpartikelzählers mit digitaler Signalauswertung nach UMHAUER [2.49]

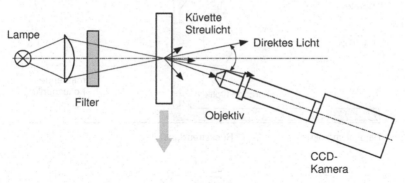

Abb. 2.24 Messanordnung zur bildanalytischen Erfassung mit Hilfe der Dunkelfeldabbildung

Streulichtpartikelzähler werden allgemein zur Charakterisierung von Proben bei relativ geringen Partikelkonzentrationen im Größenbereich $\leq 10\,\mu m$ eingesetzt. Neben der Überwachung von Reinräumen oder reinster Flüssigkeiten werden sie zur Beurteilung des Fraktionsabscheidegrades von Filtern und Abscheidern benötigt. In Sonderausführungen lassen sich die Geräte unter Prozessbedingungen, d.h. unter Druck und bei Temperaturen bis 1000 °C auch für aggressive Medien im online- oder inline-Betrieb verwenden [2.51].

Andere Streulichtpartikelzähler nutzen die simultane Messung der Streulichtintensitäten in mehreren Streuwinkeln, um neben der Partikelgröße auch die Partikelform (z. B. Fasern) zu analysieren [2.50], [2.52].

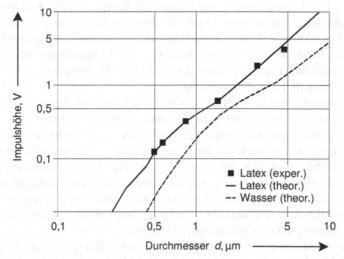

Abb. 2.25 Kalibrierkurve für Streulichtpartikelzähler. Vergleich einer experimentellen Kalibrierung mit theoretischen Streulichtdaten nach MIE [2.44]

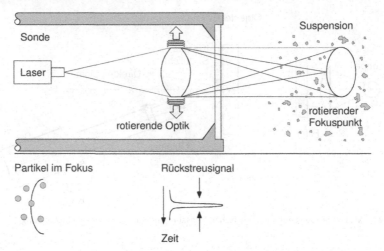

Abb. 2.26 Schematische Darstellung eines Laserscanners

Laserscanner. In einem Laserscanner bewegt sich ein Laserfokus auf einer Kreisbahn und überstreicht Partikeln, die sich vor der Sonde befinden (Abb. 2.26). Aus dem Rückstreusignal wird die Sehnenlängenverteilung der Einzelpartikeln bestimmt, woraus die Partikelgrößenverteilung berechnet werden kann. Die Signalaufarbeitung hat viele Gemeinsamkeiten mit der Bildanalyse (Flankendetektion, Schärfentiefe, etc.).

Bildanalyse. Die ersten Anwendungen der quantitativen Bildanalyse stammen aus der Kristallographie und Mineralogie. Von den Proben wurden vornehmlich Schliffe hergestellt. Durch Präparation (zum Beispiel Anätzen), optische Hilfsmittel (z. B. Polarisation) oder insbesondere durch die Röntgen-Mikroanalyse wurden unterschiedliche Strukturen oder Phasen sichtbar und damit auswertbar gemacht. Heute werden die verschiedensten Abbildungsverfahren für die quantitative Bildanalyse genutzt. In [2.53] findet sich ein guter Überblick über die Methoden zur Abbildung, Bildaufbereitung und Signalverarbeitung.

Die Partikeln werden in der Regel mit einer CCD-Kamera abgebildet (Abb. 2.27). Die Abbildungen können mit verschiedenen Beleuchtungsarten (Auf-, Durch-, Schräglicht, Fluoreszenzanregung), mit Weiß- oder Spektrallicht, mit Makro- oder Mikroskopoptiken gewonnen werden. Jede abgebildete Partikel wird einzeln vermessen. Im Prinzip ist alles, was man mit dem Auge erfassen kann, auch mittels der Bildanalyse quantifizierbar: z. B. Größe, Form, Struktur, Farbe. Allerdings ist das menschliche Auge im Erkennen von Strukturen und komplizierten, teils fehlerbehafteten Bildern dem Computer überlegen. Eine kritische Auseinandersetzung mit der Auflösung digitaler Bildanalyse gibt [2.54].

Softwarealgorithmen (z. B. Anti-Shading, Gradientenfilter) müssen im Allgemeinen das Bild für die Auswertung erst aufbereiten bevor mit weiteren Algorithmen der Bildinhalt analysiert werden kann. Besonders einfach für die Bildanalyse-Soft

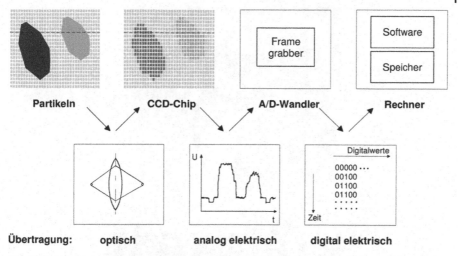

| Partikeln | CCD-Chip | A/D-Wandler | Rechner |

Übertragung: **optisch**   **analog elektrisch**   **digital elektrisch**

Abb. 2.27   Prinzip der automatischen Bildanalyse zur Ermittlung von Äquivalentdurchmessern, -flächen und -formen

ware ist es, wenn die Partikeln vereinzelt vorliegen. Bei sich überschneidenden, eng-verteilten und rundlichen Partikeln sind Trennalgorithmen inzwischen sehr leistungsfähig.

Die Bildanalyse ist das Messverfahren mit der höchsten Flexibilität hinsichtlich des Partikelgrößenbereiches und der Auswertung unregelmäßig geformter Partikeln. Die Bildanalyse ist auch besonders gut geeignet für die Beurteilung der Mischgüte, der Anordnung (Abstandsverteilung, Ausrichtung von Partikeln) und der Zusammensetzung von Stoffen, die aufbereitet bzw. rezykliert werden sollen. Verschiedene Strahlungsquellen werden genutzt, um die unterschiedlichen Komponenten zu detektieren.

Neben dem Vorteil, mit den verschiedenen optischen Abbildungsmethoden den gesamten Größenbereich von Partikeln zu erfassen, können sehr unterschiedliche bildgebende Verfahren wie z. B. Elektronenoptik, Röntgen-, Rastertunnel- oder Rasterkraftmikroskopie genutzt werden (vgl. Abschnitt 2.2). Neben Größe und Form werden damit Zusammensetzung, kristallographische Gefüge, Farbhomogenität, Rauigkeit, oder die Einbettung in eine Schichtmatrix einer quantitativen Auswertung zugänglich.

Die optische Beurteilung ist bei der Charakterisierung eines jeden Partikelsystems unverzichtbar: sie dient als erste Einschätzung des vorliegenden Systems und zur plausiblen Beurteilung und Interpretation der Ergebnisse der verschiedenen Untersuchungsverfahren.

Bei nanoskaligen Pulvern gewinnen die abbildenden Methoden immer mehr an Bedeutung. Es werden Aussagen hinsichtlich der Kristallinität der Partikeln, deren Agglomerationszustand und chemischen Homogenität benötigt. Diese sind teilweise nur mit modernen hochauflösenden Abbildungsmethoden, wie z. B. TEM (Transmissions-Elektronenmikroskopie), kombiniert mit anderen Untersuchungs-

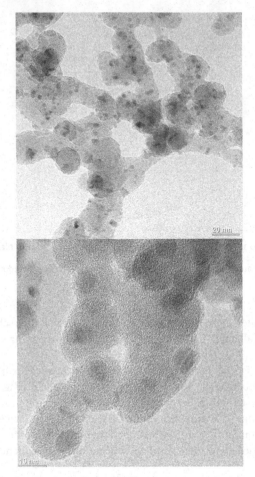

Abb. 2.28   Partikeln in einer Matrix eingelagert [2.58]

methoden wie Elektronenbeugung und elektronenspektroskopischen Verfahren (analytische Elektronenmikroskopie) möglich. Das Beispiel in Abbildung 2.28 zeigt die Einlagerung von kleineren kristallinen Partikeln in einer Matrix von größeren amorphen SiO_2-Partikeln.

Umfangreiche Darstellungen der Anwendung moderner TEM-Methoden finden sich in [2.55], [2.56]. Neuere Anwendungen zur Beurteilung der Kristallinität von Partikeln im Nanobereich, der Homogenität von Beschichtungen und von Mischungen sind in [2.57] zu finden.

Phasendoppler-Anemometrie. Die Phasendoppler-Anemometrie (siehe Abb. 2.29) ist eine Weiterentwicklung der Laserdoppler-Anemometrie und erlaubt die gleichzeitige Erfassung von Geschwindigkeit und Durchmesser kugelförmiger Partikeln [2.59], [2.60]. Im Kreuzungsbereich zweier Laserstrahlen entsteht ein Interferenzfeld, durch

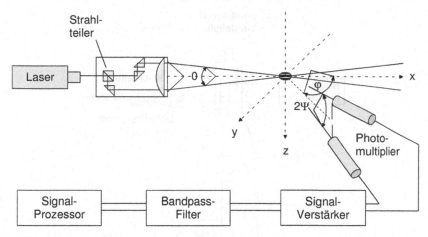

Abb. 2.29 Aufbau eines Phasendoppler-Anemometers

das die Partikeln transportiert werden. Dabei wird an jeder einzelnen Partikel Licht gestreut, das von zwei unter verschiedenen Winkeln angebrachten Detektoren erfaßt wird. Durch Auswertung von Frequenz und Phasenverschiebung der Signale lassen sich die Geschwindigkeit und die Größe jeder einzelnen Partikel berechnen.

Der Vorteil der Methode besteht vor allem darin, dass durch die simultane Erfassung von *Größe* und *Geschwindigkeit* auch die Untersuchung mehrphasiger Strömungsfelder möglich wird, und die Partikeln sich frei und unbeeinflußt in einem optisch abgegrenzten Messfeld bewegen können. Die Phasendoppler-Anemometrie ist bislang beschränkt auf kugelförmige Partikeln. Sie ist insbesondere geeignet, um Tropfengrößenverteilungen von Düsen zu untersuchen.

Scanning Mobility Particle Sizer. Zur Messung der Größenverteilung im Bereich 0,016–0,626 μm kann ein Scanning Mobility Particle Sizer (SMPS) eingesetzt werden. Dieses Messsystem (siehe Abb. 2.30) besteht aus einem differentiellen elektrischen Mobilitätsanalysator (DMA) zur Partikelklassierung in Verbindung mit einem Partikelzähler, z. B. Kondensationspartikelzähler (CPC) zur Konzentrationsbestimmung der klassierten Partikeln. Die Aerosolpartikeln werden durch eine ^{85}Kr-Strahlungsquelle geführt, wo den Partikeln durch Kollision mit bipolaren Ionen eine entsprechend bipolare Ladungsverteilung aufgeprägt wird, die für größere Partikelabmessungen der Boltzmann-Verteilung gehorcht, für Partikeldurchmesser < 0,1 μm aber deutliche Abweichungen von dieser Verteilung zeigt [2.61]. Der Klassierraum des DMA wird aus zwei konzentrischen Metallzylindern gebildet. Der Aerosolstrom wird von oben zusammen mit partikelfreier Mantelluft dem ringförmigen Raum zwischen den Zylindern zugeführt, wobei das Aerosol den inneren Kern der Mantelluft umhüllt.

Beide Ströme bewegen sich laminar nach unten, ohne dass eine Quervermischung auftritt. Der innere Zylinder wird auf einem negativen elektrischen Potenzial einstellbarer Größe gehalten, der äußere ist elektrisch geerdet. Dadurch wird ein gleichmäßiges elektrisches Feld zwischen beiden Zylindern aufgebaut, das die

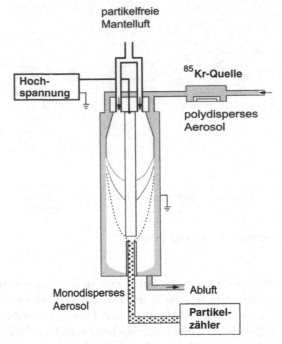

Abb. 2.30 Scanning Mobility Particle Sizer

positiv geladenen Partikeln zwingt, sich in Richtung des inneren Zylinders zu bewegen. Die elektrische Mobilität Z_p, d. h. die Geschwindigkeit von Partikeln mit der n-fachen Einheitsladung $n \cdot e$ im elektrischen Feld mit der Feldstärke $1 V m^{-1}$, ist [2.62]:

$$Z_p = \frac{neC_c}{3\pi\eta d_p}.$$

Bei sonst konstanten Parametern werden die Partikeln mit abnehmender Mobilität bzw. zunehmender Größe an immer tiefer liegenden Stellen des inneren Zylinders deponiert. Im unteren Teil des inneren Zylinders ist ein schmaler Schlitz angebracht, durch den Partikeln mit einer engen Mobilitätsbandbreite ΔZ_p das Gerät verlassen können. Die Bandbreite ergibt sich nach KNUTSON und WHITBY [2.63] aus dem Massenstromverhältnis von Aerosol und Mantelluft, ein gängiger Wert für $\Delta Z_p / Z_p$ ist 10. Problematisch bei diesem System ist, dass kleine, einfach geladene Partikeln die gleiche elektrische Mobilität aufweisen können wie größere, mehrfach geladene Partikeln. Dieser Effekt muss für das SMPS-System dann rechnerisch korrigiert, bzw. durch Klassierung des Aerosols mittels eines Impaktors reduziert werden.

Die mit dem DMA klassierten Aerosolfraktionen werden dann dem Partikelzähler zugeführt, der die Anzahlkonzentration misst, alternativ kann ein Elektrometer eingesetzt werden. Der CPC basiert auf einem nicht-größensensitiven Messverfahren, das vorzugsweise im submikronen Partikelgrößenbereich eingesetzt wird, um Anzahlkonzentrationen zu ermitteln. Das Messprinzip beruht auf der Vergrößerung der zu messenden Partikeln durch heterogene Kondensation von Alkoholdampf, die dann in einem einfachen optischen Partikelzähler registriert werden können. Dieses Messsystem wurde bereits vor über hundert Jahren von AITKEN [2.64] entwickelt. Der Aerosolstrom tritt in den Sättigungsraum ein, wo er auf 35 °C erhitzt und mit Alkoholdampf gesättigt wird. Im Anschluss daran strömt das Gas/Dampf-Gemisch in den Kondensator, wo es sich auf 10 °C abkühlt und der Alkoholdampf heterogen auf den Partikeln kondensiert. Die Tropfen werden dann durch einen senkrecht zur Strömungsrichtung flächenhaft aufgeweiteten Laserstrahl geführt und durch Analyse des Streulichtes unter einem Streuwinkel von 90° detektiert.

Durch Variation der elektrischen Feldstärke im DMA kann die Größe der das Gerät verlassenden Partikelfraktion eingestellt und so sukzessive die Partikelgrößenverteilung in wenigen Minuten ermittelt werden.

Coulter-Methode. Das Prinzip der Coulter-Methode (Abb. 2.31) beruht darauf, dass Partikeln und Fluid sich in ihrer Leitfähigkeit unterscheiden. Das Messverfahren, das für die Vermessung von Erythrocyten entwickelt wurde, ist nach der ersten Hersteller-Firma »Coulter Electronics« benannt.

Eine Suspension aus Partikeln und Elektrolytflüssigkeit strömt durch eine Kapillare (Zählöffnung), durch die ein elektrischer Strom fließt. Passiert z. B. eine nichtleitende Partikel die Zählöffnung, so erhöht sich der elektrische Widerstand und folglich der Spannungsabfall. Die Impulshöhe ist dem Partikelvolumen proportional. Die erforderliche Kalibrierung wird üblicherweise mit Eichlatices oder bekannten Partikeln mit enger Größenverteilung durchgeführt.

Damit sich die Spannungsimpulse signifikant vom Grundrauschen unterscheiden, müssen die Partikeln eine Mindestgröße haben. Feinere Partikeln stören zwar nicht die Messung, bleiben aber unberücksichtigt. Die maximale Partikelgröße sollte den halben Durchmesser der Zählöffnung nicht überschreiten, um ein Verstopfen zu vermeiden. Für eine Messkapillare ergibt sich daraus ein Dynamikbereich d_{max}/d_{min} von ca. 30. Wegen der Verstopfungsgefahr beschränkt sich der Ein-

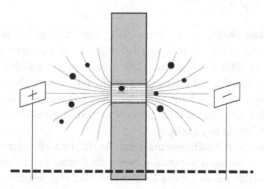

Abb. 2.31 Schema des Coulter-Prinzips

satz der Coulter-Methode auf spezielle Anwendungen mit engen Partikelgrößenverteilungen und scharf begrenzten Überkornanteilen.

Typische Einsatzmöglichkeiten sind eng verteilte Suspensionen oder Emulsionen; die Messung von Wasser-in-Öl-Emulsionen ist nicht möglich, da kein öllöslicher Elektrolyt verfügbar ist.

Als Ergebnis einer Messung erhält man eine Anzahlverteilung; Merkmal ist das Partikelvolumen.

2.2.1.2 Haftkraftmessungen

In der Partikeltechnik spielen die Haftkräfte eine ähnlich wichtige Rolle wie die chemischen Bindungskräfte in der Chemie. Haftkräfte sind notwendig für einige Verfahrensschritte wie für die Agglomeration oder für die Abscheidung. Haftkräfte führen aber bei vielen Verfahrensschritten auch zu störenden Begleiterscheinungen wie schlechtem Fließverhalten von Schüttgütern oder zu Ansätzen in Apparaten und Förderleitungen. Haftkräfte treten umso stärker in Erscheinung, je größer das Verhältnis von Haftkraft zur Gewichtskraft ist, d. h. je kleiner die Partikeln sind [2.5], [2.24].

Wegen der Wichtigkeit der Haftkräfte sollen hier zwei Messmethoden besprochen werden, obwohl sie wegen des Messaufwandes nicht routinemäßig angewendet werden.

Zentrifugenmethode. Partikeln < 50 µm werden auf eine Fläche eines Rotors (Substrat) aufgestäubt. Mit zunehmender Zentrifugalbeschleunigung werden die Partikeln vom Substrat getrennt. Die Haftkraft ist definiert als diejenige Kraft, die zur Trennung der Haftpartner notwendig ist. Durch Auszählen der nach den verschiedenen Drehzahlen auf dem Substrat verbliebenen Partikeln erhält man die Rückstandskurve über der Haftkraft.

Neben kommerziellen Ultrazentrifugen gibt es Sonderanfertigungen mit speziellen Antrieben, mit denen Beschleunigungen bis zu $4 \cdot 10^6 \times g$ erreicht werden.

Mit der Zentrifugenmethode konnten wichtige Erkenntnisse gewonnen werden über den Einfluß von Materialien, Partikelgröße, Partikelform, Oberflächenrauigkeiten, des Beanspruchungswinkels und eines vorangehenden Anpressdrucks auf die Haftkraft [2.65]–[2.67].

Rasterkraftmikroskop (AFM). Eine Spitze oder eine Partikel ist, wie in Abbildung 2.32 gezeigt, an einer Feder (Cantilever) befestigt. Bei Annäherung an ein Substrat lenken Anziehungskräfte die Feder aus. Die Auslenkung der Feder wird optisch vermessen und gemäß einer Kalibrierung in eine Kraft umgerechnet. Beim Abtasten einer Probe können verschiedene Varianten genutzt werden (Abb. 2.33), wie z. B. contact modus oder tapping modus, die unterschiedliche Informationen über Haft- bzw. Reibkräfte liefern [2.68], [2.69].

Die Kombination von Kraftmessung und Oberflächen-»Beschreibung« ist insbesondere bei Kraftmessungen notwendig, wenn die Spitze durch eine Partikel ersetzt ist. Bei rauen Oberflächen muss der Neigungswinkel von Beanspruchungsrichtung und Kontaktebene berücksichtigt werden, da der Beanspruchungswinkel einen gro-

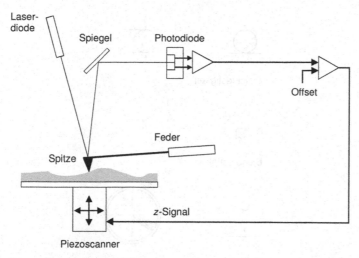

Abb. 2.32 Prinzip des Rasterkraftmikroskops (AFM)

ßen Einfluß auf die gemessene Haftkraft hat [2.66]. Mit Hilfe des Rasterkraftmikroskops lassen sich heute sehr genau interpartikuläre Kräfte an realen Partikelsystemen messen und ihre Auswirkungen auf verfahrenstechnische Prozesse verstehen [2.69].

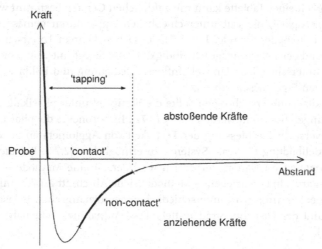

Abb. 2.33 Abbildungsmodi eines Rasterkraftmikroskops

2.2.1.3 Festigkeit von Agglomeraten

Für die Messung der Festigkeit von Agglomeraten [2.70] sind zwei Bereiche zu unterscheiden: Agglomerate kleiner und solche größer ~5 mm Durchmesser. Für die größeren Agglomerate sind Messungen an Einzelpartikeln üblich, für kleinere Par-

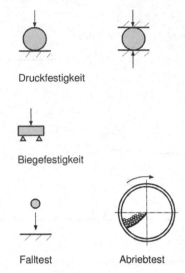

Druckfestigkeit

Biegefestigkeit

Falltest   Abriebtest

Abb. 2.34 Festigkeitsprüfmethoden für Agglomerate bzw. Tabletten

tikeln empfehlen sich Messungen am Kollektiv. Abbildung 2.34 zeigt einige besonders in der pharmazeutischen Industrie übliche Tests für Tabletten: Drucktest, Biegetest, Falltest und Abriebtest.

Die Festigkeit einer Tablette kann mit zahlreichen Geräten bestimmt werden. Die Werte der Festigkeit, die mit unterschiedlichen Apparaturen gemessen wurden, sind selten miteinander vergleichbar. Die Ursachen können Unterschiede in der Geometrie und der Belastungsgeschwindigkeit sein. Selbst mit dem gleichen Apparat können unterschiedliche Umwelteinflüsse, Bedienung und Kalibrierung zu unterschiedlichen Ergebnissen führen.

Für Grundlagenuntersuchungen sollte die Festigkeit unter physikalisch definierten Bedingungen bestimmt werden [2.71], [2.72]. Insbesondere die pharmazeutische Forschung versucht die Messung der Festigkeit von Agglomeraten zu verbessern, um die Modellbildung für reale Systeme zu ermöglichen [2.73]. Für die Festigkeit von Agglomeraten im Nanometerbereich wird derzeit eine Methode – analog der für Mikron-Partikeln beschriebenen Methode (siehe Abschnitt 2.2.2.3) mit Erfolg erprobt. Ein Aerosolstrom wird unterschiedlichen aerodynamischen Belastungen unterworfen und der Dispergiergrad mittels TEM-Aufnahmen bildanalytisch ausgewertet [2.74].

2.2.1.4 Porositätsmessung

Die Porosität ist das Verhältnis von Hohlraumvolumen zum Gesamtvolumen; sie hat eine scheinbar geringere Dichte des Körpers (Scheindichte) zur Folge. Die Porosität einzelner Partikeln wird hauptsächlich mit Hilfe der Bildanalyse ermittelt. Mit der Bildanalyse von Schnitten einzelner Partikeln bzw. Agglomeraten werden Porengrößenverteilung und Porenform bestimmt. Nur mit der Bildanalyse kann entschieden werden, ob es sich um zugängliche oder geschlossene Poren handelt. Häufig sind größere Poren nur durch kleine Kanäle zugänglich [2.70]. Bei allen anderen Methoden, die die Porosität am Partikelkollektiv messen (vgl. Abschnitt 2.2.2.2), wird das Porenvolumen der kleineren Pore zugeordnet. Je nach verfahrenstechnischer Fragestellung kann dies zu falschen Schlußfolgerungen führen.

Unter Zuhilfenahme der unterschiedlichsten Abbildungsverfahren lässt sich der überwiegende Bereich von Poren erfassen. Bilder sollten immer zur Interpretation der Ergebnisse auch anderer Methoden hinzugezogen werden!

2.2.2
Messmethoden am Partikelkollektiv

2.2.2.1 Methoden zur Größenbestimmung
Siebanalyse. Die Siebanalyse gehört zur Kategorie der Trennprozesse und nutzt als Feinheitsmerkmal die geometrische Abmessung. Die Trenngrenze wird dabei durch die Größe der Sieböffnung vorgegeben, sie entspricht der Maschenweite bei gewebten Sieben oder dem Lochdurchmesser bei geätzten Sieben oder Lochblechen. Beim Durchführen der Analyse wird durch den Klassiervorgang die eingewogene Probe bei der Trenngrenze in zwei Mengenanteile aufgeteilt und das so entstandene Feingut (Durchgang) und Grobgut (Rückstand) durch Wägung bestimmt.

Es wird mit Einzelsieben, aber auch im Siebsatz gearbeitet, wobei Siebdurchmesser im Bereich 70 bis 400 mm eingesetzt werden. Zur Dispergierung, zur Durchmischung und für den Transport der zu untersuchenden Probe wird mit verschiedenen Siebmaschinen und Antrieben gearbeitet, die eine Relativbewegung zwischen Sieb und Partikeln erzeugen. Typische Vertreter sind das Plan – und Vibrationssieb für den Bereich >ca. 50 bis 100 µm, das Luftstrahlsieb für Trennungen >20 µm und das Vibrations-Nasssieb für Trennungen >5 µm. Abbildung 2.35 zeigt das Prinzip des Luftstrahlsiebes. Die Partikeln werden wiederholt durch eine rotierende Luftdüse aufgewirbelt, dispergiert, und die kleineren Partikeln werden durch das Sieb gesaugt.

Für die Auswahl eines geeigneten Siebverfahrens ist neben den gewünschten Trenngrenzen und den zu verarbeitenden Probemengen auch die Kenntnis der Dispergier- und Transporteigenschaften des Materials und der Maschinen erforderlich.

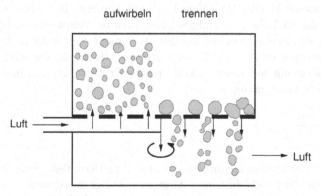

Abb. 2.35 Prinzip der Luftstrahlsiebung

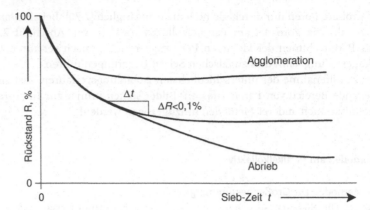

Abb. 2.36 Rückstandszeitkurven eine notwendige Messung vor einer Siebanalyse

Zur korrekten Durchführung einer Siebanalyse muss zunächst die Siebrückstands-kurve zur Ermittlung der Siebzeit aufgenommen werden. In der Siebrückstands-kurve wird ermittelt, nach welchem Zeitintervall Δt die Rückstandsveränderung ΔR vernachlässigbar klein wird: das Abbruchkriterium $\Delta R/\Delta t < 0{,}1\%$ min^{-1} muss für jedes Produkt erarbeitet werden. Abbildung 2.36 gibt drei Rückstandskurven wieder: die mittlere zeigt das in DIN 66165 beschriebene Produktverhalten. Neigt das Produkt zu Agglomeration (obere Kurve), so wird das Abbruchkriterium zwar erreicht, das Ergebnis ist jedoch falsch. Die zeitliche Änderung des Siebrückstandes ist auch geeignet, das *Abriebverhalten* zu charakterisieren (untere Kurve).

Bei der Bewertung der Analysenergebnisse ist auch zu berücksichtigen, dass die geometrischen Öffnungen Toleranzen unterliegen und die eigentliche Trenngrenze nur bei zertifizierten Sieben dem auf den Siebeinsätzen aufgedruckten Wert ent-sprechen.

Sedimentationsanalyse. Die Sedimentationsanalyse gehört neben der Siebung zu den klassischen Methoden der Partikelgrößenmesstechnik und wird üblicherweise in der Form angewendet, dass Partikeln homogen in einem Fluid verteilt werden und im Schwerefeld oder Zentrifugalfeld sedimentieren. Das STOKES-Gesetz be-schreibt für die Einflußgrößen Sinkgeschwindigkeit ν_S, Viskosität η und Dichtediffe-renz $\rho_p - \rho_f$ den mathematischen Zusammenhang mit der Partikelgröße d; g ist die Erdbeschleunigung und C_c die CUNNINGHAM-Korrektur, die die Wechselwirkung kleiner Partikeln mit den Fluidmolekülen beschreibt. Diese tritt signifikant bei Parti-keln < 1 µm in Erscheinung.

$$d = \sqrt{\frac{18\eta\nu_s}{(\rho_p - \rho_f) \cdot g \cdot C_c}} \tag{2.20}$$

Die aus Sedimentationshöhe und Sedimentationszeit ermittelte Sedimentationsge-schwindigkeit lässt sich in einen Sinkgeschwindigkeits-Äquivalentdurchmesser nach STOKES umrechnen. Zum Zeitpunkt $t = 0$ enthält die Suspension die Fest-

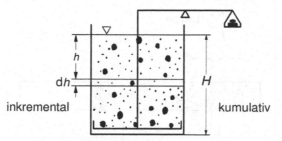

Abb. 2.37   Prinzipien der Messwerterfassung von Sedimentationsanalysen

stoffmasse $m(t = 0)$. Nach der Zeit t haben alle Partikeln mit $\nu_s > H/t$ dieses Volumenelement verlassen. Partikeln mit $\nu_s < H/t$ sind im Volumenelement mit der Anfangskonzentration enthalten. Die aktuelle Partikelkonzentration in einer oder mehreren Messebenen wird bei *inkrementalen Messverfahren* (Abb. 2.37) mittels Probenahme durch eine Pipette, oder durch Extinktionsmessung (Photosedimentation, Röntgen-Sedimentometer) ermittelt.

Bei *kumulativen Sedimentationsanalysen* werden am unteren Ende der Suspensionssäule die aussedimentierten Partikeln in Abhängigkeit der Zeit gewogen. Für die Verteilungsfunktion ergibt sich

$$Q_3(d) = M(\nu_s < H/t)/m(t = 0) \tag{2.21}$$

Zur Verkürzung der Messzeiten und zur Vermeidung von Messfehlern bei Partikeln < ca. 1 µm durch die der Sedimentation überlagerte Brownsche Molekularbewegung, wird die Sedimentation im Zentrifugalfeld durchgeführt. Bei der *Fliehkraft-Sedimentation* werden die gleichen Methoden der Konzentrationsbestimmung wie bei der Schwerkraft-Sedimentation eingesetzt. In Abhängigkeit der gewählten Beschleunigung sind in wässrigen Systemen Partikelgrößen in den Grenzen von ca. 1 nm bis 10 µm messbar.

Eine Besonderheit bei der *Zentrifugalmethode* besteht darin (vgl. Abb. 2.38), dass die Probe nicht homogen eingemischt wird, sondern im *Überschichtungsverfahren* auf das vorgelegte Fluid dosiert wird. In diesem Falle muss für die Sedimentationsstrecke ein Dichtegradient aufgebaut werden.

Laserlichtbeugung. Bei der Laserlichtbeugung wird das Partikelkollektiv durch den parallelen oder konvergenten Strahlengang eines Lasers transportiert. Partikeln streuen in Abhängigkeit ihrer Größe kohärentes Licht in bestimmte Winkel. Dieses Licht wird durch ein Linsensystem auf den Detektor abgebildet; das ungebeugte Licht wird ausgeblendet und zur Bestimmung und Überwachung der aktuellen Partikelkonzentration verwendet. Abbildung 2.39 zeigt den prinzipiellen Aufbau eines Laserlichtbeugungs-Spektrometers.

Das typische Beugungsbild aus Vorwärtskeule und konzentrischen Beugungsringen wird umso weiter aufgefächert, je kleiner die Partikeln sind. Die Beugungsbilder aller Partikeln überlagern sich. Die Rückrechnung ist ein mathematisch anspruchsvolles Inversionsproblem und beinhaltet aus Stabilitätsgründen eine Glät-

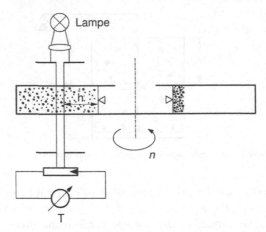

Abb. 2.38 Prinzip der Sedimentationsanalyse im Zentrifugalfeld, rechts Überschichtungsvariante

tung der ermittelten Partikelgrößenverteilung. Dies wirkt sich insbesondere an den Rändern der Verteilungen aus. Für kugelförmige Partikeln ist das Beugungsbild rotationssymmetrisch um die Beleuchtungsachse. Bei unregelmäßig geformten Partikeln hängt das Beugungsbild von Polar- und Azimutwinkel und der Orientierung der Partikeln ab. Mit ringförmigen Detektoren kann eine mittlere Größe ermittelt werden.

Umgekehrt ist es prinzipiell möglich, die Asymmetrie der Streulichtintensitäten zur Charakterisierung von Partikelformen zu verwenden [2.75]; Voraussetzung ist, dass die Partikeln ausgerichtet sind. Geräte zur Formanalyse auf der Basis der Beugungsmuster sind zur Zeit noch nicht kommerziell verfügbar.

Der Vorteil der Laserlichtbeugung besteht darin, dass eine Kalibrierung nicht erforderlich ist und dass bei relativ hohen Partikelkonzentrationen ($10^{-2} \leq C_v \geq 10^{-5}$) und großem Dynamikbereich sehr schnell die Größenverteilungen ermittelt

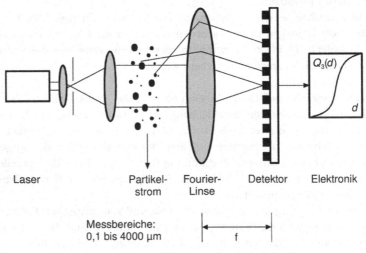

Abb. 2.39 Prinzipieller Messaufbau der Laserlichtbeugung für die Partikelgrößenanalyse

werden können. Durch die Verwendung zusätzlicher Sensoren bei größeren Streuwinkeln, die insbesondere den Bereich < 1 µm erfassen, sind heute Messbereiche
von 0,02 µm bis 2000 µm ohne Optikwechsel realisiert. Der Messbereich unterhalb
von etwa 1 µm liefert die Information nicht in der gleichen Auflösung und Zuverlässigkeit wie im klassischen Fraunhofer-Bereich.

Quasi-elastische Lichtstreuung. Bei der quasi-elastischen Lichtstreuung (auch: »dynamische Lichtstreuung« oder »Photonenkorrelationsspektroskopie«) [2.46], [2.76] wird
Laserlicht in die Suspension (auch in Aerosole) fokussiert. Das von Partikeln gestreute Licht wird unter 90°, 180°, oder seltener per Goniometer unter mehreren
Winkeln erfasst. Die ungerichtete Brownsche Molekularbewegung der Partikeln führt
zu einer veränderten Anordnung der Partikeln zueinander, so dass sich die relative
Phase des Streulichts ändert und das Summensignal mit einer entsprechenden Frequenz bzw. Autokorrelationsfunktion fluktuiert. Große Partikeln ändern aufgrund
ihrer geringen Diffusionsgeschwindigkeit ihre Position langsamer und führen damit
zu niedrigeren Frequenzen.

Bei konventionellen Geräten, die nach dem »homodynen« Ansatz arbeiten, werden die Intensitätsfluktuationen aus einem sehr kleinen Messvolumen mit dem
Photomultiplier erfaßt und als Autokorrelationsfunktion der Zählimpulse (Photo-
nen) ausgewertet (Abb. 2.40, links).

Inzwischen ist auch ein Gerät mit »heterodynem« Messprinzip (Abb. 2.40, rechts)
verfügbar, bei dem das fluktuierende zurückgestreute Licht mit einem Referenzstrahl überlagert und das entstehende Interferenzsignal mit einer Halbleiterdiode
gemessen wird. Das kontinuierliche elektrische Signal wird mittels Fourier-Trans-
formation in ein Frequenzspektrum umgewandelt, aus dem dann ebenfalls eine
Partikelgrößenverteilung berechnet wird.

Während der Messung muss sich die Suspension im Ruhezustand befinden.

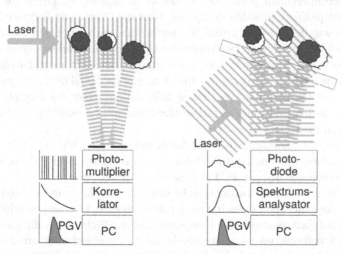

Abb. 2.40 Prinzipieller Aufbau der quasi-elastischen Lichtstreuung (QELS)
links: klassisch mit Korrelator, rechts: mit Referenzstrahl

Ultraschallmethoden. Die Ultraschallmethoden [2.77]–[2.80] beruhen auf der Messung einer Ultraschallwelle geringer Amplitude, die so schwach ist, dass sie keine Auswirkung auf das Partikelsystem hat. Ultraschall durchdringt hochkonzentrierte Partikelsysteme wesentlich besser als Licht (mehrere Zentimeter), und wird in einem großen Dynamikbereich (etwa 60 dB) phasenempfindlich detektiert, bei Frequenzen bis etwa 200 MHz. Das Partikelsystem kann beliebig schnell strömen. Sehr empfindlich sind alle Ultraschallsysteme gegenüber Luftblasen.

Ultraschall-Extinktion. Bei der Ultraschall-Extinktion wird in einer Suspension die (komplexe) Dämpfung zwischen Sender und Empfänger gemessen. Die Umformer (Transducer) haben in der Regel eine Fläche von wenige Quadratzentimetern. Wegen der Dämpfung in Suspensionen zwischen 0,1 bis 200 MHz kann allerdings nicht mit einer Messstrecke konstanten Abstandes gearbeitet werden, da die Dämpfung mit zunehmender Frequenz stark ansteigt. Daher haben alle Geräte eine variable Messstrecke und somit einen mechanisch aufwändigen Aufbau. Da an den Transducern auch Impedanzverluste auftreten, wird in der Regel eine Messung bei zwei verschiedenen Weglängen durchgeführt. Insgesamt ist die Messung des Dämpfungsspektrums elektrisch und akustisch sehr aufwändig, aber mit der heutigen (noch relativ teuren) Technik grundsätzlich mit hoher Genauigkeit möglich.

Ist die Konzentration unbekannt, kann die Partikelgrößenverteilung aus dem Dämpfungsspektrum berechnet werden. Prinzipiell wird ein Messbereich von 10 nm bis 3 mm bei Konzentrationen von 1 bis zu 70% angegeben. Für homogene Kugeln und nicht allzu hohe Konzentrationen (1–3%) existiert eine geschlossene Theorie [2.81], deren Anwendung die Kenntnis von Schallgeschwindigkeit, Schalldämpfung, Viskosität, Dichte, spezifischer Wärme, Wärmeleitfähigkeit und Wärmeausdehnungskoeffizient erfordert, teilweise für beide Phasen. Mehrere Mechanismen tragen zur Gesamtdämpfung bei, einfachere Auswertealgorithmen betrachten nur den dominierenden Effekt oder werten das Dämpfungsspektrum auf Basis einer produktspezifischen Kalibrierung aus. Über die Effekte von Form und innerer Struktur sowie die Partikel-Partikel-Wechselwirkungen bei höheren Konzentrationen ist noch wenig bekannt. Der Vorteil der Ultraschall-Extinktion liegt in der Möglichkeit, bei hohen Konzentrationen, auch online, und in einem sehr weiten Messbereich Suspensionen, Dispersionen und Emulsionen charakterisieren zu können. Problematisch ist, dass der tatsächliche Informationsgehalt des Dämpfungsspektrums noch nicht genau eingeschätzt werden kann, insbesondere bei Produkten mit komplexeren Partikeleigenschaften.

Elektroakustische Schallamplitude (Mobilitätsspektroskopie). Wie in Abbildung 2.41 gezeigt, wird ein suspendiertes Produktvolumen zwischen zwei Elektroden einem hochfrequenten elektrischen Feld ausgesetzt (0,3 bis 20 MHz).

Partikel und Gegenionenwolke verschieben sich periodisch im elektrischen Feld, wenn das Zetapotenzial ungleich 0 ist. Ist die Dichte der Partikeln verschieden von der der Flüssigkeit, entsteht eine phasenverschobene Dichtewelle, die an den Elektroden als Schallwelle gemessen werden kann. Zu dieser elektroakustischen Schallamplitude (ESA) gibt es auch den Umkehreffekt, das Ultraschall-Vibrationspotenzial (UVP). Durch Anlegen einer Wechselspannung U_2 sendet der Umformer eine

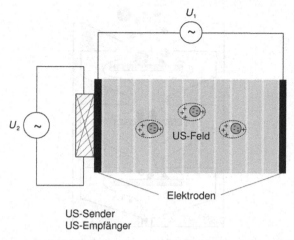

Abb. 2.41 Messeffekte, die bei der Wechselwirkung von Suspensionen bzw. Emulsionen mit Ultraschall-feldern genutzt werden: elektroakustische Schallamplitude (ESA) und Ultraschall-Vibrationspotenzial (UVP)

Schallwelle in eine Dispersion und es kommt aufgrund der Dichtedifferenz und der unterschiedlichen Beweglichkeit der Partikeln gegenüber dem Medium zu einer Verschiebung der Ladungsschwerpunkte und zur Bildung kohärent schwingender Dipolmomente. Diese rufen das Ultraschall-Vibrationspotenzial hervor, das als Spannung U_1 abgegriffen wird [2.82].

Die Theorie für den ESA beziehungsweise UVP Effekt ist ähnlich komplex wie bei der Ultraschall-Extinktion, und wie dort sind die Einflüsse hoher Konzentration und komplexer Partikelmerkmale weitgehend ungeklärt. Als Stoffkonstanten benötigt man nur Leitfähigkeit, Dichte und Dielektrizitätskonstante. Misst man bei nur einer Frequenz, so kann man bei bekannter Partikelgrößenverteilung das Zetapotenzial bestimmen. Aus dem Spektrum des Effekts über den ganzen Frequenzbereich (Mobilitätsspektrum), kann man die Partikelgrößenverteilung bestimmen. Der Messbereich liegt zwischen 30 nm und 20 µm, bei Konzentrationen von 0.1 bis etwa 60%.

Der Vorteil dieser Ultraschallmessmethode liegt in der Möglichkeit, bei hohen Konzentrationen, auch on-line, und in einem sehr weiten Messbereich Suspensionen, Dispersionen und Emulsionen charakterisieren zu können. Problematisch ist, dass der tatsächliche Informationsgehalt des Mobilitätsspektrums noch nicht genau eingeschätzt werden kann, insbesondere bei Produkten mit komplexeren Partikelmerkmalen.

Kaskadenimpaktor. Der Kaskadenimpaktor (Abb. 2.42) arbeitet nach dem Prinzip der Umlenkabscheidung [2.83].

In diesem *Trägheitsabscheider* umströmen die Partikeln eine feste Prallplatte, die Impaktorplatte. Die Partikeln werden in einer Düse beschleunigt, größere Partikeln mit ausreichender Trägheit können den Stromlinien des Trägergases nicht

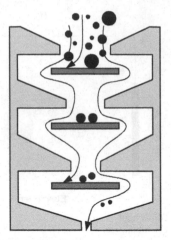

Abb. 2.42 Fraktionierte Abscheidung von Partikeln in einem Kaskadenimpaktor

folgen und werden auf der Platte abgeschieden. Mehrere nacheinander geschaltete Düsen mit abnehmenden Düsendurchmessern werden vom gleichen Aerosol durchströmt. Die Partikeln werden immer stärker beschleunigt, so dass immer kleinere Partikeln genügend Trägheit besitzen, um auf der nachfolgenden Platte abgeschieden zu werden.

Durch die Reihenschaltung mehrerer Stufen bilden sich Fraktionen unterschiedlicher Partikelgröße. Die Mengenanteile auf den einzelnen Impaktorstufen werden durch Wägung, durch Titration oder chemische Analyse ermittelt.

Kaskadenimpaktoren werden im Aerosolbereich (Nebel und Stäube) insbesondere für die Auslegung von Abscheidern oder die Überwachung von partikelförmigen Emittenten eingesetzt.

2.2.2.2 Porositätsmessung

Zur Messung der Porosität von Einzelpartikeln oder Agglomeraten sind folgende Methoden am Partikelkollektiv geeignet: Quecksilberporosimetrie, Kapillarkondensation, Flüssigkeitserfüllung und Bildanalyse (Abb. 2.43). Die Schüttgutporosität eines Haufwerks aus Primärpartikeln oder Agglomeraten setzt sich aus den Porositäten von Primärpartikel, Agglomerat und Schüttgut zusammen [2.70].

Bei der *Flüssigkeitserfüllung* wird die von den Partikeln aufgenommene Flüssigkeitsmenge gemessen. Das Ergebnis ist eine Gesamtporosität der zugänglichen und benetzbaren Poren. Dabei muss die Oberflächenfeuchte berücksichtigt werden. Die *Kapillarkondensation* beruht auf der Bestimmung des Volumens des flüssigen Kondensats in den Poren in Abhängigkeit vom Relativdruck des gasförmigen Sorptivs über der Feststoffprobe bei konstanter Temperatur. Zur Ermittlung der Porengrößenverteilung wird die Stickstoff-Desorptionsisotherme bei der Siedetemperatur des Stickstoffs, etwa 77 K, gemessen [2.84].

Quecksilberporosimetrie. Quecksilber dringt in einen porösen Feststoff je nach äußerem Druck ein. Dabei werden nur die zugänglichen Poren erfasst und die

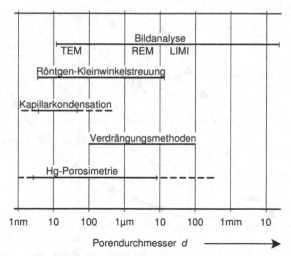

Abb. 2.43 Erfassbarer Porengrößenbereich verschiedener Messverfahren
EM = Transmissions-Elektronenmikroskopie, REM = Raster-Elektronenmikroskopie [2.70]

Poren, in die bei dem angewendeten Druck Quecksilber eindringen kann. Für zylindrische Poren ist der Zusammenhang zwischen Porenradius und Druck durch die Washburn-Gleichung gegeben [2.85].

$$r_p = -2\sigma/p\cos\theta \tag{2.22}$$

mit dem Porenradius r_p, dem Druck p, der Oberflächenspannung des Quecksilbers σ und dem Kontaktwinkel des Quecksilbers auf der Probe θ.

Auch aus dem Vergleich zweier Partikelgrößenverteilungen kann die Porosität bestimmt werden. Voraussetzung ist, dass dabei unterschiedliche Feinheitsmerkmale genutzt werden z. B. bei der Siebung die äußere Geometrie der Partikeln und bei der Sedimentation die Masse.

Die Gesamtporosität einer Schüttung wird einfach aus dem Volumen und der Feststoffmasse bestimmt (DIN 53468). Daneben sind Durchströmungs-, Benetzungsvolumen oder radiometrische Porositätsmessung gebräuchlich. Bei den Ergebnissen der unterschiedlichen Messverfahren ist zu bedenken, dass es verschiedene Porenarten und Porenformen gibt, die von den verschiedenen Messmethoden unterschiedlich berücksichtigt werden. Je nach Porenart und Messverfahren erhält man sehr unterschiedliche Ergebnisse.

2.2.2.3 Festigkeitsmessung

Die Dispergierung agglomerierter Pulver unter definierten Beanspruchungen ist ein Maß für die Festigkeit. Der Fortschritt der Dispergierung kann photometrisch als Integralwert oder durch Partikelgrößenanalyse gemessen werden. Die heute etablierte Methode ist der Vergleich von Partikelgrößenverteilungen nach unterschiedlicher Beanspruchung. Abbildung 2.44 zeigt Partikelgrößenverteilungen nach

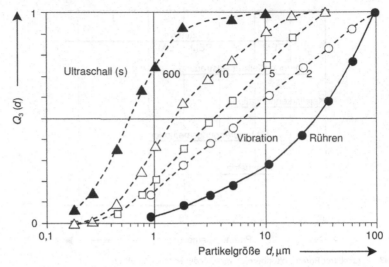

Abb. 2.44   Einfluss der Dispergierart (-Intensität) und Dispergierzeit auf die Agglomeratgrößenverteilung

10 min Rühren, nach 10 min Vibrationsmischen und nach verschiedenen Dispergierungszeiten mit einer Ultraschallsonotrode. Zwei Minuten Ultraschallbehandlung führt bei diesen Agglomeraten zum gleichen Aufteilungsgrad wie zehn Minuten Vibrationsmischen.

Die Festigkeit trockener Agglomerate lässt sich mittels eines Injektors mit Prallkaskade messen. Mit zunehmendem Injektordruck werden die Agglomerate dispergiert (siehe Abschnitt 2.4.1). Abbildung 2.45 zeigt im oberen Teil den Injektor mit Prallkaskade, im unteren Teil drei unterschiedlich dispergierbare Pulver.

Auf die Festigkeit und auf das Fließverhalten von Schüttgütern wird in Abschnitt 8 eingegangen, da diese Eigenschaften vornehmlich für die Auslegung von Silos und Bunkern benötigt werden.

2.2.2.4   Integrale Messmethoden

Feststoffdichte. Für viele Eigenschaften von Partikeln, aber auch für einige Messmethoden (z. B. Sedimentation) ist die Kenntnis der Stoffdichte (Masse/Volumen) notwendig. Für feindisperse Materialien bereitet die Bestimmung des Volumens mitunter Schwierigkeiten. Das Volumen kann mit dem Flüssigkeits-, oder heute gebräuchlicher, mit dem Gaspyknometer bestimmt werden. Das Pyknometer mißt das Volumen eines Körpers, gleichgültig ob dieser regelmäßige oder unregelmäßige Struktur besitzt. Das physikalische Prinzip des Gaspyknometers beruht auf dem BOYLE-MARIOTTSCHEN Gesetz

$$p_1 \cdot V_1 = p_2 \cdot V_2 = \text{const.} \tag{2.23}$$

Kennt man die Drücke p_1 und p_2 sowie eines der Volumina, so lässt sich das zweite, gesuchte Volumen daraus berechnen. Als Gas wird ein nicht adsorbierendes Edelgas verwendet.

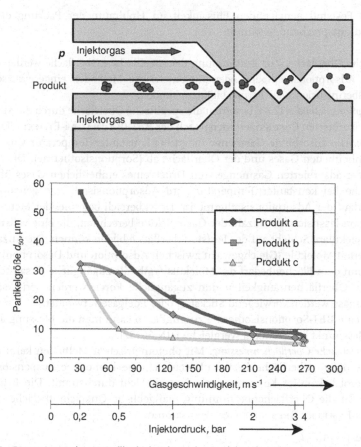

Abb. 2.45 Dispergierstrecke mit Prallkaskade (oben); drei Produkte, die sich in der Agglomeratfestigkeit unterscheiden (unten)

Scheindichte. Besitzen die Partikeln Hohlräume oder Poren, wie zum Beispiel Agglomerate, so wird das Volumen mit Hilfe einer nicht benetzenden Flüssigkeit, wie zum Beispiel Quecksilber, bestimmt (siehe Abschnitt 2.2.2.2). Die Scheindichte ergibt sich aus dem Quotienten der Feststoffmasse und dem Gesamtvolumen (Feststoff- + Porenvolumen).

Schüttgutdichte. Die Schüttgutdichte ist die Dichte des Haufwerkes. In diesem Falle werden Poren in den Partikeln und Hohlräume zwischen den Partikeln mit zum Volumen gerechnet. Auch hier wird die Masse des Haufwerkes in Relation zu dem von ihm eingenommenen Volumen gesetzt (vergleiche DIN 53468). Gebräuchlich ist auch die Rütteldichte oder die Stampfdichte, bei der das Haufwerk vorher verdichtet wurde (vergleiche DIN 53194, ISO 787).

Wird das Schüttgut von Gas und Flüssigkeit durchdrungen, so wird zusätzlich nach dem *Sättigungsgrad* zur Kennzeichnung gefragt. Er ist als Volumenanteil einer den Feststoff benetzenden Flüssigkeit im Hohlraum der Packung definiert und wird entsprechend bestimmt.

Spezifische Oberfläche. Zur Bestimmung der spezifischen Oberfläche werden hauptsächlich Adsorptionsmethoden oder photometrische Methoden eingesetzt, seltener Quecksilberintrusion oder Permeabilitätsmethoden.

Adsorptionsmethoden [2.84] bewerten die spezifische Oberfläche durch die Messung der physisorbierten Gasmengen meist nach der BET-(BRUNAUER-EMMETT-TELLER-) Methode. Die adsorbierte Gasmenge hängt bei konstanter Temperatur vom Druck eines einheitlichen Gases und der Oberfläche ab (Sorptionsisotherme). Die Abhängigkeit der adsorbierten Gasmenge vom Druck eines einheitlichen Gases über der Oberfläche bei konstanter Temperatur wird Adsorptionsisotherme genannt. Aus dem Verlauf der Adsorptionsisotherme im Druckbereich beginnender Mehrschichtadsorption lässt sich die Anzahl der Gasmoleküle berechnen, die eine vollständige monomolekulare Schicht auf der Feststoffoberfläche bilden können. Die Anzahl der adsorbierten Moleküle (Gleichgewicht zwischen Adsorption und Desorption) multipliziert mit dem Flächenbedarf des Moleküls ergibt die zugängliche Gesamtoberfläche, d. h. Oberflächenrauigkeiten und zugängliche Poren werden berücksichtigt. Als Messgase werden vorwiegend Stickstoff oder Edelgase verwendet.

Liegt eine BET-Sorptionsisotherme zugrunde, so kann man die Messung auf nur einen Messpunkt beschränken (vergleiche DIN 66132).

Photometrische Oberflächenmessung. Mit photometrischen Methoden kann die volumenbezogene Oberfläche bestimmt werden. Eine homogene Suspension oder ein Aerosol bekannter Konzentration wird mit Licht durchstrahlt. Die Extinktion und die für die Oberflächenbestimmung maßgebliche Querschnittsfläche hängen über das LAMBERT-BEERSCHE Gesetz zusammen.

$$I/I_0 = \exp -A_v C_v l \qquad (2.24)$$

I/I_0 = Intensitätsverhältnis, l = die durchstrahlte Schichtdicke, C_v = Feststoffvolumenkonzentration und A_v = volumenbezogener Extinktionsquerschnitt. Für kugelförmige Partikeln gleicher Größe ist A_v:

A_v = Extinktionskoeffizient × Projektionsfläche/Feststoffvolumen.

Der Extinktionskoeffizient ist eine Funktion der Partikelgröße und des Brechungsindex (für $d < 10$ µm) und nimmt für $d > 10$ µm den konstanten Wert 2 an [2.32]. Photometrisch bestimmte Oberflächen berücksichtigen weder Rauigkeiten noch innere Oberflächen.

Für die ständige Überwachung von Emissionen in Gas- oder Flüssigkeitsströmen werden häufig photometrische Messverfahren eingesetzt. Das Prinzip eines solchen Messgeräts ist in Abbildung 2.46 gezeigt. Mittels einer geeigneten optischen Anordnung wird ein paralleles Lichtstrahlenbündel durch den Kanal des Emittenten geschickt.

Gemessen wird das Verhältnis der Intensitäten des einfallenden und austretenden Lichtes. Die Schwächung infolge Streuung und Absorption durch das Partikelkollektiv ist ein Maß für die Partikelkonzentration.

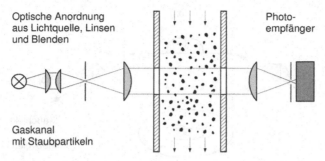

Optische Anordnung
aus Lichtquelle, Linsen
und Blenden

Photo-
empfänger

Gaskanal
mit Staubpartikeln

Abb. 2.46 Photometrische Messanordnung zur Oberflächenbestimmung

Photometer müssen mit geeigneten Standards kalibriert werden, oder es können nur Relativmessungen durchgeführt werden. Gerätespezifische Parameter beeinflussen das Ergebnis: die Wellenlänge des verwendeten Lichtes, die Empfangsoptik oder der Empfangswinkel. Bei Vergleichen muss man darauf achten, dass nur Geräte gleichen Typs eingesetzt werden.

Quecksilberintrusion. Unter der Annahme eines zylindrischen Porenmodells lässt sich aus der Porenvolumenverteilung eine spezifische Oberfläche berechnen.

Permeabilitätsmethode. Aus dem dispersen Feststoff wird ein poröses System bestimmter Abmessungen und Porosität hergestellt. Abmessungen und Porosität hängen vom jeweiligen Gerät, das zur Herstellung benutzt wird, ab. Durch das poröse System wird ein Gas oder eine Flüssigkeit hindurchgesaugt oder -gedrückt. Dabei wird entweder der Druckabfall an dem porösen System bei konstantem Volumenstrom oder der Volumenstrom gemessen. Aus dem Durchströmungswiderstand des Gutbettes definierter Packungsdichte wird die volumenbezogene Oberfläche nach der CARMAN-KOZENY-Gleichung berechnet. Die Herstellung des porösen Systems erfordert enge Toleranzen, so dass die Methode vornehmlich für die Produktionsüberwachung genutzt wird. Das »BLAINE-Gerät« (oder entsprechende) wird vor allem in der Zementindustrie eingesetzt (vgl. DIN 66126). Die Durchströmungsverfahren berücksichtigen mikroskopische Rauigkeiten bis zu einem gewissen, quantitativ noch nicht angebbaren Ausmaß.

Rechnerische Ermittlung der spezifischen Oberfläche. Aus gemessenen Partikelgrößenverteilungen kann eine spezifische Oberfläche berechnet werden.

2.2.2.5 Partikelanordnung

Tomographische Messverfahren. Für das zeitgleiche Messen lokaler Größen an vielen unterschiedlichen Orten eines Querschnittes werden tomographische Messverfahren eingesetzt. In der Tomographie werden grundsätzlich drei voneinander abhängige Schritte durchgeführt [2.86]–[2.88].

- Mit Hilfe von Sensoren, die um den Messquerschnitt des zu untersuchenden Objektes angeordnet sind (vgl. Abb. 2.47), werden integrale Messungen örtlich verteilter physikalischer Eigenschaft Φ_{Mi} durchgeführt. Dazu dienen mechanische und elektromagnetische Wellen und statische Felder.

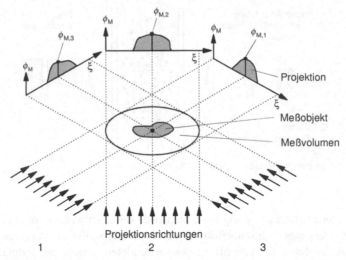

Abb. 2.47 Schematische Darstellung der integralen Messwertbildung bei der Tomographie [2.86]

- Aus den Messwerten werden mit Hilfe geeigneter Algorithmen die lokalen Werte der physikalischen Eigenschaften für den Messquerschnitt errechnet und damit rekonstruiert.
- je mehr a priori-Wissen vorliegt, desto weniger Sensoren sind für die Rekonstruktion der physikalischen Eigenschaften notwendig.

Tomographische Messverfahren sind in der medizinischen Diagnostik heute unentbehrlich. Anwendungsbeispiele in der Verfahrenstechnik sind Blasensäulen, mehrphasige Strömungen und Pastenrheometrie.

Bildanalyse. Die räumliche Anordnung von Partikeln d.h. die Abstandsverteilung zwischen den Partikeln und deren Ausrichtung kann unter Zuhilfenahme unterschiedlichster Abbildungsmethoden mittels Bildanalyse örtlich und zeitlich erfaßt werden. Zu Partikelanordnungen in Strömungen liegen einige Untersuchungen und Arbeiten aus dem Hochschulbereich vor, z.B. [2.113]–[2.115].

2.3
Messmethoden für veränderliche Zustände

In Abschnitt 2.2 sind die physikalischen Effekte, die zur Charakterisierung von Partikelsystemen geeignet sind, bereits beschrieben worden. In diesem Abschnitt soll dargestellt werden, mit welchem methodischen Ansatz mit Partikelsystemen umgegangen werden muss, die in besonderem Maße veränderlich sind.

Die drei typischen Situationen sind folgende:
1) Man will einen Zustand oder zumindest einen Teilaspekt dieses Zustands so erfassen, wie er an einem gegebenen Ort und zu einer gegebenen Zeit vorlag.

In diesem Fall kann man entweder mit einer rückwirkungsfreien Methode arbeiten (z.B. optische Methoden in niedrig konzentrierten Systemen), oder man kann abschätzen, ob der Eingriff durch eine Sonde, einen Bypass, eine Probenahme oder eine Präparation so gestaltet werden kann, dass der gewünschte Zustand erhalten oder zumindest für die Messung wiederhergestellt wird.

Unter bestimmten Voraussetzungen kann man z. B. davon ausgehen, dass eine repräsentative Probenahme möglich ist und dass die verdünnte Probe noch die gleiche Partikelgrößenverteilung besitzt.

Außerdem muss geprüft werden, ob die Anforderungen an räumliche und zeitliche Auflösung erfüllt werden können.

2) Man will die Kinetik einer (aufgeprägten oder eigendynamischen) Veränderung erfassen.

In dieser Situation ist man oft bereit, Kompromisse bezüglich der Aussagekraft des Signals einzugehen. Eine einfache optische Sonde liefert keine Partikelgrößenverteilung, aber ein Signal, das von ihr abhängt. Um die Kinetik einer Dispergierung, Fällung oder Agglomeration zu erkennen, ist dies meist ausreichend. Die Sonde hat hier die Funktion eines Indikators. Es muss natürlich gesichert sein, dass der Indikator im eingesetzten Bereich einen eindeutigen Zusammenhang liefert. (Dies gilt nicht nur für optische sondern auch für andere Sonden, und für außerhalb der Spezifikationen betriebene Messgeräte.)

3) Man will die Reaktion des Partikelsystems auf eine bestimmte Abfolge von Randbedingungen (Produktverhalten) ermitteln. Bei dieser Fragestellung wird das Messgerät wie üblich eingesetzt, die messtechnische Herausforderung liegt in der Definition und Realisierung aussagekräftiger Randbedingungen, um das Produktverhalten in der Realität nachzubilden.

Dies ist z. B. dann erforderlich, wenn die gesuchten Eigenschaften im realen System nicht zugänglich sind, oder die Messung im Originalsystem zu aufwendig oder risikoreich wäre.

Alle drei Situationen erfordern ein gutes Verständnis für das Produkt, das Verfahren und das Messsystem.

2.3.1
Messverfahrenstechnik

Die ersten Schritte jeder Charakterisierung eines dispersen Systems sind Probenahme und Probenpräparation, mit denen das Produkt aus dem Prozess oder von einem Haufwerk in einen messbaren Produktzustand überführt wird (siehe Abb. 2.48).

Nach der Probenahme wird das Produkt für die Messung aufbereitet, das bedeutet, dass in der Regel die Prozesskonzentration auf Messkonzentrationen von bis zu $10^{-6}\%$ Volumenanteil verdünnt wird, Agglomerate werden dispergiert und es werden Hilfsmittel zur Stabilisierung zugefügt. Diese Prozesse werden unter dem Begriff Messverfahrenstechnik zusammengefasst [2.89].

Probenahme und Präparation finden leider selten die gebührende Aufmerksamkeit. Fehler, die bei der Probenahme und der Präparation gemacht werden, sind nicht mehr zu korrigieren. Sie können zu falschen Schlussfolgerungen führen.

Abb. 2.48 Schritte eines Messprozesses

Probenahme und Probeteilung. Die Messaufgabe im Bereich disperser Systeme besteht darin, bestimmte Merkmale (vgl. Abschnitt 2.1.3) einer zu beurteilenden Grundgesamtheit zu ermitteln. Diese Grundgesamtheit kann beliebig groß sein, die infrage kommende Analysenmethode wird in der Regel sehr viel kleinere Mengen des zu untersuchenden Materials benötigen. Die wichtigste Forderung der Probenahme ist es deshalb, eine repräsentative Probe zu entnehmen, d.h., eine Probe, die mit der Grundgesamtheit identische Verteilungen der Merkmale besitzt.

Nur unter der Annahme vollständiger Homogenität der zu untersuchenden Gesamtheit wäre eine an einem beliebigen Ort und in beliebiger Größe entnommene Probe repräsentativ. Da dieser Sonderfall bei dispersen Systemen nur äußerst selten zu erwarten ist, müssen unter Berücksichtigung der Untersuchungsziele (z.B. zur Prüfung der Mischgüte; vgl. Abschnitt 7.2) und statistischer Randbedingungen Probenahme- und Verarbeitungspläne aufgestellt werden.

Entscheidend für die zu entnehmende Probemenge ist dabei die zu beurteilende Produktionsmenge = Grundgesamtheit und die zu erwartende bzw. interessierende örtliche und zeitliche Inhomogenität. Dabei sind drei Fragen entscheidend [2.30]:

1) Wie groß muss die Probe sein?
Wie bereits erwähnt, richtet sich die Größe der zu entnehmenden Probe nach der Größe der zu beurteilenden Grundgesamtheit und den zu erwartenden örtlichen

und zeitlichen Inhomogenitäten. Da diese nicht als bekannt vorausgesetzt werden können, muss zunächst in systematischen Voruntersuchungen eine Bewertung der Situation vorgenommen werden. Die DIN 51701 (»Prüfung fester Brennstoffe«) z. B. gibt sehr ausführliche Hinweise und schlägt konkrete Vorgehensweisen zu erforderlichen Probemengen, Probenvorbereitung usw., vor. Entsprechende DIN-Vorschriften gibt es für viele andere Bereiche z. B. keramische Rohstoffe DIN 51061, Gewürze DIN 10220, Tenside DIN 53911, Abwasser DIN 38402–11 bzw. EN ISO 5667–13.

Für den Fall, dass die Partikelgrößenverteilung ein wichtiges Qualitätskriterium darstellt, werden zur Berechnung der erforderlichen Probengröße G (pro Einzelprobe) Faustformeln vorgeschlagen, wobei für d_{max} die maximal vorkommende Partikelgröße eingesetzt werden muss, z. B. gilt für feste Brennstoffe [2.90]:

$$G[\text{kg}] = 0,06[\text{kg mm}^{-1}] \cdot d_{max}[\text{mm}] \tag{2.25}$$

Die erforderliche Anzahl an Einzelproben orientiert sich wiederum an der Größe der Grundgesamtheit. Solche Faustformeln beruhen auf Erfahrungen in speziellen Bereichen; sie sind in Zweifel zu ziehen, weil damit die jeweilige Anzahl der Partikeln stark verändert wird. Es gilt nämlich

$$G = \sum_{i=1}^{n} d_i^3 \frac{\pi}{6} \rho_p \sim n \cdot d_{max}^3 \rho_p \tag{2.26}$$

Bei Feinmehl kommt man zu großen Partikelzahlen, bei Grobgut möglicherweise zu sehr kleinen. Da die entnommenen Einzel – oder Sammelproben in den meisten Fällen deutlich größer sind als die erforderliche Analysenprobe, muss in weiteren Schritten – meist durch Probenteilung – eine auf die in Frage kommende Analysenmethode angepaßte Teilmenge gefunden werden (siehe Abb. 2.49).

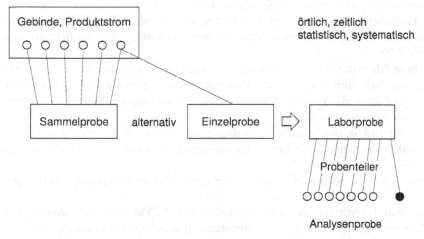

Abb. 2.49 Probenahme – Probenteilung

Typische Analyseprobemengen sind beispielsweise für die
- Siebanalyse: wenige Gramm bis mehrere Kilogramm (Nass – oder Trocken-
siebung; Labor – oder online – Anwendung)
- Bildanalyse: einige Milligramm bei mikroskopischer Auswertung bis meh-
rere Kilogramm bei makroskopischer Auswertung in der online-
Analytik
- Laserlicht-   wenige Milligramm bis mehrere 100 Gramm, in Abhängigkeit
beugung: von Partikelgröße und Anwendung

In Abhängigkeit von der gewählten Messmethode und deren Anwendung wird oft nicht die gesamte zur Verfügung gestellte Analysenprobenmenge vermessen, sondern durch z. B. Strömungsvorgänge oder zufällige Wahl von Bildausschnitten wird eine weitere Probenteilung im Messgerät vorgenommen.

Das Teilungsverhältnis kann dabei folgende Werte annehmen:
- Siebanalyse   1:1
- Bildanalyse   1:1 bis $1:10^3$
- Laserlichtbeugung 1:2 bis $1:10^3$

In diesen Fällen müssen systematische Fehler – durch z. B. Entmischungsvorgänge – ausgeschlossen werden.

2) Wie viele Einzelproben muss man nehmen?
Die Anzahl der zu entnehmenden Einzelproben ist abhängig von der Größe der Grundgesamtheit und den Inhomogenitätsbereichen. Um einen Vertrauensbereich berechnen zu können, müssen mindestens drei Einzelproben entnommen werden; zur Verbesserung der statistischen Sicherheit sollten jedoch deutlich mehr Einzelproben entnommen werden, wobei der Aufwand natürlich auch im sachlich und wirtschaftlich vorgegebenen Rahmen bleiben muss. SOMMER unterscheidet hier zwischen »Produzenten- und Kundenrisiko«.
   Produzentenrisiko: Das Produkt ist in Ordnung., aber die Messungen führen aufgrund zu großer Messunsicherheit zur Ablehnung der Auslieferung (vgl. Abb. 2.50).
   Eine Erhöhung der Anzahl von Einzelproben und die genaue Kenntnis der statistischen Sicherheit des gesamten Messsystems verringern die Standardabweichungen und damit das Produzentenrisiko. Dabei gelten folgende Vereinbarungen zwischen Produzent und Kunde:
- »Standard μ« ist der Sollwert für das vereinbarte Qualitätsmerkmal
- »Akzeptanzbereich« ist der Vertrauensbereich innerhalb dessen die Messergebnisse liegen müssen
- als drittes die »Sicherheit«, mit der der wahre Wert im Akzeptanzbereich liegt.

Kundenrisiko: Mit der Wahrscheinlichkeit 1-W (z. B. 5%) liegt der wahre Wert des akzeptierten – und damit zur Auslieferung freigegebenen – Produktes außerhalb des Akzeptanzbereiches.

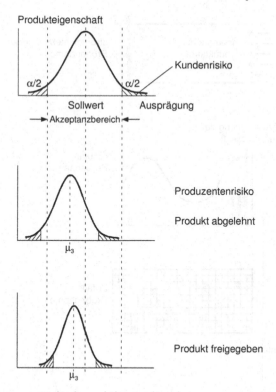

Abb. 2.50 Ausprägung von Merkmalen und Akzeptanzbereich

3) an welcher Stelle muss die Probe genommen werden?
Die richtige Probenahme ist in Abbildung 2.51 [2.30] dargestellt.

Probenahmegeräte sind für die unterschiedlichsten Industriezweige in vielen verschiedenen Bauformen anwendungsbezogen entwickelt und gebaut worden. Der mögliche Einsatz richtet sich zum einen nach den Produkteigenschaften der Grundgesamtheit und zum anderen danach, ob die Probenahme aus dem ruhenden Schüttgut (Drehprobenstecher, Probenbohrer, etc., siehe Abb. 2.52) aus einem Schüttgutstrom (Probenabstreifer, Schnecke, Pendelprobenehmer, etc.) oder aus einer ruhenden oder strömenden Suspension, aus einer Paste oder einem Aerosolstrom erfolgt.

Für die Probenahme aus einer Aerosol- oder Suspensionsströmung werden Sonden eingesetzt, die aus einem offenen Rohr bestehen (vergleichbar dem PITOT-Rohr zur Messung des Gesamtdruckes in der Strömungsmechanik) und parallel zu den Stromlinien und entgegen der Strömungsrichtung in den zu untersuchenden Produktstrom eingebracht werden. Eine repräsentative Probe wird durch isokinetische, d. h. geschwindigkeitsgleiche Absaugung eines Teilstromes entnommen, wobei wegen möglicher Entmischungsvorgänge in waagerechten Transportstrecken die Entnahme aus senkrechten Transportstrecken vorzuziehen ist.

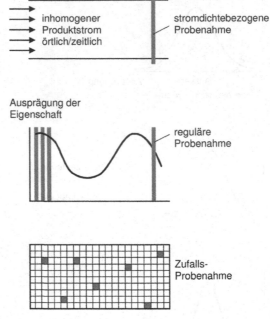

Abb. 2.51 Repräsentative Probenahme

Zur Anpassung der entnommenen Einzel- oder Sammelproben an die erforderliche Größe der Analysenprobe muss eine *Probenteilung* durchgeführt werden, die sicherstellt, dass bei der angestrebten Reduzierung der Probengröße deren Repräsentativität erhalten bleibt (Abb. 2.53). Im einfachsten Fall kann dies durch Kegeln und Vierteln, besser jedoch durch Einsatz eines Riffelteilers oder Drehprobenteilers geschehen.

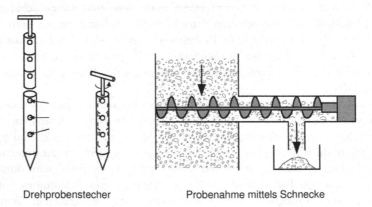

Drehprobenstecher   Probenahme mittels Schnecke

Abb. 2.52 Probenahmegeräte

Riffelprobenteiler   Drehprobenteiler

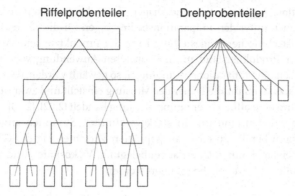

Abb. 2.53 Prinzipien von Probenteilern

Beim *Riffelteiler* wird die über die Breite gleichmäßig aufgegebene Probe bei jedem Teilvorgang durch zwei geteilt und nach n Teilungsvorgängen die erforderliche Probengröße erreicht. Die Auswahl des Probenteilers richtet sich u. a. nach der maximalen Partikelgröße der zu teilenden Probe, d. h. die Breite der Rutschkanäle sollte mindestens dreimal größer sein als die maximale Partikelgröße.

Mit deutlich besseren Ergebnissen (und auch wirtschaftlicher) werden *Drehprobenteiler* eingesetzt. Das Aufgabegut wird in kontinuierlichem, gleichmäßigem Strom einem rotierenden Teiler zugeführt und in diesem Gerät entsprechend einem eingestellten Teilverhältnis und typischen Drehzahlen von ca. 200 min^{-1} bis in den Grammbereich geteilt. Die Teilung auf noch kleinere Probemengen wird üblicherweise durch Überführen des Feststoffes in eine Suspension vorgenommen, aus der mittels Pipette oder Drehrohrteiler ein der Analysenmethode angepaßtes Suspensionsvolumen entnommen wird.

Für viele Industrien und Produktionsbereiche sind Probenahme, Probenteilung und Probenaufbereitung durch Normen festgelegt (z. B. die bereits zitierte DIN 51701 »Prüfung fester Brennstoffe«) die von der Begriffsbestimmung bis zur Auswertemethode unterschiedlich sein können.

Rückschlüsse von den gewonnenen Analysenwerten auf die Zusammensetzung der Gesamtmenge sind nur mit Hilfe der Statistik möglich. Proben einer gutdurchmischten Grundgesamtheit unterliegen auch bei idealer Zufallsmischung einer statistischen Schwankung. Die Größe der statistischen Schwankung hängt von der Probenmenge und von der Partikelgrößenverteilung bzw. der Schwankungsbreite der Merkmale ab.

Die erforderlichen statistischen Grundlagen sind in Lehrbüchern der Mechanischen Verfahrenstechnik, speziell in [2.30] zu finden. Auf praktische Gesichtspunkte, auf Geräteausführungen zur Probenahme aus ruhenden oder strömenden Gasen, Flüssigkeiten oder Feststoffen wird in [2.15], [2.20], [2.27], [2.28] und in entsprechenden Normen eingegangen. Vielfältige Literatur geht auf spezielle Aspekte bzw. Produkte bei der Probenahme ein, z. B. [2.91].

Probenpräparation. Agglomeration und Dispergierung konkurrieren nicht nur im Prozess, sondern auch unter den Präparationsbedingungen für die Charakterisierung. Je nach verfahrenstechnischer Fragestellung kann der Produktzustand im Prozess oder ein erreichbarer Produktzustand in einer späteren Anwendung von Interesse sein. Demnach müssen die Präparationsbedingungen so gewählt werden, dass sich ein äquivalenter Produktzustand für die Dauer der Messung einstellt und zwar unabhängig davon, ob es sich um eine offline oder online Messung handelt [2.92], [2.93].

Viele Messmethoden sind nur in stark verdünnten Systemen anwendbar. Eine Verdünnung kann bereits zu einer ausgeprägten Verschiebung der Gleichgewichte führen; zum Beispiel können Oberflächenbelegung, Viskositäten und die Koagulationswahrscheinlichkeit erheblich verändert werden.

Drei Produktklassen sind dabei zu unterscheiden:
a) Produkte verhalten sich im Prozess und auch bei der Präparation und Messung völlig unproblematisch.
b) Produkte reagieren sehr sensibel auf Präparationsbedingungen; diese sind in der Regel auch im Prozess sehr empfindlich auf Änderungen der Prozessbedingungen. Dieses Verhalten ist mit zunehmender Feinheit der Partikeln zu beobachten.
c) Produkte unterliegen einer zeitlichen Veränderung z. B. durch Reaktionen, die auch noch von äußeren Bedingungen wie Temperatur, Schergefälle, etc. abhängen.

Es ist a priori nicht festzustellen, welcher Gruppierung ein Pulver, eine Suspension oder eine Emulsion zuzurechnen ist. Deshalb ist es notwendig, das *Produktverhalten* zu erfassen. Mit den heute verfügbaren schnellen Messgeräten kann relativ einfach die Sensibilität einer Partikelgrößenverteilung gegenüber Veränderungen durch unterschiedliche Beanspruchungsintensitäten bzw. -zeiten bei der Präparation ermittelt werden. Abbildung 2.54 zeigt den Einfluss der Dispergierart auf die Partikelgrößenverteilung. Wichtig ist dabei, eine Probe definiert zu beanspruchen.

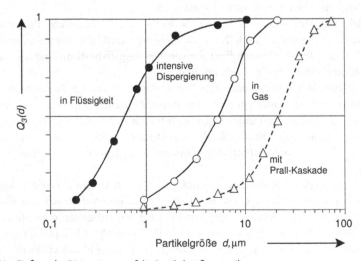

Abb. 2.54 Einfluss der Dispergierart auf die Partikelgrößenverteilung

Dispergieren von Partikeln in Gasen. In umfassenden Untersuchungen zum Dispergieren von Partikeln in Gasen wurde nachgewiesen, dass nur die Kombination von Scherströmungen und Prall eine effiziente Dispergierung von Partikeln < 10 μm gewährleistet [2.94], [2.95]. Ein Beispiel ist die Trockendispergierung mittels Scherströmung mit und ohne Prallkaskade (siehe Abschnitt 2.2.2.3). Mit zunehmendem Vordruck, d.h. mit Erhöhung der Gasgeschwindigkeit (nicht Partikelgeschwindigkeit!), werden die Partikeln stärker beansprucht.

Das Ergebnis des Produktverhaltens bei Beanspruchung mit Prallkaskade zeigt Abbildung 2.45. Während sich nach intensiver Dispergierung die Verteilungen der beiden Pulver kaum unterscheiden, ist das Dispergierverhalten deutlich unterschiedlich.

Agglomerierte Pulver steigender Beanspruchung zu unterwerfen, ist vorteilhaft:
1) Man erhält verfahrenstechnisch sinnvolle Informationen, unter welchen Beanspruchungen Agglomerate erhalten bleiben bzw. dispergiert werden.
2) Man erhält eine zusätzliche Information über die Dispergierhärte/Festigkeit von Agglomeraten, bei weiterer Steigerung auch über die Festigkeit von Primärpartikeln (*Mahlbarkeitstest*).

Dispergieren von Partikeln in Flüssigkeiten. Die Festigkeit von Agglomeraten nimmt in Flüssigkeiten in der Regel ab, da die Haftkräfte in flüssigen Systemen geringer sind [2.65]. Agglomerate werden im Scherfeld der Flüssigkeit – Rühren, Vibration, Ultraschall – dispergiert. Der Dispergierzustand darf sich während der Partikelgrößenanalyse nicht ändern; die Suspension muss hierzu mit Hilfsmitteln stabilisiert werden. Trotz vieler systematischer Ansätze zur Auswahl von Hilfsmitteln [2.23], [2.25], [2.26], [2.96] muss die Wirkung der Hilfsmittel (meist ionische oder nichtionische Tenside) experimentell ermittelt werden (vgl. Abb. 2.18, 2.44 oder 2.54).

Zur Ermittlung des *Produktverhaltens* von Suspensionen sind eine Durchflusszelle mit einer Zahnkranzdispergiereinrichtung oder einer Ultraschall-Sonotrode (wenn ein Relativvergleich hinreichend ist) gleichermaßen geeignet. Der Einsatz von Ultraschall ist dispergierwirksam, die Intensitätsverteilung ist oft aber nicht eindeutig definiert und inhomogen. Bei Ultraschallwanne und Sonotrode sind die effektiven Dispergierleistungen sehr unterschiedlich, der Einfluss der Geometrie ist erheblich. Dabei ist auch auf die Strömungsführung zu achten, da die Energiedichteverteilung sehr unterschiedlich ist.

Beim Dispergieren von Produkten wurden Grenzflächenaspekte nicht diskutiert. Sie spielen insbesondere im Partikelgrößenbereich < 10 μm eine entscheidende Rolle für das Gleichgewicht zwischen Primärpartikeln und Agglomeraten.

In den letzten Jahren hat man in die »inline Methoden« (vgl. Abschnitt 2.4.2) große Erwartungen gesetzt, und angenommen, damit die Probleme der Probenbehandlung zu umgehen. Es hat sich aber gezeigt, dass sich die Frage nach der Beeinflussung des Produktzustandes auch bei inline Methoden stellt. Aufgrund der hohen Konzentration sind die Wechselwirkungen der Partikeln sehr viel intensiver, so dass die Interpretation der Rohdaten in aller Regel schwieriger ist. Um den gewünschten Produktzustand bei Original-Konzentration einzustellen, müssen ähnliche verfahrenstechnische Maßnahmen getroffen werden wie bei verdünnten Systemen, z. B. intensive Beanspruchung, um das Gleichgewicht zwischen Agglomeration und Dispergierung gezielt zu verschieben.

Eine allgemeine Vorschrift für das Verfahren zur Messung des Dispergierens von Partikeln in Flüssigkeiten ist nicht sinnvoll, wohl aber eine Empfehlung für das Vorgehen. Als erstes sollte die Sensibilität auf Veränderungen des Produktzustandes ermittelt werden, die Präparation sollte sich dann an der verfahrenstechnischen Fragestellung orientieren.

Ist nach dem aktuellen dispersen Zustand z. B. im Hinblick auf eine verarbeitungstechnische Eigenschaft, wie die Filtrierbarkeit gefragt, so ist eine schonende Dispergierung sinnvoll. Ist nach der erreichbaren Feinheit gefragt, wie sie zur Ermittlung einer Anwendungseigenschaft (Wirkung, Effekt) notwendig ist, so liefert eine der späteren Aufarbeitung entsprechende Dispergierung aussagekräftige Ergebnisse. Wie intensiv die Dispergierung erfolgen muss, ist der Sensibilitätsanalyse zu entnehmen. Die Frage nach der »richtigen Dispergierung« stellt sich um so dringender, je kleiner, weicher und instabiler die disperse Phase ist.

2.3.2
Online-Charakterisierung

Definition offline, online, inline, in situ. Bei Partikelsystemen, deren Zustand sich schnell verändert z. B. bei Flockung oder Koagulation, ist eine Analyse in einem Prüflabor (offline) oft unzureichend. Bei Probenahme, Transport und Präparation (vgl. Abschnitt 2.4) kann die Probe irreversibel, oder zumindest nicht nachvollziehbar verändert werden. Ansätze zur Lösung des Problems sind unter den Begriffen online oder inline eingeführt worden. Da diese Begriffe verschieden verwendet werden, soll hier kurz eine Definition anhand Abbildung 2.55 gegeben werden.

Zwei Kriterien sind entscheidend: die Dynamik der Produktveränderung und die erforderliche Messverfahrenstechnik. Ob eine Analyse im Labor oder direkt im Pro-

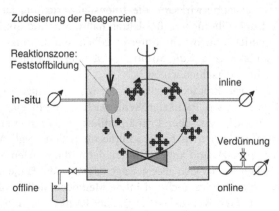

Abb. 2.55 Zur Definition von offline, online, inline, in situ

zess durchzuführen ist, hängt von der Schnelligkeit der Veränderung des Produktzustandes und der Schnelligkeit der Messung ab, d. h. vom Verhältnis der Zeiten
von Informationsgewinnung zur Wert-(Attributs-) Veränderung $\tau_{info}/\tau_{\Delta w}$. Das
zweite Kriterium ist, ob die Probe für die Messung aufbereitet (z. B. verdünnt) werden muss oder ob sie in der Orginalkonzentration unter Orginalbedingungen gemessen werden muss.

- offline   zwischen Proben- und Messort liegen Probenahme, Transport,
         Präparation und Zeit
         $\tau_{info} > \tau_{\Delta w}$ + Messverfahrenstechnik
- online $\tau_{info} < \tau_{\Delta w}$ dabei kann das Produkt vor einer Messung an die Gegeben-
         heiten des Messgerätes angepaßt werden, z. B. durch Verdünnen auf
         Messkonzentration. Das Produkt kann dabei im Bypass einem Mess-
         gerät zugeführt werden.
- inline $\tau_{info} < \tau_{\Delta w}$, das Produkt wird im Originalzustand direkt im Reaktor,
         im Zwischenbehälter oder in den Zuleitungen gemessen
- in situ $\tau_{info} < \tau_{\Delta w}$ + Ortsfestlegung; das Produkt wird direkt am Reaktionsort,
         z. B. der Mischungsdüse eines Fällreaktors und an anderen speziellen
         Orten im Rührkessel gemessen (siehe Abb. 2.55) oder in verschiedenen
         Abständen nach einer Homogenisierdüse, um Koagulationsvorgänge
         beim Emulgieren zu erfassen.
         In-situ-Messungen sind häufig relevant in der Aerosolmesstechnik.

Bei inline-Verfahren glaubte man, wie bereits erwähnt, die Problematik der Probenbehandlung zu umgehen. Es zeigt sich jedoch, dass bei inline-Methoden der Produktzustand oft gezielt beeinflusst werden muss, z. B. durch definierte Scherbeanspruchung, und dass die Interpretation der Messungen sich sehr schwierig gestalten kann.

Beispiele für online-Anwendungen. Schon früh sind Methoden zur online-Partikelgrö-
ßenanalyse entwickelt bzw. vorhandene Methoden modifiziert worden [2.97]. Der
Durchbruch für online-Applikationen erfolgte erst Anfang der 2000er Jahre: durch
die schnellen Analysenverfahren wurden die technischen Voraussetzungen erheblich
günstiger und durch den wirtschaftlichen Druck stiegen die Anforderungen an die
Produktqualität.

Beispiele für online-Anwendungen finden sich in allen Bereichen, wo erhöhte
Anforderungen an konstante Produkteigenschaften gestellt werden. Um auch kurz-
zeitige Produktschwankungen zu erkennen und evtl. durch eine Regelung auszu-
schalten, sind Probenahme und offline-Analytik unzureichend. Lösungswege sind
im Folgenden an zwei Beispielen aufgezeigt.

Ein Mahl-Sicht-Kreislauf ist erforderlich, wenn das Produkt nach einer Mühle
eine zu breite Verteilung aufweist [2.98]. Abbildung 2.56 zeigt ein Fließbild [2.99] eines solchen Kreislaufes mit den erforderlichen Messgrößen, die die Partikelgröße
aber auch den Massenfluß betreffen, will man neben einer konstanten Partikelgröße auch eine konstante Menge produzieren.

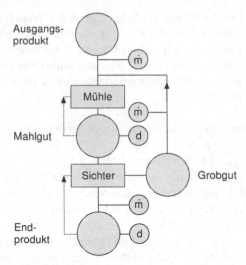

Abb. 2.56 Prozessfließbild eines Mahl-Sicht-Kreislaufes mit den erforderlichen Messgrößen

Abbildung 2.57 zeigt den schematischen Aufbau für den online Einsatz eines Laserlicht-Beugungsspektrometers für diese Aufgabe. Die Probleme der Probenahme, des Probentransports, der Verdünnung etc. müssen bei online-Applikationen ebenfalls gelöst werden.

Ein Beispiel einer online-Messung mit Hilfe eines Zählverfahrens zeigt Abbildung 2.58 in Form eines Fließbildes. Bei einem Agglomerierverfahren ist eine Obergrenze der Agglomerate einzuhalten. Eine Veränderung des Grobanteils ist zu vermeiden; der Grobanteil ist darüber hinaus auch ein Indikator für eine Instabilität des Agglomerationsverfahrens. Um Abweichungen im Granulierprozess rechtzeitig und zuverlässig zu erkennen und Gegenmaßnahmen treffen zu können, ist ein Zählverfahren für die angestrebte Toleranz im Grobbereich erforderlich.

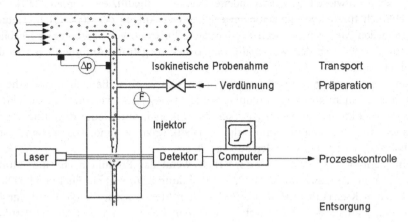

Abb. 2.57 Schematischer Aufbau für den online-Einsatz eines Laserlicht-Beugungsspektrometers

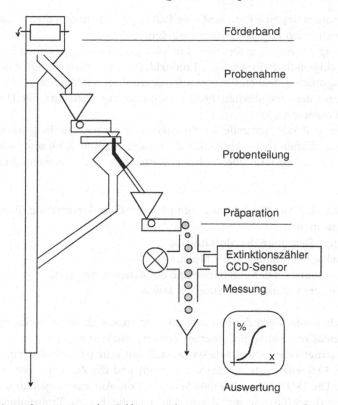

Abb. 2.58 Verwendung eins optischen Zählers zur online-Messung von Granulatgrößen

Probenahme, Probenteilung und Vereinzelung der Agglomerate sind für online-Messungen speziell zu lösen. Gerade bei online- und inline-Applikationen wird ersichtlich, wie eng Verfahrensingenieure mit Mess- und Regelungsingenieuren zusammenarbeiten müssen.

Online-Methoden werden vornehmlich bei Betriebsmessungen – zur Kontrolle oder zur Prozessregelung – eingesetzt. Zunehmend werden online-Messtechniken auch im Rahmen von Verfahrensausarbeitungen (Sensibilitätsanalysen) im Labor eingesetzt, wobei gleichzeitig ein möglicher Betriebseinsatz erprobt werden kann. Die Anforderungen an die Messtechniken sind aufgabenorientiert sehr unterschiedlich.

2.4
Qualitätssicherung beim Einsatz von Messmethoden

In vielen Produktbereichen ist ein Vertrieb von Produkten ohne ein nachgewiesenes Qualitätsmanagement (Zertifizierung) nicht mehr möglich. Die Messtechnik spielt bei der Qualitätssicherung insbesondere bei innovativen Fertigungsmethoden (z. B.

in der Nanotechnik) eine entscheidende Rolle und zwar in den drei Ebenen, die in den vorangehenden Kapiteln erläutert wurden:
– Ermittlung der für die geforderten Produkteigenschaften relevanten Dispersitäts-größen (Eigenschaftsfunktionen, Produktdesign) mit dem Vorteil, dass die Dispersitätsgrößen in frühen Prozessstufen geprüft werden können
– Ermittlung der wesentlichen Prozessparameter zur Erzielung der Dispersitäts-größe (Prozessdesign)
– prozessbegleitende Kontrolle des Produktionsprozesses, um die geforderten Produkteigenschaften (siehe Abschnitte 2.1.1 und 2.1.2, Abb. 2.59) sowie die Umfeldbedingungen (Reinraumüberwachung, Prozessluft, Emissionskontrolle) zu erreichen

Vier Punkte sind zur Qualitätssicherung bei der Charakterisierung disperser Systeme zu beachten:
– die richtige Definition der Messaufgabe
– die korrekte Durchführung der Messung
– die Dokumentation der Ergebnisse und der Randbedingungen
– die verfahrenstechnische Nutzung der Daten

Das Erreichen aller Ziele der Messtechnik setzt voraus, dass die relevanten Größen an repräsentativen, richtig präparierten Proben gemessen werden.

Die Messmethoden selbst müssen zuverlässig sein (sie müssen zum Teil mit Eich- bzw. Referenzmustern kalibriert werden) und die Zuverlässigkeit muss validiert sein. Die ISO 17025 (alt 45000-Serie) legt die Anforderungen an die Kompetenz für die Durchführung von Messungen einschließlich der Probenahme fest.

Ein weiterer wichtiger Aspekt hat insbesondere bei den neueren Messmethoden an Bedeutung gewonnen: die Software zur Auswertung der primären Messergebnisse. Was aus Sicht der Messgerätehersteller schützenswertes Know-how ist, muss für den Anwender transparent sein.

Normen und Richtlinien, die die Auftragserteilung und die Bearbeitung von Messaufgaben zur Charakterisierung disperser Systeme betreffen, existieren nicht und sind auch schwer realisierbar. Statt dessen sollten Empfehlungen, insbesondere für den Feinbereich < 1 μm erarbeitet werden, die die richtige Beurteilung der ver-

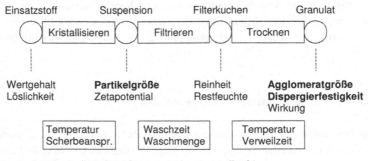

Abb. 2.59 Qualitätskontroll-Fließbild für ein typisches Feststoffverfahren

fahrenstechnischen Situation und die Ermittlung einer angemessenen Vorgehensweise zum Inhalt haben, quasi Checklisten, die die Beachtung der als wichtig erkannten Punkte vorgeben. Die Nutzung von Produktkenntnis, verfahrenstechnischem und physikalischem Verständnis der Messgeräte ist ebenso zu beachten wie betriebliche Randbedingungen und Anforderungen der Mess- und Regeltechnik.

So ist ein intensives Gespräch zwischen Messingenieur und Probleminhaber erforderlich, um die Messaufgabe auf die verfahrenstechnische Fragestellung präzise abzustimmen: Nur die reibungslose Zusammenarbeit der Fachleute kann den gewünschten Erfolg sicherstellen. Normen sind dazu nicht geeignet; sie dienen aber bei erarbeiteten Lösungen dazu, die Messungen technisch korrekt durchzuführen.

Einige nützliche Hilfsmittel für die Qualitätssicherung im Labor, die in den vorangegangenen Kapiteln noch nicht beschrieben worden, seien hier noch einmal zusammengefasst [2.29]:
- Standard-Arbeitsanweisungen
- Gerätehandbücher
- Sicherung der Qualität von Prüfergebnissen
- Inhalte eines Prüfberichtes

Die verfahrenstechnisch richtige Fragestellung an die Messtechnik ist die entscheidende Qualitätssicherung, denn jede Messtechnik liefert heute gut reproduzierbare Messwerte. Den Messwerten kann jedoch nicht entnommen werden, ob sie sinnvoll ermittelt wurden.

2.5
Ausblick

Die Entwicklung der Messtechnik zur Charakterisierung disperser Systeme hat in den letzten 50 Jahren zusätzlich zu den klassischen Messverfahren der Siebung und Sedimentation eine Vielzahl neuer leistungsstarker Methoden geschaffen. Beispiele sind die Laserlicht-Beugungsspektroskopie, die Photonenkorrelationsspektroskopie, akustische Messmethoden und die quantitative Auswertung von Bildern. In Zukunft werden sicherlich weitere Methoden routinemäßig eingesetzt, die heute in Forschungslaboren erprobt werden oder die sich in anderen Fachbereichen (z. B. Medizin oder Biologie) bewährt haben.

Zunehmend wird die simultane Erfassung mehrerer Signale genutzt, um neben der Partikelgröße auch Form, Geschwindigkeit, Konzentration oder Grenzflächeneigenschaften zu erfassen.

Bekannte und etablierte Messmethoden erfahren durch verbesserte Komponenten und neue Auswertungs-Software eine Renaissance oder schaffen neue Möglichkeiten der Charakterisierung.
- Das physikalische Prinzip einer photometrischen Messung beispielsweise ist in Sensoren realisiert. Abbildung 2.60 zeigt den prinzipiellen Aufbau eines solchen Sensors. Mittels Fasern wird eine Suspension beleuchtet. Die Transmission oder Streuung in unterschiedlichen Winkeln wird zur Charakterisierung eines dispersen Systems gemessen. Der wesentliche Vorteil besteht in der Vielfalt möglicher

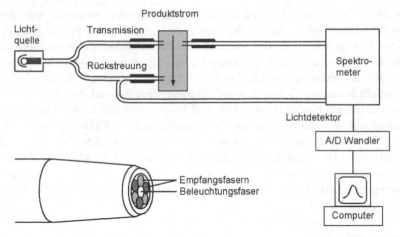

Abb. 2.60 Prinzip eines faseroptischen Sensors [2.100], [2.101]

Geometrien, mit denen simultan unterschiedliche Signale generiert und zur Charakterisierung genutzt werden können. Mit den heute verfügbaren Spektrometern lassen sich zusätzlich wichtige Informationen, sowohl über die disperse als auch die kontinuierliche Phase gewinnen. Derartige Sensoren können insbesondere inline zur Prozesssteuerung genutzt werden [2.100], [2.101].

● Einige Messmethoden liefern keine selektiven Informationen, sie müssen unterstützt werden durch zusätzliche Größen: dies gilt insbesondere in dem zunehmend wichtigen Bereich von submikronen Partikelsystemen. Die Grenzflächencharakterisierung ist im Feinstbereich essentiell notwendig (siehe Abb. 2.18 in Abschnitt 2.2).

● Messmethoden, die in anderen Bereichen seit Jahren mit Erfolg eingesetzt werden, werden für verfahrenstechnische Probleme genutzt. Ein Beispiel ist die Kernmagnetische Resonanz (NMR), die in der Medizintechnik zur zerstörungsfreien Bildgebung mit vielfältigen Kontrastmöglichkeiten genutzt wird. Diese NMR-Methoden werden in immer stärkerem Maße auch für verfahrenstechnische Fragestellungen, insbesondere für Stofftransportprozesse in dispersen Systemen angewandt [2.102], [2.103]. Durch geeignete Messsequenzen lassen sich Diffusionskoeffizienten, dreidimensionale Geschwindigkeitsverteilungen, räumliche Konzentrationsprofile und – bei Zugabe geeigneter Tracer – auch Temperaturfelder bestimmen. Mit Hilfe von Momentaufnahmen ist es möglich, beim Fluß disperser Medien die aktuellen Strömungsformen zu charakterisieren [2.104].

● Die heute schon in Teilbereichen der Verfahrenstechnik etablierten Messmethoden werden von weiteren Bereichen genutzt. Ein Beispiel ist der SMPS (siehe Abschnitt 2.2.1.1) der in der Aerosolmesstechnik etabliert ist. Das Verfahren wird nach Zerstäubung von Pulvern oder einer Suspension und Trocknung der Tröpfchen zur Partikelgrößenanalyse im Submikronbereich eingesetzt.

● Die Fraktionierung eines Aerosols oder einer Suspension vor einer Messung wird nicht nur beim SMPS genutzt, sondern mit verschiedenen Feldern (Field-Flow-

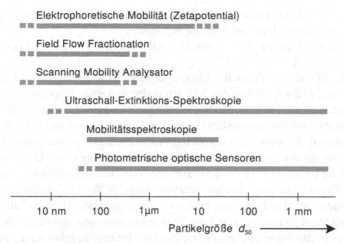

Abb. 2.61 Messbereich neuerer Methoden zur Partikelgrößenanalyse

Fractionation, siehe Abschnitt 2.2) werden die Partikelströme klassiert und anschließend deren Mengenanteile bestimmt.

Abbildung 2.61 gibt den Messbereich einiger neuerer Methoden wieder.

Entwicklungen und Trends der Messtechnik [2.105], [2.106] orientieren sich an den Anforderungen zur Produktqualität (insbesondere bei neuen Produkten) und an der effizienten Prozessgestaltung. Impulse für messtechnische Entwicklungen kommen verstärkt aus der Notwendigkeit zur Prozesskontrolle bzw. Prozessregelung durch online-Charakterisierung, sowie aus dem Trend zum Recycling von Wertstoffen oder der Herstellung von Nanopartikeln, mit denen neue Produkteigenschaften erzielbar werden.

Neue Messmethoden im Nanobereich sind ein dem Massenspektrometer nachempfundenes Messverfahren, das »Partikel-Massenspektrometer« [2.107] oder die »Laser-Induced-Incandescence (LII)« [2.108], [2.109] oder die Kombination der LII-Methode mit einem elastischen Streulichtverfahren (RAYLIX) [2.116]. Bei der LII-Methode werden die Partikeln zum Glühen gebracht und aus dem Abkühlverhalten auf die Partikelgrößen zurückgerechnet. Diese Methoden werden heute noch vornehmlich im Forschungsbereich erprobt und genutzt. Die mechanische Verfahrenstechnik muss sich sowohl mit speziellen Produkten als auch mit der Nanotechnologie befassen, wobei die interdisziplinäre Zusammenarbeit z. B. mit den Materialwissenschaften, der Bioverfahrenstechnik und der Elektrotechnik immer wichtiger wird.

Mit der Hinwendung auf diese für die Feststoff-Verfahrenstechnik zum Teil neuen Felder sind auch neue Gruppen von Partikelmerkmalen zu erfassen. Kümmerte man sich früher vornehmlich um geometrische Größen, so sind heute in der Forschung einige kinetische Parameter zum Bewegungsverhalten (Impuls, Geschwindigkeit, Richtung, Energie) unverzichtbar [2.113].

Thermodynamische Merkmale (Temperatur, innere Energie...) und biologische

Merkmale (lebende oder tote Zellen ...) müssen die klassischen Merkmale zur Charakterisierung dieser dispersen Systeme ergänzen.

Die in Kapitel 1 gemachte Aussage über die Bedeutung disperser Systeme kann unterstrichen werden:

Mehr als 50% der Produkte der Chemie werden heute als disperse Produkte verkauft und ein Teil der restlichen durchlaufen im Prozess einen dispersen Zustand, der prozessbestimmend sein kann [2.110]. Für die gesamte mechanische Verfahrenstechnik dürften die Verhältnisse ähnlich liegen. Die Anforderungen an die Produkteigenschaften steigen, die Entwicklungszeiten für neue Produkte werden immer kürzer, so dass Impulse für den verstärkten Einsatz von Messtechniken sowohl aus der Qualitätssicherung (engere Toleranzen) als auch der verfahrenstechnischen Entwicklung (höhere Effizienz) kommen. Letztere setzt ein vertieftes Verständnis der Zusammenhänge voraus: von Produkt- und Dispersitätseigenschaften (Eigenschaftsfunktion oder Produktmodell) einerseits und den Prozessbedingungen, mit denen die notwendigen Dispersitäts-Eigenschaften erzielt werden (Prozessfunktion oder Prozessmodell) andererseits. Neben die Beschreibung von Produktzuständen tritt die Charakterisierung des Produktverhaltens. Die Anforderungen an die Genauigkeit und Schnelligkeit der Messmethoden werden steigen aus Gründen der Qualitätssicherung und für die Modellbildung. Während für die Qualitätssicherung einfache Indikatoren hinreichend sein können, sind die Anforderungen an die Messtechnik für die Modellbildung besonders hoch, da sie das Fundament für die Modelle bildet [2.14], [2.111].

3
Feststoff/Fluid-Strömungen

3.1
Bewegungen von Feststoffpartikeln in strömenden Fluiden

3.1.1
Bewegung einer einzelnen wandfernen Partikel in einer stationären laminaren Strömung

Betrachtet man eine einzelne, in einem Fluid (Flüssigkeit oder Gas) suspendierte Partikel zu einem bestimmten Zeitpunkt t, so ist ihre momentane Lage durch die Lage ihres Schwerpunkts und durch ihre Orientierung festgelegt (Abb. 3.1). Ihre Translationsgeschwindigkeit wird mit $\underline{v}$, ihre Winkelgeschwindigkeit mit $\underline{\omega}$ bezeichnet. Bei Abwesenheit der Partikel hat das Fluid zu dem betrachteten Zeitpunkt eine bestimmte räumliche Geschwindigkeitsverteilung mit der Geschwindigkeit $\underline{u}$ am Schwerpunktsort der Partikel. Die Relativgeschwindigkeit

$$\underline{u}_r = \underline{u} - \underline{v} \tag{3.1}$$

ist zugleich die momentane Anströmgeschwindigkeit der Partikel. Ist die Partikel klein gegenüber räumlichen Veränderungen des Strömungsfeldes, so kann die Anströmung der Partikel als gleichförmig angesehen werden.

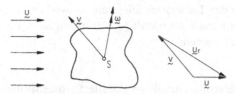

Abb. 3.1 Skizze zur Veranschaulichung der Definitionen von Partikelgeschwindigkeit v, Geschwindigkeit des Fluids u und Relativgeschwindigkeit u_r

Auf die Partikel können Kräfte verschiedener Art einwirken:

– *Feldkräfte:* hierzu gehört in erster Linie die Schwerkraft F_G. Es gilt

$$F_G = V \cdot \varrho_p \cdot g \tag{3.2}$$

wobei V und ϱ_p das Volumen bzw. die Dichte der Partikel und g die Erdbeschleunigung bezeichnen. In besonderen Fällen können elektrische oder magnetische Feldkräfte hinzutreten, bei Vorhandensein entsprechend großer Temperaturgradienten auch thermische Kräfte (Thermophorese).

– *Strömungskräfte:* Infolge Anströmung mit der Geschwindigkeit u wirken auf eine Partikel im allgemeinsten Fall ein Drehmoment M und eine Kraft F_F, wobei man sich letztere in eine Komponente in Richtung von u_r, die Widerstandskraft F_W, und in eine Komponente senkrecht zu u_r, den dynamischen Auftrieb F_A, zerlegt denken kann.

– *Druckkräfte:* Zusätzlich zu den Strömungskräften und auch dann, wenn zwischen Fluid und Partikel keine Relativbewegung stattfindet, können vom Fluid Druckkräfte F_P auf die Partikel ausgeübt werden. Dies ist immer dann der Fall, wenn im Strömungsfeld ein Druckgradient p besteht. Es gilt allgemein:

$$F_P = -V \cdot \text{grad } p \tag{3.3}$$

Für eine reibungsfreie Strömung folgt aus den Navier-Stokes-Gleichungen

$$\text{grad } p = \varrho_F \cdot (g - du/dt) \tag{3.4}$$

wobei ϱ_F die Dichte und du/dt die substantielle Beschleunigung des Fluids bezeichnet.

– *Trägheitskräfte:* Gemäß dem d'Alembertschen Prinzip wird eine sogenannte Trägheitskraft F_T

$$F_T = -V \cdot \varrho_p \cdot dv/dt \tag{3.5}$$

eingeführt mit V, ϱ_p und dv/dt als dem Volumen, der Dichte und der Beschleunigung der Partikel.

Die an einer Partikel angreifenden Kräfte heben sich gegenseitig auf. Werden sonstige äußere Kräfte wie Diffusions- und Kontaktkräfte gänzlich außer Betracht gelassen und wird von den Feldkräften allein die Schwerkraft berücksichtigt, so muß die vektorielle Summe aus Schwerkraft F_G, Strömungskraft F_F, Druckkraft F_P und Trägheitskraft F_T null werden:

$$F_G + F_F + F_P + F_T = 0 \tag{3.6}$$

Diese Gleichung bildet die Grundlage für alle Partikelbahnberechnungen. Unbekannt ist dann in Gleichung (3.6) nur noch die Strömungskraft F_F. Hierfür läßt sich jedoch – anders als für die übrigen beteiligten Kräfte – kein einfacher allgemeingültiger mathematischer Ausdruck angeben. Bei der Berechnung von Partikelbewegungen werden deshalb üblicherweise sehr weitgehende vereinfachende Annahmen getroffen. Ob diese Vereinfachungen zulässig sind, muß in jedem Einzelfall nachgeprüft werden.

Vereinfachend wird zunächst angenommen:
- Die Partikel hat die Form einer Kugel, hat eine glatte Oberfläche, ist nicht deformierbar und rotiert nicht in der Strömung,
- feste Wände und freie Oberflächen sind so weit entfernt, daß sie die Strömung praktisch nicht beeinflussen,
- das Fluid ist inkompressibel, weist Newtonsches Fließverhalten auf und kann als Kontinuum betrachtet werden,
- die Anströmung ist gleichförmig, laminar und stationär.

Unter diesen Voraussetzungen verschwinden Drehmoment M und dynamischer Auftrieb F_A. Die Strömungskraft F_F ist auf eine Widerstandskraft F_W reduziert, die nur noch von der Anströmungsgeschwindigkeit u_r, der Viskosität η, der Dichte ϱ_F und dem Partikeldurchmesser d abhängt. Aufgrund einer Dimensionsanalyse wird für F_W folgender Ansatz gemacht:

$$F_W = c_w \cdot A_P \cdot (\varrho_F/2)|u_r|u_r \tag{3.7}$$

Hierin ist $A_P = d^2\pi/4$ die Projektionsfläche der Partikel und c_w der Widerstandsbeiwert, der unter den genannten Voraussetzungen nur noch von der Reynolds-Zahl Re

$$Re = d|u_r|\varrho_F/\eta \tag{3.8}$$

abhängt.

Für den Bereich sehr kleiner Reynolds-Zahlen hat STOKES das Problem der Kugelumströmung analytisch gelöst. Die Widerstandskraft ergab sich zu

$$F_W = 3\pi\eta d u_r \tag{3.9}$$

und der Widerstandsbeiwert c_w zu

$$c_w = 24/Re \tag{3.10}$$

Dieses Ergebnis stimmt im Bereich $Re \leq 0,25$ sehr gut mit Messungen überein. Für größere Reynoldszahlen existieren keine analytischen Lösungen. Bis etwa $Re = 100$ gibt es numerische Lösungen der vollständigen Navier-Stokes-Gleichungen, darüber hinaus nur die Ergebnisse von Messungen. In [3.1] sind Meßwerte verschiedener Autoren zusammengetragen. Den experimentell gefundenen Zusammenhang kann man nach einem Vorschlag von KASKAS und BRAUER [3.2] durch eine Approximationsfunktion von der Form

$$c_w = 24/Re + 4/\sqrt{Re} + 0,4 \tag{3.11}$$

im Bereich von $0,3 < Re < 2000$, d. h. über viele Zehnerpotenzen der Reynolds-Zahl hinweg annähern, wobei der maximale relative Fehler 6% beträgt.

Die Gleichungen (3.7) bis (3.11) gelten für den Fall, daß die Partikel stationär angeströmt wird. Bewegt sich die Partikel beschleunigt oder verzögert in der Strömung, so ist die Anströmung jedoch notwendig instationär, selbst wenn die Grundströmung – wie vorausgesetzt – stationär ist. Für die instationäre Anströmung gibt es wiederum nur für den Bereich sehr kleiner Reynolds-Zahlen eine analytische Lösung. Nach Rechnungen von BASSET, BOUSSINESQ und OSEEN, die von TCHEN [3.3] auf den Fall veränderlicher Geschwindigkeit des Fluids ausgedehnt wurden, erhält man für die Widerstandskraft $\underline{F}_W$ auf eine kugelförmige Partikel des Durchmessers d:

$$\underline{F}_W = 3\pi\eta d\underline{w}_{rel} + (1/2)(d^3\pi/6)\varrho_F d\underline{w}_r/dt$$

$$+ (3/2)d^2\sqrt{\pi\varrho_F\eta} \cdot \int_{t_0}^{t} (d\underline{w}_r/dt)(t - t^*)^{-1/2} dt^* \tag{3.12}$$

Hierin bedeuten t_0 die Zeit zu Beginn der Geschwindigkeitsänderung, η und ϱ_F die Zähigkeit bzw. Dichte des Fluids und $\underline{w}_r$ die Relativgeschwindigkeit zwischen Partikel und Fluid.

Im Bereich größerer Reynolds-Zahlen konnte der Beschleunigungseinfluss noch nicht hinreichend geklärt werden. Mangels genauerer Informationen geht man deshalb von Gleichung (3.12) aus und ersetzt darin lediglich den ersten Term (stationärer Widerstand bei sehr kleinen Reynolds-Zahlen) durch die Gleichungen (3.7) und (3.11).

Wie BRUSH, HO und YEN [3.4] zeigen konnten, erhält man damit im Bereich mittlerer Reynolds-Zahlen von 18–540 eine gute Übereinstimmung mit experimentellen Ergebnissen für die Partikelbewegung in einem niederfrequent oszillierenden Strömungsfeld. Im Bereich sehr hoher Reynolds-Zahlen verschwindet der Unterschied zwischen stationärem und instationärem Widerstand [3.5].

Ist das Fluid eine Flüssigkeit, so kann man den zweiten und dritten Term in Gleichung (3.12) bzw. in der nach dem Vorschlag von BRUSH, HO und YEN modifizierten Gleichung bei Partikelbahnrechnungen meist nicht vernachlässigen. Anders verhält es sich im Fall von Gasströmungen. Hier verschwindet auch noch die Druckkraft $\underline{F}_P$ in Gleichung (3.6). Mit den Gleichungen (3.2), (3.5) und (3.7) folgt aus der Kräftebilanz

$$(d^3\pi/6)\varrho_p \cdot d\underline{v}/dt = (d^3\pi/6)\varrho_p \cdot \underline{g} + c_w \cdot (d^2\pi/4)(\varrho_F/2)|\underline{w}_r|\underline{w}_r. \tag{3.13}$$

Diese vektorielle Gleichung liefert im allgemeinen Fall drei gekoppelte Differentialgleichungen erster Ordnung zur Bestimmung der drei Komponenten der Partikelgeschwindigkeit $\dot{\underline{u}}$. Über eine weitere Integration erhält man daraus die Koordinaten der Bahnkurve.

Nur in Ausnahmefällen sind analytische Lösungen möglich. Im allgemeinen Fall müssen numerische Methoden angewandt werden. Dies gilt meist auch schon für die Berechnung der Grundströmung, in der sich die Partikeln bewegen, insbesondere wenn diese Strömung selbst turbulent wird.

Solche Partikelbahnberechnungen sind schon für eine Reihe technisch wichtiger Gasströmungen ausgeführt worden. Sie bilden die Grundlage für die Auslegung von Sichtern und Abscheidern. Als Beispiel sei die Arbeit von Schmid [3.6] genannt.

Generell ist zu allen Partikelbahnberechnungen, gleichgültig ob in Flüssigkeits- oder Gasströmungen, anzumerken, daß man sie immer nur als mathematische Modelle ansehen darf, die die Wirklichkeit nur teilweise richtig beschreiben können. Dies folgt aus der Vielzahl der vereinfachenden Annahmen, die in dem Ansatz für die Strömungskraft $\underline{F}_F$ stecken.

Hierzu gehört, daß in realen Strömungen, anders als angenommen, die Partikeln durch Wandstöße oder wechselseitige Partikelstöße in Drehung versetzt werden können. Dadurch wird, wie Messungen von Sawatzki [3.7] an Kugeln gezeigt haben, zum einen der Strömungswiderstand $\underline{F}_W$ erhöht, zum anderen aber auch ein dynamischer Auftrieb $\underline{F}_A$ quer zur Anströmungsrichtung erzeugt.

Ferner weichen reale Feststoffpartikeln mehr oder weniger stark von der vorausgesetzten Kugelgestalt ab. Die Bewegung unregelmäßig geformter Partikeln unterscheidet sich aber in mehrfacher Hinsicht von der von Kugeln. Für den Bereich sehr kleiner Reynolds-Zahlen hat Brenner [3.8] dazu eine allgemeine Theorie entwickelt.

Sind die Partikeln sehr klein oder bewegen sie sich in einem stark verdünnten Gas, so kann es sein, dass die mittlere freie Weglänge λ der Gasmoleküle die Größenordnung der Partikeln erreicht. Das Gas kann in diesem Fall nicht mehr als Kontinuum betrachtet werden, der Strömungswiderstand der Partikeln wird kleiner. Maßgeblicher Parameter ist die Knudsen-Zahl Kn

$$Kn = \lambda/d \tag{3.14}$$

Die mittlere freie Weglänge errechnet sich aus

$$\lambda = \frac{\eta}{0,499\rho_f \overline{\underline{u}_{\mathrm{mol}}}} \tag{3.15}$$

mit $\overline{\underline{u}_{\mathrm{mol}}}$ als der mittleren Molekülgeschwindigkeit. Die Abhängigkeit der Widerstandszahl c_w von der Knudsen-Zahl wurde experimentell ermittelt. Davies [3.9] hat alle bekannt gewordenen Messergebnisse durch eine Gleichung der Form

$$c_w = c_{\mathrm{wstokes}}\{1 + Kn(2,514 + 0,800 \cdot e^{-0,55/Kn})\}^{-1} \tag{3.16}$$

approximiert, die im Bereich $0,1 < Kn < 100$ und $Re < 0,25$ gültig ist.

3.1.2
Wandeinfluss

Der Strömungswiderstand einer Partikel hängt auch vom Abstand der den Strömungsraum begrenzenden Wände ab. Analytische Lösungen liegen wiederum nur für sehr einfache Geometrien und für den Bereich sehr kleiner Reynolds-Zahlen vor.

So hat BRENNER [3.10] den Widerstand einer kugelförmigen Partikel untersucht, die sich in einem ruhenden Fluid senkrecht zu einer ebenen festen Wand bewegt. Seine Lösung gilt für beliebige freie Wandabstände Δz. Für sehr kleine relative Abstände $\Delta z/d$ lässt sie sich approximieren durch

$$c_w = (24/Re)\{1 + d/(2\Delta z)\} \tag{3.17}$$

Für große $\Delta z/d$ geht sie über in die Lösung von LORENZ

$$c_w = (24/Re)/\left\{1 - \frac{9}{8}(1 + 2\Delta z/d)^{-1}\right\} \tag{3.18}$$

Die entsprechende Lösung für den Fall, dass sich die Partikel nicht senkrecht, sondern parallel zur Wand bewegt, lautet

$$c_w = (24/Re)/\left\{1 - \frac{9}{16}(1 + 2\Delta z/d)^{-1}\right\} \tag{3.19}$$

Beide Lösungen sind Näherungen für $d \ll \Delta z$. Gleiches gilt auch für die Lösung von LADENBURG [3.11], der den Fall untersucht hat, dass sich eine Kugel längs der Achse eines (unendlich) langen Zylinders vom Durchmesser D bewegt, wobei das Fluid relativ zum Zylinder in Ruhe ist. Er fand

$$c_w = (24/Re)[1 + 2,104d/D] \tag{3.20}$$

Seine Lösung wurde von BRENNER und HAPPEL [3.12] auf den Fall erweitert, daß sich die Kugel in beliebiger Entfernung von der Zylinderachse befindet.

Bewegt sich das Fluid parallel zur Wand, so wird – wie RUBIN [3.13] experimentell gezeigt hat – nicht nur der Strömungswiderstand einer Kugel verändert, sondern es wirkt auf diese auch eine von der Wand weggerichtete dynamische Auftriebskraft F_A. Auf die Existenz einer solchen Kraft hat auch BAUCKHAGE [3.14] die von ihm beobachtete Erscheinung zurückgeführt, dass sich eine durch ein Rohr laminar hindurchströmende Suspension kugelförmiger Partikeln entmischt und dass sich die Partikeln in einer ringförmigen Zone beim halben Radius anreichern.

3.1.3
Strömungswechselwirkung von Partikeln

Für die gegenseitige Beeinflussung zweier gleichgroßer kugelförmiger Partikeln ist im Bereich sehr kleiner Reynolds-Zahlen von GOLDMAN, COX und BRENNER [3.15] eine analytische Lösung gefunden worden, die für beliebige Partikelabstände gilt und die zeigt, dass der Strömungswiderstand jeder der beiden Partikeln infolge Anwesenheit der anderen in gleichem Maße herabgesetzt wird.

Im Bereich höherer Reynolds-Zahlen gibt es keine theoretischen Lösungen. Die wenigen bekannt gewordenen experimentellen Untersuchungen zeigen, dass in diesem Bereich die Widerstände zweier gleichgroßer, hintereinander angeordneter Partikeln nicht mehr gleich groß sind, so dass bei der Sedimentation die hintere die vordere Partikel einholt.

Die Wechselwirkung sehr vieler Partikeln läßt sich nur mit statistischen Mitteln beschreiben. In niedrig konzentrierten Suspensionen aus gleichgroßen Partikeln äußert sie sich darin, dass sich bei der Sedimentation Komplexe aus mehreren Partikeln bilden, die schneller absinken als eine Partikel [3.16]. Bei höheren Partikelkonzentrationen verschwindet dieser Effekt und die Partikeln sedimentieren mit herabgesetzter, einheitlicher Geschwindigkeit.

3.2
Strömung durch Packungen und Wirbelschichten

3.2.1
Druckverlust bei der Packungsdurchströmung

Durchströmte Packungen spielen in der Verfahrenstechnik und Reaktionstechnik eine bedeutende Rolle, z.B. in der Gestalt des durchströmten Filterkuchens oder des Festbettreaktors. Vom Standpunkt der mechanischen Verfahrenstechnik interessiert vor allem die Vorhersage des Druckabfalls ΔP für eine Packung mit in Hauptströmungsrichtung unveränderlichem Querschnitt und der Länge ΔL bei vorgegebener Leerrohrgeschwindigkeit u. Für ein inkompressibles Fluid gilt $\Delta P \sim \Delta L$. Damit ist die gesuchte Zielgröße der Betrag des Druckgradienten $\Delta P/\Delta L$.

Im Falle eines kompressiblen Fluids gelten die nachstehend beschriebenen Beziehungen für den lokalen Druckgradienten $\mathrm{d}P/\mathrm{d}x = -\Delta P/\Delta L$. Im Modellfall eines kugeligen Gleichkorns gibt es insgesamt sechs Einflussgrößen, nämlich Druckgradient $\Delta P/\Delta L$ [kg m^{-2}s^{-2}], Partikeldurchmesser d [m], Fluiddichte ρ_{F} [kg m^{-3}], Viskosität η [kg m^{-1}s^{-1}], und die Zwischenraumfluidgeschwindigkeit u/ε [ms^{-1}] mit dem Hohlraumvolumenanteil ε der Packung.

Gemäß dem π-Theorem von Buckingham ergeben sich drei sinnvoll definierte Kennzahlen:

Euler-Zahl $\qquad Eu \equiv \dfrac{(\Delta P/\Delta L)d}{\rho_{\mathrm{F}}\left(u/\varepsilon\right)^2}$, $\hfill (3.21)$

Reynolds-Zahl $\quad Re \equiv \dfrac{\rho_{\mathrm{F}}\left(u/\varepsilon\right)d}{\eta}$ $\hfill (3.22)$

und

$\dfrac{\text{Feststoffvolumen}}{\text{Fluidvolumen}} \equiv \dfrac{1-\varepsilon}{\varepsilon}$ $\hfill (3.23)$

Die Grundlagen der Strömungsmechanik legen die folgenden Grenzfälle nahe:
1. Niedrige Reynolds-Zahlen, d. h. die Fluiddichte ist unwesentlich:

$$Eu \cdot Re \equiv \frac{(\Delta P/\Delta L)d^2}{\eta(u/\varepsilon)} = f_1\left(\frac{1-\varepsilon}{\varepsilon}\right) \tag{3.24}$$

Die entsprechende empirische CARMAN-KOZENY-Gleichung lautet

$$\frac{\Delta P}{\Delta L} = 150\frac{(1-\varepsilon)^2}{\varepsilon^3} \cdot \frac{\eta u}{d^2} \tag{3.25}$$

2. Hohe Reynoldszahlen, d. h. die Viskosität ist unwesentlich:

$$Eu \equiv \frac{(\Delta P/\Delta L)d}{\rho_F(u/\varepsilon)^2} = f_2\left(\frac{1-\varepsilon}{\varepsilon}\right) \tag{3.26}$$

Die entsprechende empirische Gleichung ist

$$\frac{\Delta P}{\Delta L} = 1,75\frac{1-\varepsilon}{\varepsilon^3} \cdot \frac{\rho_F u^2}{d} \tag{3.27}$$

Die Überlagerung der Gleichungen (3.25) und (3.27) liefert die Ergunsche Gleichung [3.17]

$$\frac{\Delta P}{\Delta L} = 150\frac{(1-\varepsilon)^2}{\varepsilon^3}\frac{\eta u}{d^2} + 1,75 \cdot \frac{1-\varepsilon}{\varepsilon^3}\frac{\rho_F u^2}{d}. \tag{3.28}$$

Ausgehend von Gleichung (3.28) läßt sich eine sinnvolle Verallgemeinerung für unregelmäßig geformte Partikeln in mehr oder weniger breiter Kornverteilung über die Definition der volumenbezogenen spezifischen Oberfläche

$$S_v = \frac{6}{d} \tag{3.29}$$

gewinnen.

Einsetzen von Gleichung (3.29) in Gleichung (3.28) ergibt

$$\frac{\Delta P}{\Delta L} = k\left(S_v\frac{1-\varepsilon}{\varepsilon}\right)^2\eta\frac{u}{\varepsilon} + C\left(S_v\frac{1-\varepsilon}{\varepsilon}\right)\rho_F\left(\frac{u}{\varepsilon}\right)^2 \tag{3.30}$$

mit den empirischen Konstanten $k \approx 5$ und, $C \approx 0,3$. In der Schreibweise von Gleichung (3.30) erkennt man die physikalische Bedeutung der einzelnen Faktoren. Insbesondere gilt

$$S_v\frac{1-\varepsilon}{\varepsilon} = \frac{\text{Feststoffoberfläche}}{\text{Fluidvolumen}}$$

Die Ergunsche Gleichung in den Varianten (3.28) und (3.30) liefert gute Näherungen für $Re \leq 10^2$. Ab $Re \geq 10^3$ sind die Abweichungen von der Realität erheblich. Zu einer genaueren Beschreibung des Packungsdruckverlustes siehe [3.18].

3.2.2
Verfahrensprinzip der Fluidisation, Vor- und Nachteile

Das einer Wirbelschicht zugrunde liegende Verfahrensprinzip der Fluidisation besteht darin, daß eine Schüttung von Feststoffpartikeln (Abb. 3.2a) durch einen aufwärts gerichteten Fluidstrom in einen flüssigkeitsähnlichen Zustand versetzt wird, sobald der Volumenstrom $\dot{V}$ des Fluids einen Grenzwert $\dot{V}_{\mathrm{mf}}$ erreicht (Abb. 3.2b). In diesem »fluidisierten« Zustand werden die Feststoffpartikeln durch den Fluidstrom in Schwebe gehalten.

Bei Steigerung des Volumenstroms $\dot{V}$ über den Lockerungspunkt $\dot{V}_{\mathrm{mf}}$ hinaus beginnt bei Fluidisation mit einer Flüssigkeit eine gleichmäßige Expansion der Schicht, während bei der technisch bedeutsameren Fluidisation mit einem Gas die Bildung praktisch feststofffreier Gasblasen einsetzt (Abb. 3.2c). Die Blasenkoaleszenz bewirkt, daß die lokale mittlere Blasengröße mit zunehmender Höhe über dem Anströmboden rasch anwächst. Bei genügend schlanken und hohen Wirbelschichtgefäßen füllen die Blasen schließlich den gesamten Querschnitt aus und durchlaufen die dann »stoßende« Wirbelschicht als eine Folge von Gaskolben (Abb. 3.2d). Bei sehr hohen Geschwindigkeiten sind keine einzelnen Blasen mehr unterscheidbar; ebenso ist keine definierte Schichtoberfläche mehr zu erkennen (Abb. 3.2e). Derartige expandierte oder zirkulierende Wirbelschichten lassen sich wegen des hohen Feststoffaustrags nur durch ständige Zirkulation des Feststoffs über einen Rückführzyklon aufrechterhalten.

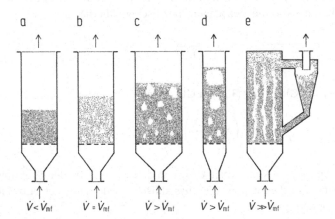

Abb. 3.2 Wirbelschichtzustände
a) Ruheschüttung, b) Wirbelschicht im Lockerungspunkt, c) blasenbildende Wirbelschicht,
d) stoßende Wirbelschicht, e) expandierte Wirbelschicht

Die Vorteile der Gas/Feststoff-Wirbelschicht sind
- einfache Handhabung und Transport des Feststoffs durch flüssigkeitsähnliches Verhalten der Wirbelschicht,
- gleichmäßige Temperaturverteilung infolge intensiver Feststoffdurchmischung,
- große Austauschfläche zwischen Feststoff und Gas durch kleine Korngrößen des Feststoffs,
- hohe Wärmeübergangszahlen sowohl zwischen der Wirbelschicht und eintauchenden Heiz- und Kühlflächen als auch zwischen Feststoff und Anströmgas [3.19].

Diesen Vorteilen stehen als Nachteile gegenüber:
- Austrag des Feststoffs erfordert aufwändige Feststoffabscheidung und Gasreinigung,
- intensive Feststoffbewegung kann zur Erosion an Einbauten und zu nennenswertem Abrieb des Feststoffs führen,
- Agglomeration des Feststoffs kann Zusammenbrechen der Fluidisation zur Folge haben,
- hohe Rückvermischung des Gases reduziert den Umsatz einer chemischen Reaktion,
- Blasenentwicklung bedeutet im Fall einer katalytischen Reaktion unerwünschten Bypass bzw. sehr breite Verweilzeitverteilung des Reaktionsgases,
- Ein Gegenstrom Gas/Feststoff ist nur in Mehrstufen-Anordnungen angenähert zu verwirklichen,
- Maßstabsvergrößerung von Wirbelschichten ist unter Umständen schwierig.

Eine ausführliche Darstellung zum Thema Wirbelschichten wird z. B. in [3.20] gegeben.

3.2.3
Ausdehnungsverhalten der homogenen (Flüssigkeits/Feststoff) Wirbelschicht

Bei Dichteverhältnissen Feststoff zu Flüssigkeit $\rho_S/\rho_F \leq 5$ wird eine homogene Fluidisation mit weitgehend gleichmäßiger Feststoffverteilung im Fluid beobachtet, d. h. nach Überschreiten der Minimalfluidisationsgeschwindigkeit u_{mf} expandiert die Wirbelschicht homogen. Die homogene Bettexpansion wird nach RICHARDSON und ZAKI [3.21] durch das Verhältnis von Leerrohrgeschwindigkeit u zur Einzelkornsinkgeschwindigkeit v_S als Funktion des Hohlraumvolumenanteils ε beschrieben.

Wegen $\varepsilon \to 1$ für $u \to v_s$ bei homogener Fluidisation liefert der einfache Potenzansatz

$$\frac{u}{v_s} = \varepsilon^n \tag{3.31}$$

brauchbare Näherungen. Der Exponent n ist eine Funktion der Reynolds-Zahl

$$Re_{wf} \equiv (v_s d)/u \tag{3.32}$$

Für den Exponenten n gelten die beiden Grenzfälle

$$n = \begin{cases} 4,65 & \text{für} \quad Re_{\mathrm{wf}} < 0,25 \\ 2,4 & \text{für} \quad Re_{\mathrm{wf}} > 500 \end{cases} \qquad (3.33)$$

3.2.4
Lockerungspunkt (Minimalfluidisation)

Der gesamte Druckabfall in der Wirbelschicht ist gleich dem Gewicht von Fluid und Feststoff, bei gasfluidisierten Betten praktisch gleich dem Feststoffgewicht. Für ein gut fluidisierendes, wenig kohäsives Gut von annähernd einheitlicher Korngröße ergibt sich der mit dem Gesamtgewicht der Schüttung G und der leeren Querschnittsfläche A dimensionslos gemachte Druckverlust Δp als Funktion der mit der Minimalfluidisationsgeschwindigkeit u_{mf} dimensionslos gemachten Leerrohrgeschwindigkeit u nach Abbildung 3.3.

Vor Einsetzen der Fluidisation wird eventuell ein Wert $\Delta p_{\max}/(G/A) > 1$ erreicht, aufgrund der Ursprungsverfestigung des Gutes infolge seines Eigengewichts. Beim Überschreiten des Lockerungspunktes wird durch die einsetzende Fluidisation die Anfangsverfestigung zerstört, und der Druckabfall fällt im Wirbelschichtbereich auf den Gleichgewichtswert $\Delta p/(G/A) = 1$.

Erst bei Werten $u/u_{\mathrm{mf}} \gg 1$ steigt der Druckverlust wieder etwas infolge der zusätzlichen Verluste durch die dann wesentliche intensivere Feststoffbewegung bzw. Gasströmung.

Bei Absenkung der Anströmgeschwindigkeit unter u_{mf} zeigt das dann lockere Festbett einen geringeren Druckverlust. Der Lockerungspunkt wird daher zweckmäßig durch den Schnittpunkt zwischen der (evtl. extrapolierten) Festbettlinie bei Absenkung der Anströmgeschwindigkeit und der horizontalen Wirbelschichtlinie festgelegt.

Zur Vorausberechnung des Lockerungspunkts bzw. Umrechnung auf Betriebszustand siehe [3.22].

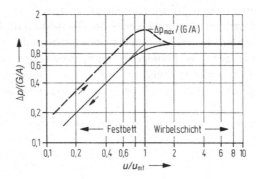

Abb. 3.3 Druckverlustverlauf einer gut fluidisierenden Gas/Feststoff-Wirbelschicht

3.2.5
Wirbelschicht-Zustandsdiagramm

Unter recht allgemein gehaltenen Voraussetzungen lässt sich zeigen [3.23], dass sich die mittleren strömungsmechanischen Daten einer Wirbelschicht als Verknüpfung dimensionsloser Kennzahlen wie folgt darstellen lassen:

$$F\left[\frac{3}{4}Fr\frac{\rho_F}{\rho_s - \rho_F} \equiv \frac{3}{4}\frac{u^2}{dg}\frac{\rho_F}{\rho_s - \rho_F}; \quad Re \equiv \frac{ud\rho_F}{\eta}; \quad \frac{\rho_s}{\rho_F}; \quad \varepsilon\right] = 0 \tag{3.34}$$

Bei der Fluidisation steht der Strömungswiderstand einer Partikel im Gleichgewicht mit ihrer um den Auftrieb verminderten Gewichtskraft. Die erste der in Gleichung (3.34) stehenden Kennzahlen beschreibt daher das Verhältnis einer mit dem doppelten Staudruck $\rho_F u^2$ gebildeten Widerstandskraft $\rho_F d^2 u^2$ zu der um den Auftrieb verminderten Gewichtskraft in der Form $(\rho_s - \rho_F)d^3 g$. Die Reynolds-Zahl Re kennzeichnet den Strömungszustand. Das Dichteverhältnis ρ_s/ρ_F steht für den Unterschied zwischen homogener und inhomogener Fluidisation, der Hohlraumvolumenanteil ε beschreibt die mittlere Bettexpansion.

In der technischen Praxis sind Flüssigkeits/Feststoff-Systeme an Dichteverhältnisse $\rho_s/\rho_F \approx 2 - 5$, drucklose Gas/Feststoff-Systeme an Dichteverhältnisse $\rho_s/\rho_F \approx (2 - 5) \times 10^3$ gebunden. Aus der Kennzahlen-Kombination (3.34) folgt daher, daß man nach REH [3.24] bei jeweils praktisch festgehaltenem ρ_s/ρ_F das Verhalten von drucklosen Gas/Feststoff- und von Flüssigkeits/Feststoff-Systemen in einem einzigen Diagramm (Abb. 3.4) darstellen kann. Während bei homogener Fluidisation, d.h. bei Flüssigkeits/Feststoff-Systemen (gestrichelte Linie für die Einzelkornsinkgeschwindigkeit bei $\varepsilon \to 1$), Fluidisation und Feststoffaustrag klar voneinander abgegrenzt sind, ist die ungleichmäßige Fluidisation von Gas/Feststoff-Systemen (ausgezogene Linien) durch einen zu kleineren Archimedes-Zahlen und damit kleineren Partikelgrößen immer breiter werdenden Übergangsbereich zwischen Fluidisation und Feststoffaustrag gekennzeichnet. Oberhalb der gekrümmten, gestrichelten Schwebelinie der Einzelpartikel ($\varepsilon \to 1$) bis zur horizontalen Austragslinie ($\varepsilon \to 1$) der Gas-Wirbelschicht befindet sich der Bereich der ausgedehnten Wirbelschicht, der nur durch Rückführung des ausgetragenen Feststoffs oder Neuzufuhr aufrechterhalten werden kann.

Für Auslegungszwecke führt man zweckmäßig die Archimedes-Zahl Ar und die Ω-Kennzahl ein, da diese einen dimensionslosen Partikeldurchmesser bzw. eine dimensionslose Leerrohrgeschwindigkeit repräsentieren. Es gilt

$$Ar \equiv \frac{(\rho_s - \rho_F)\rho_F d^3}{\eta^2} = \frac{Re^2}{Fr\dfrac{\rho_F}{\rho_s - \rho_F}} \tag{3.35}$$

bzw.

$$Fr\frac{\rho_F}{\rho_s - \rho_F} = Re^2/Ar \tag{3.36}$$

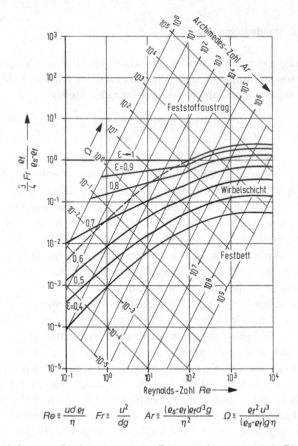

$$Re \equiv \frac{u d \varrho_f}{\eta} \quad Fr \equiv \frac{u^2}{dg} \quad Ar \equiv \frac{(\varrho_s - \varrho_f)\varrho_f d^3 g}{\eta^2} \quad \Omega \equiv \frac{\varrho_f^2 u^3}{(\varrho_s - \varrho_f)g\eta}$$

Abb. 3.4 Zustandsdiagramm für Flüssigkeits/Feststoff- bzw. drucklose Gas/Feststoff-Wirbelschichten nach [3.24]

d. h. Linien Ar = const. sind Geraden mit der Steigung + 2 in dem doppellogarithmischen Diagramm von Abbildung 3.4.

Andererseits gilt

$$\Omega \equiv \frac{\rho_F^2 u^3}{(\rho_s - \rho_F)g\eta} = ReFr\frac{\rho_F}{\rho_s - \rho_F} \tag{3.37}$$

mit

$$Fr\frac{\rho_F}{\rho_s - \rho_F} = \Omega \cdot Re^{-1}. \tag{3.38}$$

Gemäß Gleichung (3.38) ergeben Linien konstanter Ω-Kennzahlen Geraden mit der Steigung –1.

3.2.6
Schüttguttypen

Durch Auswertung zahlreicher Messungen konnte GELDART [3.25] für Gas/Feststoff·Wirbelschichten vier unterschiedliche Typen von Schüttgütern hinsichtlich ihres Fluidisationsverhaltens kennzeichnen und voneinander abgrenzen. Dies sind (siehe auch Abb. 3.5):

– *Gruppe A:* Wirbelschichten aus Materialien mit kleiner Partikelgröße oder niedriger Feststoffdichte expandieren merklich oberhalb der Minimalfluidisation, bevor Blasenbildung einsetzt. Alle Gasblasen steigen schneller als das Zwischenraumgas in der Suspensionsphase. Es scheint eine maximale Blasengröße zu existieren.

– *Gruppe B:* Diese Gruppe enthält die meisten Materialien im Bereich mittlerer Partikelgrößen und Dichten, d.h. im Bereich

$$40\mu m < d < 500\mu m$$

bzw.

$$1,4 \cdot 10^3 \text{ kg m}^{-3} \leq \rho_s \leq 4 \cdot 10^3 \text{ kg m}^{-3}$$

Im Gegensatz zu Gruppe A setzt bei diesen Materialien die Blasenbildung direkt oberhalb der Minimalfluidisation ein. Die Bettausdehnung ist gering. Die meisten Blasen steigen schneller als das Zwischenraumgas. Eine Begrenzung der maximalen Blasengröße scheint nicht zu existieren.

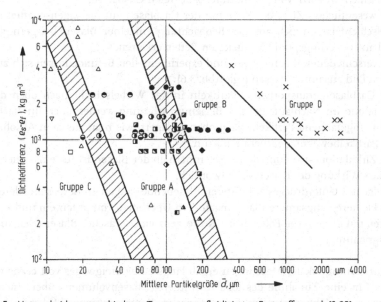

Abb. 3.5 Unterscheidung verschiedener Typen von gasfluidisierten Feststoffen nach [3.25]

- *Gruppe C:* Zur Gruppe C gehören kohäsive Materialien. Die Fluidisation derartiger Feststoffe ist extrem schwierig. Die Schüttung wird in kleinen, glatten Rohren als Ganzes vom durchströmenden Gas angehoben, bzw. das Gas bläst lediglich einzelne Kanäle frei, die vom Anströmboden bis an die Bettoberfläche reichen. Lediglich durch den Einsatz mechanischer Rührer läßt sich eine mehr oder weniger schlechte Fluidisation erzwingen.
- *Gruppe D:* Zu dieser Gruppe zählen Materialien mit großen oder schweren Partikeln. Die Geschwindigkeit der Gasblasen ist mit Ausnahme der großen Blasen geringer als die des Gases im Zwischenraum der Suspensionsphase. Die Gasgeschwindigkeit in der Suspensionsphase ist vergleichsweise hoch. Führt man das Fluidisiergas durch eine einzelne, zentrale Bohrung zu, so stellt sich keine übliche Fluidisation, sondern das sogenannte spouted bed ein.

Wie Abbildung 3.5 zeigt, lassen sich die verschiedenen Schüttguttypen dadurch in vernünftiger Weise abgrenzen, daß man die Dichtedifferenz zwischen Feststoff und Fluid über der mittleren Partikelgröße aufträgt. Die in Abbildung 3.5 eingezeichneten schraffierten Übergangsgebiete bzw. die Grenzlinien folgen aus theoretischen Überlegungen [3.23].

3.2.7
Lokale Struktur der Gas/Feststoff-Wirbelschichten

Die charakteristische Eigenschaft der Gas/Feststoff-Wirbelschicht ist das Auftreten von Gasblasen. Oberhalb des Lockerungspunktes durchströmt nur ein bestimmter Anteil des Fluidisiergases die dichte Suspensionsphase. Das übrige Gas passiert die Wirbelschicht in Form von praktisch feststofffreien Gasblasen.

Die wesentlichen Züge der Wirkung der Gasblasen auf die Eigenschaften einer Wirbelschicht lassen sich aus der Beobachtung einzelner Blasen bei geringfügig über dem Lockerungspunkt fluidisierten Betten erklären.

Die verschiedenen theoretischen und experimentellen Befunde lassen sich zu folgendem Bild zusammenfassen (vgl. Abb. 3.6):
- Die Gasblasen transportieren Partikeln in der Wirbelschicht nach oben durch Mitnahme im Nachlauf. Bei der Blasenumströmung werden auch im Nachlauf nicht eingefangene Partikeln nach oben verlagert, wie man aus dem Absolutbild der Partikelbewegung entnehmen kann.
- Die Zirkulationsströmung des Gases innerhalb der Blasen ist für eine erhebliche Bypass-Wirkung der Blasen verantwortlich.
- Infolge des Unterdruckes am unteren Blasenende saugen größere, schnellere Blasen kleinere, langsamere Blasen nach dem Überholen von unten ein und koaleszieren mit diesen. Die Folge dieser Koaleszenz ist ein rasches Blasenwachstum in Steigrichtung.

Die Auswertung lokaler Messungen ergab längs eines Steigweges von etwas weniger als 1 m eine Zunahme des lokalen mittleren Blasenvolumens über einen Bereich von zwei Zehnerpotenzen. Ein statistisches Koaleszenzmodell führt in Verbin-

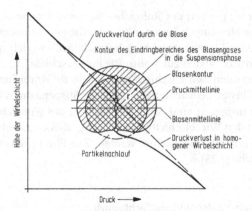

Abb. 3.6 Einzelblase mit Blasengasverteilung und Druckverlauf

dung mit Messungen auf eine empirische Korrelation für das Blasenwachstum [3.26]:

$$\left(\frac{d_\nu}{\mathrm{cm}}\right) = 0,853 \sqrt[3]{1 + 0,272\left(\frac{u - u_\mathrm{mf}}{\mathrm{cm\ s^{-1}}}\right)} \left[1 + 0,0684\left(\frac{h}{\mathrm{cm}}\right)\right]^{1,21} \qquad (3.39)$$

Gleichung (3.39) ermöglicht eine Vorausberechnung der lokalen mittleren Blasengröße, und zwar des Durchmessers d_ν der volumengleichen Kugel, als Funktion der Höhe h über dem Anströmboden und der Gasgeschwindigkeit u. Gleichung (3.39) gilt für eine poröse Platte als Anströmboden. Zur Vorausberechnung des Blasenwachstums bei technischen Anströmböden siehe [3.23].

Abbildung 3.7 zeigt eine Auftragung lokaler Messungen [3.27] des in Form von Blasen durchgesetzten Gasvolumenstromes pro Flächeneinheit V_B/A in Abhängig-

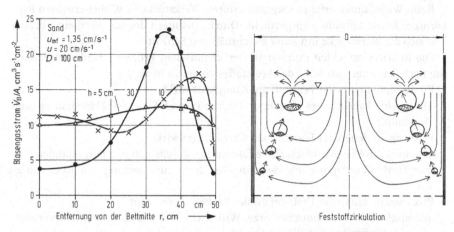

Abb. 3.7 Räumliche Verteilung der Blasen in einer Wirbelschicht und daraus abgeleiteter Feststoffumlauf [3.27]

keit von der Entfernung r von der Rohrachse für verschiedene Höhen h über dem Anströmboden. Die Messungen lassen erkennen, wie sich in Bodennähe eine wandnahe Zone verstärkter Blasenentwicklung herausbildet, die sich mit zunehmender Höhe über dem Anströmboden zur Rohrmitte hin verschiebt.

Bei der zirkulierenden Wirbelschicht werden lokale Anreicherungen von Feststoff, sogenannte Cluster, beobachtet, die von einer Suspension mit niedrigerer Feststoffkonzentration umgeben sind. Zum Verständnis des gänzlich anderen Verhaltens der zirkulierenden Wirbelschicht ist es wichtig, daß dort Feststoffvolumenkonzentrationen von $c_V \approx 10^{-3}$ beobachtet werden. Zur Fluidmechanik zirkulierender Wirbelschichten siehe [3.28].

3.2.8
Technische Anwendungen des Wirbelschichtprinzips

Rein mechanische Verfahren werden zwar häufig mit Wärme- und Stoffübertragungsprozessen bzw. mit chemischen Prozessen in der Wirbelschicht verknüpft, mechanische Verfahren besitzen aber durchaus auch eigenständige Bedeutung. Beispiele für mechanische Verfahren sind: Fördern von Feststoffen in Wirbelschichtrinnen, Mischen von Feststoffen bei höheren Gasgeschwindigkeiten, oder Granulieren in der Wirbelschicht.

Die durch heftige Feststoffbewegung in einer Wirbelschicht hervorgerufene mechanische Beanspruchung der Partikeln hat eine in vielen Prozessen durchaus erwünschte desagglomerierende Wirkung und wird in der Wirbelschicht-Strahlmühle auch unmittelbar technisch genutzt zur Feinstzerkleinerung.

Unter den mit Wärme- bzw. Stoffübertragung verbundenen Verfahren Aufheizen/Kühlen, Trocknen, Absorbieren/Desorbieren, Beschichten, kommt der Trocknung die größte wirtschaftliche Bedeutung zu. Wirbelschichttrockner erlauben bei hohen spezifischen Leistungen eine schonende und gleichmäßige Trocknung bis auf geringe Restfeuchten.

Beim Wirbelsinterverfahren werden erhitzte Werkstücke in Wirbelschichten feinkörniger Kunststoffpulver eingetaucht. Durch Ansintern der Bettpartikeln überziehen sich die Werkstücke mit einer gleichmäßigen Schicht.

Die in Wirbelschichten durchgeführten chemischen Prozesse werden zweckmäßig nach der jeweiligen Rolle des Feststoffes eingeteilt in
– Prozesse, in denen der Feststoff als Katalysator wirkt
  (Beispiele: katalytisches Cracken, Fischer-Tropsch-Synthese, Herstellung von Acrylnitril)
– Prozesse, in denen der Feststoff als Wärmeträger wirkt
  (Beispiele: BASF-Wirbelschichtverfahren zur Rohölspaltung, Lurgi-Sandcracker zur Ethylen-Erzeugung, Fluid-Coking-Verfahren zur Spaltung von Rückstandsölen)
– Prozesse, in denen der Feststoff an der Reaktion teilnimmt
  (Beispiele: Rösten sulfidischer Erze, Wirbelschichtfeuerungen zur Kohleverbrennung, Verbrennung von Klärschlamm).

4
Mechanische Trennverfahren

Die mechanischen Trennverfahren spielen in einer Vielzahl von Prozessen der mechanischen Verfahrenstechnik und der Aufbereitung eine hervorragende Rolle. Sie umfassen Abscheide-, Klassier- und Sortierprozesse, je nachdem, ob es sich um ein vollständiges Trennen der festen dispersen Phase von der gasförmigen oder flüssigen Phase (Abscheiden) oder einer Trennung der dispersen Phase in zwei oder mehr Größen- bzw. Sinkgeschwindigkeitsklassen (Klassieren) oder um das Trennen nach der Feststoffdichte, d.h. der Materialart (Sortieren) handelt.

4.1
Kennzeichnung einer Trennung

In Abbildung 4.1 ist die Massen-Verteilungsdichtekurve $q_3^{(0)}(d)$ eines auf einen Trennapparat aufgegebenen Guts dargestellt. Bei einer idealen, bei d_t durchgeführten Trennung gelangen alle Partikeln, die kleiner oder gleich d_t sind, in das Feingut, alle gröberen Partikeln in das Grobgut. Die mit $\nu_1 = m_1 m_0$ bezeichnete, in Abbildung 4.1 schraffiert angegebene Fläche, stellt deshalb den integralen Massenanteil aller Partikeln dar, die kleiner oder gleich d_1 sind. ν_1 wird Feingut-Massenanteil genannt. Infolge:

$$\nu_1 + \nu_2 = \frac{m_1}{m_0} + \frac{m_2}{m_0} = 1 \tag{4.1}$$

entspricht die nicht schraffierte Fläche in Abbildung 4.1 dem Grobgut-Massenanteil ν_2. Die Indices 0, 1 und 2 entsprechen dem Aufgabegut, Feingut bzw. Grobgut.

In Abbildung 4.2 sind die Massen-Verteilungsdichtekurven einer realen Trennung dargestellt. Dabei stellen $q_3^{(0)}(d)$ die Massen-Verteilungsdichtekurve des Aufgabeguts, $\nu_1 q_3^{(0)}(d)$ die Massen-Verteilungsdichtekurve des Feinguts und $\nu_2 q_3^{(2)}(d)$ die Massen-Verteilungsdichtekurve des Grobguts dar. Im Partikelgrößenbereich $d_{\min \cdot 2} \leq d \leq d_{\max \cdot 1}$ kommen bei einer realen Trennung Partikeln sowohl im Feingut als auch im Grobgut vor. Die dargestellte Trennung läßt sich durch die in Tabelle 4.1 angege-

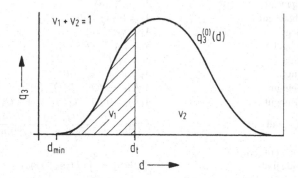

Abb. 4.1 Verteilungsdichtekurve $q_3^{(0)}(d)$ des Aufgabegutes einer Trennung

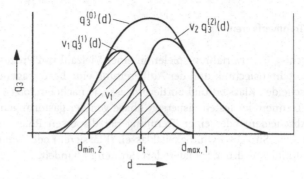

Abb. 4.2 Verteilungsdichtekurven einer realen Trennung

Tab. 4.1 Massenbilanzen, Trenngrenzen, Trenngrad und Kennwerte der Trennschärfe von Trennungen

Massenbilanzen:

$d_{min} \leq d \leq d_{max}$ $\qquad\qquad 1 = \nu_1 + \nu_2$

$d_{min} \leq d$ $\qquad\qquad Q_3^{(0)}(d) = \nu_1 Q_3^{(1)}(d) + \nu_2 Q_3^{(2)}(d)$

d bis $d + \Delta d$ $\qquad\qquad q_3^{(0)}(d) = \nu_1 q_3^{(1)}(d) + \nu_2 q_3^{(2)}(d)$

Trenngrenzen:

präparative Trenngrenze d_{50} $\qquad\qquad \nu_1 q_3^{(1)}(d_{50}) = \nu_2 q_3^{(2)}(d_{50})$

analytische Trenngrenze d_a $\qquad\qquad \nu_1 = Q_3^{(0)}(d_a)$

Überschneidungs-Trenngrenze d_0 $\qquad\qquad 1 - Q_3^{(1)}(d_0) = Q_3^{(2)}(d_0)$

Trenngrad und Kennwerte der Trennschärfe:

Trenngrad $\qquad\qquad\qquad\qquad T = \dfrac{\nu_2 q_3^{(2)}(d)}{q_3^{(0)}(d)}$

Merkmals-Kennwerte, wie z. B.

   Ecart Terra $\qquad\qquad\qquad E_T = (d_{75} - d_{25})/2$

   Imperfektion $\qquad\qquad\qquad 1 = E_T/d_{50}$

   Trennschärfe $\qquad\qquad\qquad \kappa_{25,75} = d_{25}/d_{75}$

Verteilungskurven-Kennwerte, wie z. B.:

   Feines im Aufgabegut $\qquad\qquad A_1 = Q_3^{(0)}(d)$

   Grobes im Aufgabegut $\qquad\qquad A_2 = 1 - Q_3^{(0)}(d)$

   Feines im Grobgut $\qquad\qquad A_3 = \nu_2 Q_3^{(2)}(d)$

   Grobes im Grobgut $\qquad\qquad A_4 = \nu_2(1 - Q_3^{(2)}(d))$

   Feines im Feingut $\qquad\qquad A_5 = \nu_1 Q_3^{(1)}(d)$

   Grobes im Feingut $\qquad\qquad A_6 = \nu_1(1 - Q_3^{(1)}(d))$

   Ausbeute an Feingut $\qquad\qquad A_5/A_1 = \nu_1 Q_3^{(1)}(d)/Q_3^{(0)}(d)$

   Ausbeute an Grobgut $\qquad\qquad A_4/A_2 = \nu_2(1 - Q_3^{(2)}(d))/(1 - Q_3^{(0)}(d))$

   Sichterwirkungsgrad $\qquad\qquad \eta = \dfrac{A_4}{A_2} - \dfrac{A_3}{A_1} = \dfrac{\nu_2(Q_3^{(0)}(d) - Q_3^{(2)}(d))}{Q_3^{(0)}(d)(1 - Q_3^{(0)}(d))}$

Trennkurven-Kennwerte, wie z. B.:

   Gesamtabscheidegrad $\qquad\qquad T_{ges} = \nu_2 = \displaystyle\int_{d_{min}}^{d_{max}} T(x) q_3^{(0)}(x) dx$

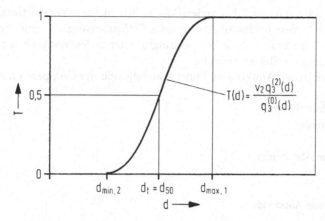

Abb. 4.3 Trennkurve $T(d)$ einer Trennung

Gleichungen in Form von Massenbilanzen sowie durch die Definition von Trenn-grenzen und von Kennwerten für die Trennschärfe beschreiben. Eine ausführliche Darstellung wird in [4.1] gegeben. Ziel der Kennzeichnung einer Trennung ist, ne-ben der Ermittlung einer Trenngrenze und von Kennwerten für die Trennschärfe, die Ermittlung der sogenannten Trennkurve. Dabei wird der Trenngrad T (vgl. Ta-belle 4.1) in Abhängigkeit von der Partikelgröße d aufgetragen. Man erhält z. B. den in Abbildung 4.3 dargestellten Kurvenverlauf. Aus der Lage und dem Verlauf der Trennkurve lassen sich die gewünschten Kenngrößen ableiten.

4.2
Abscheiden von Partikeln aus Gasen

Abscheider haben die Aufgabe, feste oder flüssige Partikeln aus Gasen möglichst vollständig abzutrennen. Derartige Trennprozesse werden in der Verfahrenstechnik häufig durchgeführt, um entweder ein Produkt aus einem Gaskreislauf zurückzuge-winnen oder aber um das Gas vor seiner Weiterverwendung zu reinigen.

Große und wachsende Bedeutung besitzen die Abscheider im Bereich der Luft-reinhaltung, d. h. für die Begrenzung der Emission partikelförmiger Verunreinigun-gen in Abgasen. Auf diesem Gebiet ist die Aufmerksamkeit besonders auf eine wirk-same Abscheidung im Feinstaubbereich – etwa unterhalb 10 μm – zu richten.

Die Abtrennung wird dadurch erreicht, daß die Partikeln unter der Wirkung ver-schiedener Kräfte innerhalb des Abscheiders aus dem Gas heraus in nicht durch-strömte Zonen oder zu einer Kollektorfläche geführt werden [4.2]. Schwierigkeiten bereiten hierbei die feinen Partikeln, da die für eine Abtrennung ausnutzbaren mas-senproportionalen Kräfte (Schwerkraft, Trägheitskraft) von der 3. Potenz des Parti-keldurchmessers abhängen. Andererseits sind die an den Partikeln angreifenden Strömungskräfte proportional der 1. bis 2. Potenz des Durchmessers. Je feiner die Partikeln sind, desto leichter werden sie von der Strömung mitgeschleppt. Im

Feinstaubbereich müssen daher andere Mechanismen, vor allem elektrostatische Effekte in verschiedenen Modifikationen oder Diffusionsvorgänge, für die Abscheidung eingesetzt werden. Neue Entwicklungsansätze zielen vor allem auf eine verstärkte Nutzung der Elektrostatik ab.

In der praktischen Anwendung findet man folgende vier Gruppen von Abscheideverfahren:

- Fliehkraftabscheider,
- Naßabscheider,
- Filter,
- elektrische Abscheider.

4.2.1
Beurteilung von Abscheidern

Für die Bewertung der Abscheideleistung eignet sich besonders der Trenngrad $T(d)$ (oft auch Fraktionsabscheidegrad genannt), da an Hand der Trennkurve auch unmittelbar eine Aussage über das Verhalten im Feinstaubbereich getroffen werden kann. Zu einer gegebenen Partikelgrößenverteilung im zugeführten Gas (Aufgabegut) $q_3^{(0)}(d)$ kann bei bekanntem Trenngrad $T(d)$ auch der Gesamtabscheidegrad T_{ges} und die aus dem Abscheider austretende Feingutverteilung $q_3^{(1)}(d)$ berechnet werden (vgl. Tabelle 4.1):

$$T_{\text{ges}} = \int\limits_{d_{\min}}^{d_{\max}} T(x) q_3^{(0)}(x) dx \tag{4.2}$$

$$q_3^{(1)}(d) = \frac{q_3^{(0)}[1 - T(d)]}{1 - \int\limits_{d\min}^{d\max} T(x) q_3^{(0)}(x) dx} \tag{4.3}$$

Bei der Auswahl eines Abscheiders ist der nach Gleichung (4.2) berechnete Gesamtabscheidegrad mit dem, durch z. B. Emissionsgrenzwerte, vorgegebenen Sollwert

$$T_{\text{ges}} = 1 - \frac{c_T^{(1)}}{c_T^{(0)}} \tag{4.4}$$

zu vergleichen (c_T = Partikelkonzentration). Besonders bei hohen Abscheidegraden ist es oft anschaulicher, die Reinigungswirkung nach dem Durchlaßgrad P zu beurteilen. Es ist:

$$P = 1 - T_{\text{ges}} = \frac{c_T^{(1)}}{c_T^{(0)}} \tag{4.5}$$

4.2.2
Ermittlung des Trenngrades

An den im Abschnitt 4.2.1 dargelegten Gleichungen wird die zentrale Bedeutung des Trenngrades $T(d)$ erkennbar. Wegen unterschiedlicher, gleichzeitig oder bereichsweise getrennt wirksamer Transportmechanismen (z. B. bei Faserfiltern oder elektrischen Abscheidern) kann die Trennkurve bei einigen Abscheidertypen Minima und Maxima durchlaufen. Deshalb ist es wichtig, die Trennkurve in einem möglichst weiten Bereich der Partikelgröße zu kennen.

Theoretische Beschreibung des Trennvorgangs

Eine allgemeine Theorie der Abscheider besteht in der Berechnung der realen Partikelbewegung im Abscheideraum. Diese Bewegung setzt sich aus der Überlagerung einer determinierten Bewegung und einer Zufallsbewegung zusammen.

Die determinierte Bewegung erhält man aus der Lösung der Bewegungsgleichung. Hier hat die numerische Simulation der Gas/Feststoff-Strömung durch CFD (Computational Fluid Dynamics) erhebliche Fortschritte gebracht. Insbesondere die Partikelbahnberechnungen mit dem Euler-Lagrange-Verfahren ermöglichen einen vertieften Einblick in das Partikelverhalten. Schwierigkeiten können sich bei der Modellierung der Strömung ergeben, die oft mit starken Vereinfachungen verbunden ist, weil die Beschreibung der Partikel-Wand-Stöße und der Partikel-Partikel-Stöße, die das Strömungsverhalten maßgeblich beeinflussen, noch nicht in allen Fällen zufriedenstellend gelöst werden konnte.

Trotz dieser Einschränkung hat sich die Berechnung der determinierten Bewegung als sehr aufschlußreich für das Verständnis der Vorgänge und als sehr hilfreich bei der Auslegung von Abscheidern erwiesen.

Der zufallsbedingte Bewegungsanteil resultiert aus thermischen und turbulenten Schwankungen der Strömung und der Wechselwirkung zwischen den Partikeln. Die Berechnung dieses Anteils erfordert heute noch teilweise sehr einschränkende Annahmen. Immerhin läßt sich aber jetzt schon der Einfluß auf die Trennschärfe abschätzen. Eine genauere Erläuterung dieser Ansätze findet sich in [4.3], [4.4].

Experimentelle Bestimmung des Trenngrades

Angesichts der verbleibenden Probleme bei der Vorausberechnung von Abscheidern und besonders auch für die Kontrolle von Praxisanlagen, stellt die experimentelle Ermittlung von Trenngraden eine wichtige meßtechnische Aufgabe dar. Das Problem besteht dabei in erster Linie darin, die Partikelgrößenverteilungen vor und nach dem Abscheider unverfälscht zu messen. Die Verteilungen dürfen durch das Meßverfahren nicht verändert werden. Dies bedeutet, dass einerseits die Probenahme repräsentativ erfolgen muss und dass andererseits keine Agglomerations- oder Desagglomerationsvorgänge das Ergebnis beeinflussen dürfen.

Als Meßtechnik sind daher vorzugsweise solche Verfahren zu wählen, bei denen entweder Partikeln vor der Mengenbestimmung fraktionierend getrennt und abgeschieden werden (z. B. Kaskadenimpaktoren, Zyklonkaskaden) oder bei denen auf eine Trennung verzichtet werden kann, da für die Messung keine Abscheidung erforderlich ist (optische Verfahren). Hierzu zählen Streulichtverfahren, die entweder als Zählverfahren das am Einzelteilchen gestreute Licht oder das am Kollektiv zugleich gebeugte Licht messen und analysieren. Diese Methoden besitzen außerdem den Vorteil, daß sie sehr schnell arbeiten. Damit können auch zeitlich veränderliche Eigenschaften (z. B. bei Filtern) aufgelöst werden.

Im Zusammenhang mit der Wahl eines geeigneten Meßverfahrens sei darauf hingewiesen, daß der Trenngrad $T(d)$ unabhängig von der Mengenart ist, in der gemessen wird (z. B. Anzahl oder Masse), da jeweils die Verhältnisse von Mengen im gleichen Partikelgrößenintervall gebildet werden. Im Gegensatz hierzu ist der Gesamtabscheidegrad T_{ges} natürlich von der Mengenart abhängig, in der die Aufgabegutverteilung $q_3^{(0)}(d)$ bestimmt wurde.

4.2.3
Zyklonabscheider

Der Zyklonabscheider besteht aus einem zylindrischen Oberteil, einem konischen Unterteil und hat meistens einen tangentialen Einlauf. Abbildung 4.4 zeigt die am häufigsten verwendeten Bauformen. Eine Alternative zum tangentialen Einlauf ist der axiale Einlauf, bei dem der erforderliche Drall im Abscheideraum über Leitschaufeln erzeugt wird. Aber auch bei tangentialem Einlauf sind Alternativen zu dem in Abbildung 4.4 dargestellten Schlitzeinlauf denkbar. Eine Übersicht gibt Abbildung 4.5.

Die für den Anwender wichtigste Größe ist der *Gesamtabscheidegrad* des Zyklons. Für den Abscheidegrad ist dabei maßgeblich, welcher Feststoffmassenstrom hinter dem Zyklonabscheider im Gasstrom verbleibt. Für den Gesamtabscheidegrad η_G gilt entsprechend Abbildung 4.6:

$$\eta_G = 1 - \frac{\dot{m}_{si}}{\dot{m}_{se}} \tag{4.6}$$

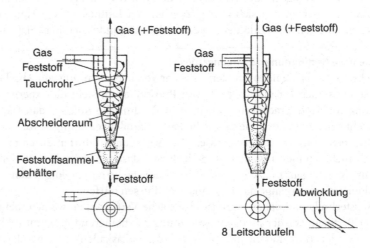

Abb. 4.4 Zyklonabscheider mit tangentialer (links) bzw. axialer Drallerzeugung (rechts)

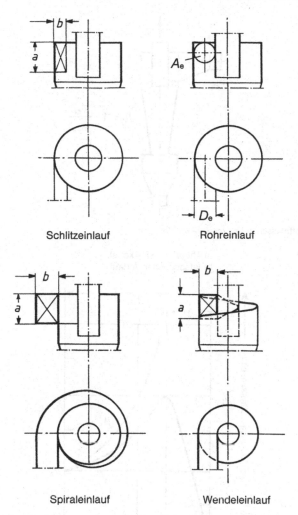

Schlitzeinlauf   Rohreinlauf

Spiraleinlauf   Wendeleinlauf

Abb. 4.5 Verschiedene Einlaufgeometrien von Zyklonabscheidern

Nachdem die feststoffbeladene Gasströmung in den Abscheider eingetreten ist, wird sie in Rotation versetzt. Die im Gasstrom mitrotierenden Partikeln unterliegen dabei einer Zentrifugalbeschleunigung. Die Zentrifugalkraft versucht, die Partikeln in Richtung Zyklonwand zu bewegen. Für die Abscheideleistung ist offensichtlich die höchste im Zyklonabscheider auftretende Umfangsgeschwindigkeit entscheidend. Abbildung 4.7 gibt den Verlauf der Umfangsgeschwindigkeit vom Außenradius r_a des Zyklons zum Tauchrohrradius r_i wieder. Würde im Abscheider Potenzialströmung herrschen, so müsste die Umfangsgeschwindigkeit nach der Beziehung $u \cdot r = $ konstant von außen nach innen ansteigen. Da die Gasströmung jedoch an der zylindrischen und konischen Zyklonwand und am Deckel durch Reibung abgebremst wird, stellt sich in etwa der Verlauf ein, der durch Kurve b gekenn-

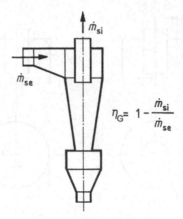

Abb. 4.6   Feststoffmassenströme im Roh- und Reingas

a) Theorie: $u \cdot r =$ konst.
b) tatsächlicher Verlauf

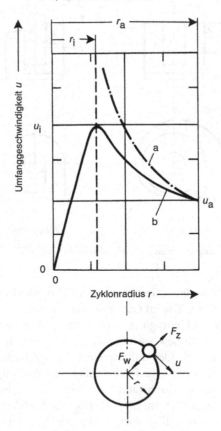

Abb. 4.7   Verlauf der Umfangsgeschwindigkeit im Zyklonabscheider
α) Theorie: $u \cdot r =$ const., b) tatsächlicher Verlauf.

zeichnet wird. In erster Näherung kann man davon ausgehen, dass die höchste Umfangsgeschwindigkeit auf einem Radius auftritt, der dem Tauchrohrradius r_i entspricht.

4.2.3.1 Umfangsgeschwindigkeit

Für die Berechnung der Umfangsgeschwindigkeit gibt es verschiedene Vorschläge, die im Wesentlichen auf einer Drehimpulsbilanz aufbauen. Hier hat sich der Ansatz von MEISSNER [4.5] bewährt, der von MUSCHELKNAUTZ, GREIF und TREFZ [4.6] weiterentwickelt wurde. Geht man davon aus, dass an der gesamten inneren Wandfläche des Zyklons Reibungsverluste auftreten, also am Zylinder, am Konus, am Deckel und auf der Tauchrohraußenseite, so erhält man für die Umfangsgeschwindigkeit auf dem Tauchrohrradius die Beziehung [4.6]:

$$u_i = \frac{u_a(r_a/r_i)}{1 + \frac{\lambda}{2}\frac{A_R}{\dot{V}}u_a\left(\frac{r_a}{r_i}\right)^{1/2}} \tag{4.7}$$

In dieser Gleichung ist der Wandreibungskoeffizient λ zunächst unbekannt. MUSCHELKNAUTZ und KRAMBROCK [4.7] haben sehr sorgfältige Messungen des Reibungskoeffizienten durchgeführt, die einen weiten Bereich der Reynolds-Zahlen und der Wandrauigkeiten erfassen. MORWEISER [4.8] gelang es, über eine Betrachtung der Grenzschichtströmung den Wandreibungskoeffizienten analytisch zu berechnen.

Für die Umfangsgeschwindigkeit am Außenradius gilt:

$$u_a = \frac{u_e}{\alpha}\frac{r_e}{r_a} \tag{4.8}$$

Beim Schlitzeinlauf hängt die Einschnürung der Strömung und damit der Einschnürungskoeffizient α wesentlich von der Schlitzbreite b ab. Der Eintrittsradius der Strömung berechnet sich für diesen Fall zu:

$$r_e = r_a - b/2 \tag{4.9}$$

RENSCHLER [4.9] hat in einer umfangreichen Untersuchung festgestellt, dass der Einschnürungskoeffizient α auch von der Feststoffbeladung μ^* des eintretenden Gasstromes abhängt und insbesondere bei höheren Beladungen berücksichtigt werden muss. Mit dem Geometrieverhältnis $\beta = b/r_a$ kann der Einschnürungskoeffizient bestimmt werden:

$$\alpha = \frac{1 - \sqrt{1 + 4\left[\left(\frac{\beta}{2}\right)^2 - \frac{\beta}{2}\right]\sqrt{1 - \frac{1 - \beta^2}{1 + \mu^*}(2\beta - \beta^2)}}}{\beta} \tag{4.10}$$

Damit sind alle Größen bekannt, und die Umfangsgeschwindigkeit auf dem Tauchrohrradius u_i kann berechnet werden.

4.2.3.2 Grenzpartikelgröße

An der Stelle der größten Umfangsgeschwindigkeit unterliegen die sich im Zyklonabscheider bewegenden Partikeln der höchsten Zentrifugalbeschleunigung und damit der größten Zentrifugalkraft. Für die Zentrifugalkraft an dieser Stelle gilt:

$$F_Z = \frac{\pi}{6} d^3 (\rho_s - \rho_F) \frac{u_i^2}{r_i} \tag{4.11}$$

Da die hier betrachteten feinen Partikeln der Gasströmung praktisch verzögerungsfrei folgen, entspricht die Umfangsgeschwindigkeit des Gases u_i auch der Umfangsgeschwindigkeit der Partikeln v_i.

Die Zentrifugalkraft versucht, die Partikeln nach außen in Richtung Zyklonwand zu bewegen. Da das Gas jedoch durch das Tauchrohr abströmen muss, bewirkt die Gasströmung auf die Partikeln einen Strömungswiderstand. Zur Berechnung der relativen Anströmgeschwindigkeit kann man in einem ersten Schritt eine Vereinfachung machen. Abbildung 4.8 zeigt einen Tangentialzyklon mit seinen Hauptabmessungen. Bei der Bestimmung der Partikelanströmgeschwindigkeit nimmt man an, dass das gesamte Gas gleichmäßig durch eine Zylinderfläche vom Umfang $2\pi r_i$ und der Höhe h abströmt. Für die Anströmgeschwindigkeit gilt dann:

$$u_{ri} = \frac{\dot{m}}{\rho_F} \frac{1}{2\pi r_i h} \tag{4.12}$$

Für den Strömungswiderstand der Partikeln erhält man:

$$F_W = c_w \frac{\pi}{4} d^2 \frac{\rho_F}{2} u_{ri} \tag{4.13}$$

Die Partikelgröße, die aus dem Kräftegleichgewicht $F_z = F_w$ berechnet wird, nennt man Grenzpartikelgröße d_T. Für diese gilt:

$$d_T = \frac{3}{4} c_w \left(\frac{\rho_F}{\rho_s - \rho_F} \right) \left(\frac{u_{ri}}{u_i} \right)^2 r_i \tag{4.14}$$

Grobe Partikeln werden in Zyklonabscheidern leicht abgeschieden, so dass für die hier besonders interessierenden kleinen Partikeln der Strömungswiderstand mit dem Stokesschen Widerstandsgesetz beschrieben werden kann. Für den Widerstandskoeffizienten gilt:

$$c_w = \frac{24}{Re_p} = \frac{24\eta}{u_{ri} d \rho_F} \tag{4.15}$$

Setzt man diesen Wert in Gleichung (4.14) ein, so erhält man:

$$d_T = \sqrt{\frac{18\eta}{(\rho_s - \rho_F)} \frac{u_{ri}}{u_i^2} r_i} = \sqrt{\frac{9\eta}{(\rho_s - \rho_F)\rho_F} \frac{\dot{m}}{\pi h u_i^2}}$$

$$= 3 \left(\frac{u_i}{u_{tr}} \right)^{-1} \left(\frac{\eta}{\rho_s - \rho_F} \right)^{1/2} \left(\frac{h}{r_i} \right)^{-1/2} \left(\frac{r_i}{u_{tr}} \right)^{-1/2} \tag{4.16}$$

mit u_{tr} als der mittleren Tauchrohrgeschwindigkeit.

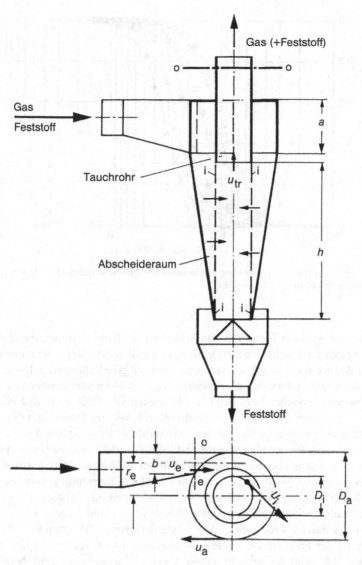

Abb. 4.8 Hauptabmessungen von Zyklonabscheidern

4.2.3.3 Fraktionsabscheidegrad

Die bisherigen Ausführungen geben die Möglichkeit, ohne großen Aufwand die Grenzpartikelgröße eines Zyklons bekannter Geometrie und Betriebsbedingungen zu berechnen. Für eine genaue Bestimmung des Gesamtabscheidegrades ist jedoch die Kenntnis des Fraktionsabscheidegrades notwendig. Hier soll nur das grundsätzliche Vorgehen bei der Berechnung des Fraktionsabscheidegrades erläutert werden. MOTHES und LÖFFLER [4.10] haben dazu den Zyklonabscheider in verschiedene Abscheidezonen unterteilt, in denen eine vollständige Vermischung der Partikeln

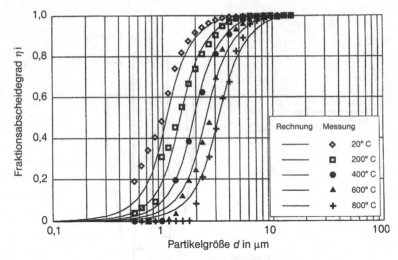

Abb. 4.9 Von T. LORENZ [4.11] gemessene und berechnete Fraktionabscheidegrade in Abhängigkeit von der Temperatur ($\dot{V} = 60\ m^2\ h^{-1}$, Geometrie I)

angenommen wird. Sie betrachten die Änderung der Partikelströme über die Grenzen der einzelnen Abscheidezonen hinweg und stellen für jeden Zyklonquerschnitt eine Partikelstrombilanz auf. Je nach den Strömungsbedingungen gelangen Partikeln an die Wand und werden als abgeschieden angesehen oder bewegen sich in andere Abscheidebereiche. Den Fraktionsabscheidegrad erhält man dadurch, dass man die Anzahl der Partikeln einer bestimmten Größe im Eintritt mit der Anzahl der Partikeln der selben Größe, die den Zyklonabscheider durch das Tauchrohr verlassen, vergleicht. Für jede berechnete Partikelgröße erhält man so einen Punkt der Fraktionsabscheidegradkurve. Ausgehend von der Arbeit von MOTHES und LÖFFLER haben LORENZ [4.11] und MORWEISER [4.8] das Berechnungsverfahren deutlich verbessert. Die neuen Ansätze geben insbesondere die Möglichkeit, die Fraktionsabscheidegradkurve auch für hohe Temperaturen und Drücke mit guter Genauigkeit vorauszuberechnen. Alle erforderlichen Gleichungen für die Berechnung der Fraktionsabscheidegradkurve sind in [4.8] und [4.11] niedergelegt. Abbildung 4.9 zeigt beispielhaft einen Vergleich gemessener und berechneter Fraktionsabscheidegrade. Die Übereinstimmung ist außerordentlich gut.

4.2.3.4 Gesamtabscheidegrad

Bei bekannter Fraktionsabscheidegradkurve kann der Gesamtabscheidegrad des Zyklonabscheiders über den Eintrittsfeststoffmassenstrom und die Eintrittspartikelgrößenverteilung berechnet werden. Dies ist allerdings nur bei kleinen Feststoffbeladungen möglich, bei denen die Abscheidung nur auf Grund von Strömungskräften stattfindet. Bei höheren Feststoffbeladungen findet unmittelbar im Eintritt des Abscheiders auf Grund der dort auftretenden Fliehkräfte eine Feststoffentmischung in Form von Strähnen statt. Dies bedeutet, dass ein Teil des Feststoffes unmittelbar hinter dem Eintritt unfraktioniert an die Zyklonwand geschleudert und damit abgeschieden wird. Ausgehend von der schwerkraftbedingten Strähnenbildung beim waagerechten pneumatischen Transport hat MUSCHELKNAUTZ einen Vorschlag zur Abschätzung der sogenannten Grenzbeladung μ_G formuliert, bei deren Überschreiten die Vorabscheidung und damit die unfraktionierte Abscheidung des Feststoffes einsetzt.

$$\mu_G = 0,025 \left(\frac{d_p^*}{d_{p50}} \right) (10\mu_e)^{0,15} \quad \text{für } \mu_e < 0,1 \tag{4.17}$$

$$\mu_G = 0,025 \left(\frac{d_p^*}{d_{p50}} \right) (10\mu_e)^{0,4} \quad \text{für } \mu_e > 0,1 \tag{4.18}$$

Der Gesamtabscheidegrad wird nun so berechnet, dass man zunächst die Grenzbeladung bestimmt. Ist diese kleiner als die Eintrittsbeladung, so wird die aerodynamische Abscheidung für den Anteil $\mu = \mu_e - \mu_G$ berechnet.

4.2.3.5 Druckverlust

Für eine erste Berechnung des Druckverlustes genügt es häufig, den Zyklonabscheider in zwei Bereiche aufzuteilen:

- Einlaufverluste und Strömungsverluste im Abscheideraum, insbesondere durch Wandreibung
- Strömungsverluste beim Ausströmen des Gases durch das Tauchrohr.

Für den Gesamtdruckverlust läßt sich dann schreiben:

$$\Delta p = \Delta p_e + \Delta p_i \tag{4.19}$$

Der größte Teil des Druckverlustes entsteht im Tauchrohr, in dem das Gas auf hohe Axialgeschwindigkeiten beschleunigt werden muss. Dieser Anteil liegt bei üblichen Zyklonabscheidern zwischen 70 und 90% des Gesamtdruckverlustes. Bezieht man den Druckverlust auf die Tauchrohrströmung so erhält man:

$$\Delta p = \xi_i \frac{\rho}{2} u_{tr}^2 \tag{4.20}$$

Der Druckverlust selbst hängt von der Geometrie des Zyklonabscheiders, dem Gasdurchsatz, den Betriebsbedingungen und insbesondere den Reibungsverhältnissen ab. Teilt man den Druckverlustkoeffizienten in zwei Anteile auf, so gilt:

$$\xi_i = \xi_{ie} + \xi_{ii} \tag{4.21}$$

Der Druckverlustkoeffizient für die Reibungsverluste läßt sich mit guter Genauigkeit wie folgt berechnen:

$$\xi_{ie} = \lambda \frac{A_R}{\dot{V}} \frac{(u_a u_i)^{3/2}}{u_{tr}^2} \tag{4.22}$$

Für den Druckverlustkoeffizienten des Tauchrohrbereiches gilt:

$$\xi_{ii} = 2 + 3\left(\frac{u_i}{u_{tr}}\right)^{4/3} + \left(\frac{u_i}{u_{tr}}\right)^2 \tag{4.23}$$

Der Wandreibungskoeffizient λ, der insbesondere bei Zyklonabscheidern, die bei hohen Temperaturen und damit bei steigender Gasviskosität betrieben werden, kann sehr stark ansteigen, wodurch insbesondere die Grenzschichtströmung verändert wird. Der Wandreibungskoeffizient wird am zweckmäßigsten nach [4.8] berechnet. Es sei jedoch darauf hingewiesen, dass der so berechnete Wandreibungskoeffizient die Verhältnisse nur bei geringen Feststoffbeladungen richtig beschreibt. Der Feststoffeinfluss auf den Wandreibungskoeffizienten lässt sich jedoch mit folgender empirischer Beziehung abschätzen:

$$\lambda_s = \lambda(1 + 2\sqrt{\mu_e}) \tag{4.24}$$

4.2.4
Nassabscheider

Eine Möglichkeit insbesondere sehr feine Feststoffpartikeln im Mikrometer-Bereich aus Gasen abzuscheiden besteht darin, diese an eine Flüssigkeit zu binden. Da die zur Reinigung eingesetzte Flüssigkeit, häufig als Waschflüssigkeit bezeichnet, vom Feststoff wieder befreit werden muss, damit sie im Kreislauf gefahren werden kann, ist hierzu immer noch ein weiterer Prozessschritt erforderlich. Sollen aus den Abgasen auch gasförmige Verunreinigungen abgetrennt werden, so ist dies bei der Flüssigkeitsauswahl zu beachten. Es handelt sich dann um einen kombinierten Abscheide- und Absorptionsprozess. Im Folgenden wird nur die Feststoffabscheidung behandelt, bei der praktisch immer Wasser als Waschflüssigkeit eingesetzt wird.

Da hier keine umfassende Darstellung gegeben werden kann, sei auf einige Monographien hingewiesen, die detaillierte Ausführungen zu Nassabscheidern enthalten. In der VDI-Richtlinie 3679 [4.12] werden Nassabscheider für partikelförmige Stoffe behandelt. Hier findet man Anwendungsbeispiele, aber auch Ausführungen zu Betrieb und Instandhaltung sowie zu Gewährleistungsfragen. Umfangreiche Informationen sind in [4.13]–[4.14] zu finden.

4.2.4.1 Bauarten von Nassabscheidern
Da sich im technischen Sprachgebrauch auch für die reine Partikelabscheidung der Begriff Wäscher für die unterschiedlichsten Abscheidetypen eingebürgert hat, soll er auch hier verwendet werden. Die wichtigsten Nassscheidertypen sind:
- Waschturm
- Strahlwäscher
- Wirbelwäscher
- Rotationszerstäuber
- Venturi-Wäscher

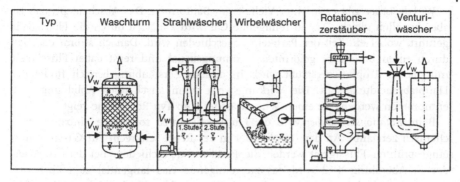

Typ	Waschturm	Strahlwäscher	Wirbelwäscher	Rotations-zerstäuber	Venturi-wäscher

Abb. 4.10 Nasswäschertypen [7-3]

Daneben gibt es noch Nasszyklone und Nassventilatoren. Beim *Nasszyklon* wird die Waschflüssigkeit meistens im Einlauf, über den Deckel bzw. ein eingestecktes Zentralrohr eingedüst, beim *Nassventilator* wird sie im Saugstutzen aufgegeben. Eine besondere Bauart stellt der *Desintegrator* dar, eine hochwirksame Maschine der Verfahrenstechnik.

Abbildung 4.10 zeigt schematisch die verschiedenen Bauarten von Nassabscheidern [4.14], Tabelle 4.2 übliche Betriebsdaten.

Die Nassabscheider arbeiten mit sehr unterschiedlichen Abscheideprinzipien, die nicht nur die Abscheideleistung, sondern auch den Wasserverbrauch, den Druckverlust und damit den Energieaufwand bestimmen.

Waschtürme werden zur Verbesserung des Abscheideverhaltens häufig mit Füllkörpern oder Kolonnenböden ausgerüstet. Bei Füllkörpertürmen werden die abzuscheidenden Partikeln von dem an der Füllkörperoberfläche ablaufenden Flüssigkeitsfilm eingefangen, bei mit Böden ausgerüsteten Türmen durchströmen die Partikeln enthaltenden Gasblasen eine Flüssigkeitsschicht, wobei für eine gute Abscheidung auf eine möglichst wirksame Gasdispergierung in kleine Blasen geachtet werden muss. Weiter ist zu bedenken, dass sich in Füllkörpertürmen Feststoff ablagern und dadurch zu einer Verstopfung des Apparates führen kann.

Bei den *Strahlwäschern* wird die Waschflüssigkeit unter hohem Druck verdüst und mit dem zu reinigenden Gas in Kontakt gebracht. Strahlwäscher sind dadurch gekennzeichnet, dass die Energie zur Tropfenerzeugung nicht dem Gasstrom entnommen wird. Sie eignen sich insbesondere für Fälle, in denen auf der Gasseite auf einen möglichst geringen Druckverlust geachtet werden muss.

Tab. 4.2 Betriebsdaten verschiedener Nassabscheider [7-3]

	Waschturm	Strahl-wäscher	Wirbel-wäscher	Rotations-zerstäuber	Venturi-wäscher
Grenzpartikelgröße [µm]	0,7–1,5	0,8–0,9	0,6–0,9	0,1–0,5	0,05–0,2
Relativgeschwindigkeit [m/s]	1	10–25	8–20	25–70	40–150
Druckverlust [mbar]	2–25	–	15–28	4–10	30–200
Wasser/Luft [l/m³] (*pro Stufe)	0,05–5	5–20*	unbest.	1–3*	0,5–5
Energieverbrauch [kWh/1000 m³]	0,2–1,5	1,2–3	1–2	2–6	1,5–6

Wirbelwäscher gibt es in einer Vielfalt von Bauformen. Das Abscheideprinzip ist aber bei allen gleich. Das zu reinigende Gas wird zunächst durch die Flüssigkeit geführt, wobei ein Teil der Partikeln abgeschieden wird. Danach strömt das Gas durch einen besonders geformten Strömungskanal und reißt dabei Flüssigkeit mit, die in Tropfen zerstäubt wird. In diesem Zerstäubungsbereich findet die Hauptabscheidung statt. Die Wirkungsweise kann anschaulich Abbildung 4.11 entnommen werden, die einen Wirbelwäscher vom Typ Roto-Clone zeigt.

Beim *Rotationszerstäuber* wird die Flüssigkeit durch rotierende Einbauten mechanisch zerstäubt. An den Tropfen der in der Regel senkrecht zur Gasströmung eingesprühten Flüssigkeit werden die Partikeln abgeschieden. Bei dem Abscheider in Abbildung 4.12 wird das zu reinigende Gas tangential zugeführt und durchströmt mehrere Reinigungszonen. Die Tropfen, die den Feststoff mitnehmen, werden an die Behälterwand geschleudert und fließen dort als feststoffbeladener Flüssigkeitsfilm nach unten ab. Das Gas muss nur den Strömungswiderstand überwinden, weshalb der Druckverlust verhältnismäßig gering ist.

Zu den wirksamsten Abscheidern zählt der *Venturi-Wäscher*, von dem es eine Vielzahl von Bauformen gibt (siehe Abb. 4.13). Das zu reinigende Gas wird in einer Düse auf hohe Geschwindigkeiten beschleunigt und im engsten Querschnitt das Waschwasser eingedüst. Hierfür gibt es die unterschiedlichsten konstruktiven Lösungen. Beim Pease-Antony-Venturi werden die über den Umfang des engsten Querschnitts eintretenden Wasserstrahlen vom Gasstrom zerrissen, wodurch sich Tropfen bilden. MAYINGER [4.16] hat mit Hilfe photographischer Aufnahmen

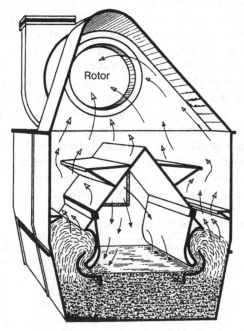

Abb. 4.11 Wirbelwäscher Roto-Clone [7-2]

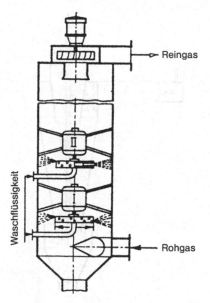

Abb. 4.12   Rotationszerstäuber [7-2]

nachgewiesen, dass die eintretenden Wasserstrahlen nicht gleich zu Tropfen zerteilt werden, sondern dass sich zunächst Lamellen und sehr dünne Wasserhäute bilden, die fast den gesamten Strömungsquerschnitt ausfüllen. Erst danach zerfallen die Lamellen und Häutchen zu Tröpfchen. Im Bereich der höchsten Relativgeschwindigkeit zwischen Gas und Flüssigkeit findet deshalb der Hauptteil der Abscheidung an diesen Lamellen und Wasserhäutchen statt.

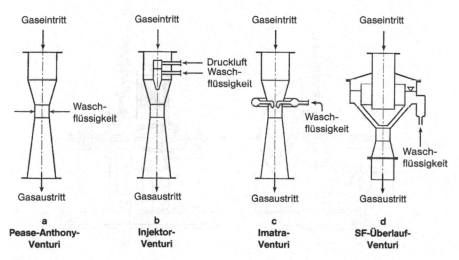

Abb. 4.13   Verschiedene Venturi-Wäscher

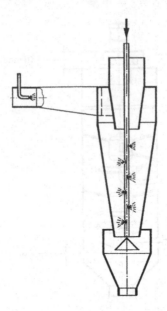

Abb. 4.14 Nasszyklon

Um das Bild zu vervollständigen ist in Abbildung 4.14 das Prinzip eines *Nasszyklons* dargestellt, in den zur Verbesserung der Abscheidung eine Waschflüssigkeit, meistens Wasser, eingesprüht wird. Dieses Prinzip kann auch dann vorteilhaft eingesetzt werden, wenn die abzuscheidenden Feststoffe zu Wandhaftung neigen. Nachteilig ist, dass die Waschflüssigkeit wieder aufgearbeitet werden muss.

Abbildung 4.15 zeigt das Konstruktionsprinzip eines *Desintegrators*. Dieser arbeitet nach dem Prinzip einer Stiftmühle und zerstäubt die Waschflüssigkeit zwi-

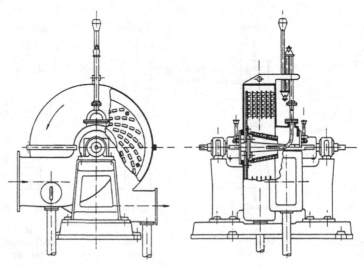

Abb. 4.15 Theissen-Desintegrator

schen den Stiften des Rotors und des Stators. Der Desintegrator ist ein hochwirksamer Abscheider, als »Abscheidemaschine« aber deutlich aufwändiger als die Abscheideapparate.

4.2.4.2 Abscheideleistung

In einer sehr umfangreichen Studie hat HOLZER [4.17] die verschiedenen Abscheidertypen auf ihre Wirksamkeit hin untersucht. Zur Beurteilung der Abscheideleistung ist die Kenntnis der Fraktionsabscheidegradkurve erforderlich. Bei der Bestimmung des Gesamtabscheidegrades ist bei Nassabscheidern im Gegensatz zu anderen Abscheidern zu beachten, dass die Waschwassermenge, aber auch das Benetzungsverhalten zwischen abzuscheidenden Partikeln und Waschflüssigkeit den Prozess beeinflussen. Beispielhaft zeigt Abbildung 4.16 von HOLZER gemessene Fraktionsabscheidegrade der verschiedenen Wäschertypen. Am wenigsten wirksam ist der Waschturm, die besten Ergebnisse erzielt man mit Venturi-Wäschern.

Bei der Auswahl eines Wäschers ist die Abscheideleistung sicher das wichtigste Kriterium. Allerdings ist zu beachten, dass der gasseitige Druckverlust bei den verschiedenen Typen sehr unterschiedlich ist. Für die Überwindung des Druckverlustes ist eine entsprechende Gebläseleistung aufzubringen. Darüber hinaus ist Energie für die Zerstäubung der Flüssigkeit durch Druck bzw. mechanische Energie in die Betrachtung mit einzubeziehen. Abbildung 4.17 zeigt für eine Vielzahl industriell eingesetzter Nassabscheider den spezifischen Energieverbrauch pro 1000 m³ zu reinigendem Gas in Abhängigkeit von der mit diesen Abscheidern erzielten Grenzpartikelgröße.

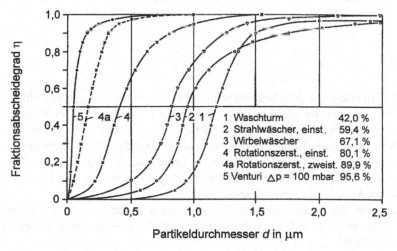

Abb. 4.16 Fraktionsabscheidegrad verschiedener Wäscher [4.17]

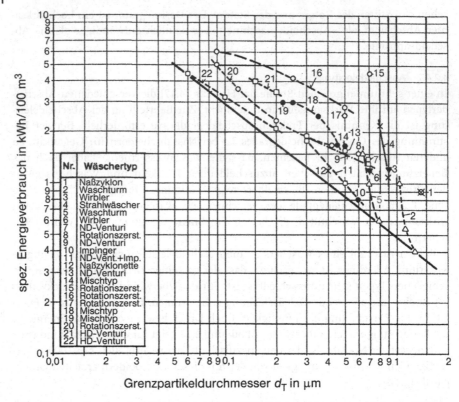

Abb. 4.17   Energieverbrauch von Nassabscheidern in Abhängigkeit von der Grenzpartikelgröße [4.17]

4.2.5
Filter

Bei Filtern erfolgt die Abscheidung während der Strömung des partikelhaltigen Gases durch ein poröses Medium dadurch, dass die Partikeln unter der Wirkung verschiedener Mechanismen (Diffusion, Trägheitskräfte, Schwerkraft, elektrostatische Kräfte) zu den Kollektoroberflächen transportiert und dort durch Haftkräfte festgehalten werden. Als Filtermedien dienen im Bereich der Gasreinigung vor allem Faserschichten und – allerdings in erheblich geringerem Umfang – auch Schütt- und Sinterschichten aus Feststoffkörnern.

Nach dem Anwendungsbereich und dem daraus resultierenden Aufbau und der Betriebsweise lassen sich Faserfilter in zwei große Gruppen unterteilen: Tiefenfilter und Oberflächenfilter [4.18].

Tiefenfilter werden im Bereich geringer Staubgehalte eingesetzt. Ein typischer Anwendungsbereich ist die Klima- und Belüftungstechnik mit einem weiten Spektrum von Anforderungen vom einfachen Vorfilter bis zum Hochleistungsschwebstofffilter mit Abscheidegraden $\geq 99,999\%$ für Partikeln um $0,3{-}0,5\,\mu m$

Tab. 4.3 Geometrische Daten von Tiefenfiltern

	Grobfilter	Schwebstofffilter
Faserdurchmesser d_F	50–100 µm	1–5 µm
Mattendicke	1–3 cm	1–3 mm
Faservolumenanteil	< 1–3%	<5–10%
mittlerer Faserabstand	$9d_F$	$3d_F$

für die Rein-Raum-Technik. Diese Filter sind in der Regel relativ lockere Fasermatten mit Porenvolumenanteilen > 90%, oft sogar > 99% (Tabelle 4.3). Die Partikelabscheidung erfolgt im Innern der durchströmten Faserschicht. Nach der Sättigung mit Staub werden diese Filter meist weggeworfen, bei einigen Typen ist auch eine Reinigung durch Waschen oder durch Ausblasen möglich. Typische Anströmgeschwindigkeiten liegen bei 5–200 cm s^{-1}.

Tiefenfilter werden in vielfältigen Formen eingesetzt. Abbildung 4.18 zeigt schematisch einige Grundformen. Für die Auslegung und Entwicklung von Tiefenfiltern bieten die theoretischen Ansätze wertvolle Hinweise auf Einflussgrößen und Tendenzen. Da diese Berechnungen in der Regel von vereinfachenden Modellannahmen über die geometrische Struktur und den Strömungsverlauf im Innern der Faserschicht ausgehen, müssen die Ergebnisse durch Experimente abgesichert werden. Aus einer Mengenbilanz erhält man die Filtergleichung:

$$T(d) = 1 - \exp[-f \cdot \varphi] \tag{4.25}$$

Hierin beschreibt f das Verhältnis von Faserprojektionsfläche zu Filteranströmfläche (z. B. Vorfilter $f = 3 - 10$, Schwebstofffilter $f = 100 - 300$). φ ist der Einzelfaserabscheidegrad, der außer von der Partikelgröße d von zahlreichen anderen Einflussgrößen abhängt. φ muss sowohl die Transport- als auch die Haftmechanismen berücksichtigen. Es ist Gegenstand der vor ungefähr 60 Jahren begonnenen und heute noch andauernden Forschung, diese komplexen Zusammenhänge zu beschreiben [4.18]–[4.23].

Das Einsatzgebiet von *Oberflächenfiltern* liegt vorwiegend im Bereich hoher Staubgehalte, wie sie bei verfahrenstechnischen Prozessen und bei der Abgasreinigung häufig vorkommen. Wegen der hervorragenden Abscheidung von Feinstäuben haben diese Filter eine dominierende Rolle in der Luftreinhaltung übernommen, das Spektrum ihrer Einsatzmöglichkeiten wird fortlaufend ausgedehnt [4.24]. Die Faserschichten werden vorwiegend als nichtgewebte Vliese oder Filze verwendet, während früher meist Gewebe eingesetzt wurden. Der Porenvolumen-

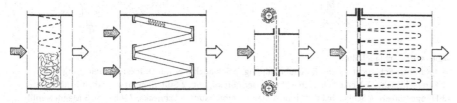

Abb. 4.18 Bauformen von Tiefenfiltern

anteil dieser Medien liegt bei 70–90%. Die Abscheidung erfolgt nur in einer kurzen Anfangsphase innerhalb der Faserschicht, verlagert sich dann aber rasch an die Filteroberfläche. Die dort gebildete Staubschicht stellt das eigentliche, hochwirksame Filter dar. Die anwachsende Staubschicht bewirkt gleichzeitig auch einen Anstieg des Druckverlustes. Deshalb werden diese Filter periodisch abgereinigt. Typische Anströmgeschwindigkeiten liegen bei 0,5–5 cm/s.

Die Filtermedien werden meist in Taschen-, Patronen- oder in Schlauchform verwendet, wobei das Schlauchfilter am häufigsten anzutreffen ist. Die verschiedenen Ausführungen unterscheiden sich vor allem in der Strömungsführung und in der Art der Abreinigung. Abbildung 4.19 zeigt zwei Abreinigungssysteme. Hiervon besitzt die Druckstoßabreinigung die größere Bedeutung.

Die Auslegung von Abreinigungsfiltern geschieht überwiegend nach Erfahrungswerten [4.25], [4.26]. Eine wichtige Rolle spielt hierbei die Abstimmung von Filtermaterial, Filteranströmgeschwindigkeit und Abreinigungsintensität mit den vorliegenden Staub- und Gasbedingungen. Wie Abbildung 4.20 schematisch zeigt, steigt der Druckverlust mit der Zeit, d. h. mit der abgeschiedenen Staubmenge an, wobei gleichzeitig der Reingasstaubgehalt abnimmt. Jede Abreinigung verursacht einerseits einen Abfall des Druckverlustes und andererseits einen kurzzeitigen Anstieg der Staubkonzentration des gereinigten Gases [4.27], [4.28], [4.29]. Die Aufgabe besteht somit darin, die Betriebsbedingungen so zu wählen, dass sich – nach einer gewissen Einarbeitungszeit – ein stabiler Zustand einstellt. Die systematische Aufklärung dieser Zusammenhänge ist noch nicht abgeschlossen.

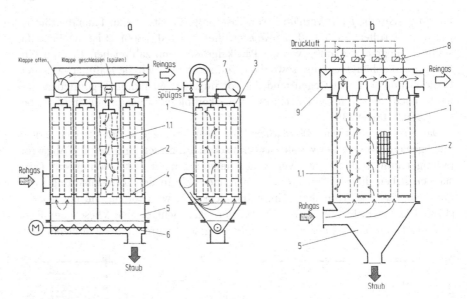

Abb. 4.19 Schlauchfilter
a 4-Kammer-Schlauchfilter mit Rüttelabreinigung, b Schlauchfilter mit Druckstoßabreinigung
1 Filterschläuche, 1.1 Filterschlauch während der Abreinigung, 2 Stützringe bzw. Drahtstützkörbe,
3 Hängerahmen, 4 Schlauchabdichtung, 5 Staubsammelraum, 6 Schnecke, 7 Vibrator, 8 Magnetventile,
9 Taktsteuergerät

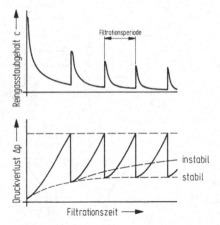

Abb. 4.20 Druckverlust und Reingaskonzentration in Abhängigkeit von der Filtrationszeit

4.2.6
Elektrische Abscheider

In elektrischen Abscheidern wird die Kraftwirkung auf geladene Partikeln für die Abtrennung ausgenutzt. Dieses Prinzip ist vor allem bei feinen Partikeln wirksam. Elektrische Abscheider werden vorzugsweise für die Reinigung großer Gasvolumenströme (bis zu einigen 10^6 m^3/h) eingesetzt, z. B. für Abgase aus Kraftwerken, Eisen- und Metallhütten, Gießereien, Zementfabriken, Müllverbrennungsanlagen usw. [4.30]. Die erreichbaren Gesamtabscheidegrade liegen für Flugasche bei entsprechender Auslegung über 99%, die Druckverluste betragen 1–2 mbar. Angaben über Trennkurven für diese Abscheideart wurden bisher kaum veröffentlicht.

Der Abscheidevorgang geschieht in drei aufeinanderfolgenden Schritten: Aufladung der Partikeln, Abscheidung der geladenen Partikeln an den Kollektorflächen (Niederschlagselektrode) und Entfernung des Staubniederschlages von den Kollektorflächen [4.31].

Diese Prozessschritte werden in Rohrabscheidern oder in Plattenabscheidern (Abb. 4.21) realisiert. Die für die Aufladung benötigten Ladungsträger werden an sog. Sprühelektroden erzeugt. Nach der Aufladung wandern die Partikeln im elektrischen Feld quer zur Gasströmungsrichtung an die Niederschlagselektroden. Die angelegte Hochspannung kann bis zu 70 kV betragen. Die abgeschiedene Staubschicht wird von den Niederschlagselektroden entweder mechanisch (durch Klopfen) oder durch Bespülen mit Wasser entfernt.

Eine wichtige Voraussetzung für die Abscheidbarkeit im elektrischen Feld ist die elektrische Leitfähigkeit der Partikeln. Der günstige Bereich des spezifischen elektrischen Staubwiderstandes liegt bei $10^4 - 10^{11} \Omega$ cm. Der Staubwiderstand hängt von den Stoff- und Gaseigenschaften ab und kann durch entsprechende Konditionierung in gewissen Grenzen beeinflusst werden [4.32].

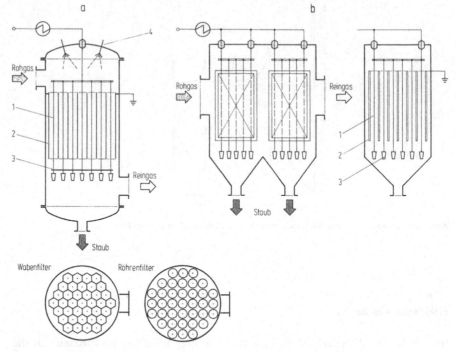

Abb. 4.21 Elektroabscheider
a Rohr-Elektroabscheider
b 2-Zonen-Platten-Elektroabscheider
1 Sprühdrähte
2 Niederschlagselektroden
3 Drahtführung

Die Grundgleichung für die Auslegung wurde von DEUTSCH abgeleitet [4.2], [4.33]. Mit gewissen vereinfachenden Annahmen ergibt sich für den Trenngrad eines Plattenabscheiders:

$$T(d) = 1 - \exp\left[-\frac{A \cdot \nu_{\mathrm{w}}(d)}{\dot{V}}\right] \tag{4.26}$$

Hierbei ist A die Fläche der Niederschlagselektroden und $\dot{V}$ der Gasvolumenstrom.

ν_{w} wird die effektive Wanderungsgeschwindigkeit genannt. Diese Größe beschreibt den Partikeltransport zur Niederschlagsfläche. $\nu_{\mathrm{w}}(d)$ hängt außer von der Partikelgröße auch von der Aufladung und der Feldstärke ab [4.34]–[4.36]. Bei experimentellen Bestimmungen von ν_{w} an praktischen Abscheideranlagen ergeben sich teilweise erhebliche Unterschiede zu den theoretischen Werten. Die Abhängigkeit der Wanderungsgeschwindigkeit von der Geometrie und strömungstechnischen Einflüssen bedarf noch weiterer Aufklärung.

4.3
Klassieren in Gasen

Das Trennen einer festen, dispersen Phase in zwei oder mehr Größenklassen in einer gasförmigen Umgebungsphase nennt man Windsichten.

In der Trennzone eines Windsichters greifen an den in der Gasphase dispergierten Feststoffpartikeln in unterschiedlicher Ordnung von der Partikelgröße abhängende Kräfte an. Die Feststoffpartikeln bewegen sich auf unterschiedlichen sinkgeschwindigkeitsabhängigen Bahnkurven, so dass Größenklassen voneinander getrennt werden können.

Zu einer angenommenen Modellströmung, die der tatsächlichen Strömung in der Trennzone des Windsichters möglichst nahekommen sollte, und entsprechenden Randbedingungen lässt sich eine Elementartheorie des Trennvorgangs entwickeln, die nach Lösung der Differentialgleichungen Partikel-Bahnkurven ergibt. Infolge von Vernachlässigungen und wegen Sekundärströmungen geben die berechneten Partikelbahnen die tatsächliche Partikelbewegung in der Trennzone meist nur angenähert wieder, sie gestatten jedoch eine überschlägige Dimensionierung der Apparate. In den meisten Fällen lassen sich außerdem aus den berechneten Partikelbahnen prinzipielle, charakteristische Eigenschaften und Abhängigkeiten des betrachteten Trennapparates ableiten.

Umfassende Darstellungen der Klassierung von Feststoffen in Windsichtern werden in [4.37]–[4.39] gegeben.

4.3.1
Verfahrensschritte des Windsichtens

Um in einem Windsichter eine optimale Trennung ausführen zu können, sollte die Trennzone konstruktiv so ausgebildet sein, dass die angestrebte systematische Partikelbewegung möglichst störungsfrei verwirklicht wird und zufällige, die Partikelbewegung verändernde Einflüsse auf ein unvermeidbares Maß verringert werden. Dies bedeutet aber, dass in der Trennzone eines Windsichters ein möglichst übersichtliches, stationäres Strömungsfeld herrschen sollte, in das die Partikeln unter eindeutigen, stationären Bedingungen zur Trennung eingebracht werden [4.40].

Die Windsichtung umfasst nicht nur den Trennvorgang, sondern auch die für die optimale Durchführung des Trennprozesses erforderlichen weiteren Verfahrensschritte, die in Abbildung 4.22 angegeben sind. Danach werden neben dem beabsichtigten Trennprozess weitere Verfahrensschritte des Dosierens, des Dispergierens, der Gutaufgabe in die Trennzone, des Abscheidens und des Feststofftransportes benötigt. Außerdem sind die für die Trennung benötigten Luftströme zu erzeugen, zu regeln und zu messen. In Abbildung 4.22 wird vorausgesetzt, dass die genannten Verfahrensschritte außerhalb der Trennzone vorgenommen werden und der Hauptluftstrom im Kreislauf die Trennzone und den Feingutabscheider, meist einen Zyklonabscheider, durchläuft. Außerdem wird angenommen, dass die Dispergierung durch einen zusätzlich angesaugten, einstellbaren Partikelluftstrom erfolgt und die Partikeln mit diesem in die Trennzone eingebracht werden. Ein dem ent-

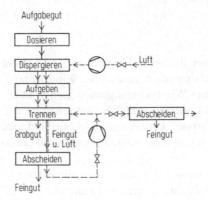

Abb. 4.22   Verfahrensschritte des Windsichtens

sprechender Luftstrom wird, meist mittels eines Filters, gereinigt in die Umgebung entlassen.

4.3.2
Gegenstrom-Windsichter

Das Prinzip der Gegenstromsichtung lässt sich sowohl im Schwerefeld als auch im Fliehkraftfeld anwenden. Die Gegenstrom-Schwerkraftsichtung erfolgt vorzugsweise bei Trennkorngrößen von 10–100 µm, die Gegenstrom-Fliehkraftsichtung bei Werten von 1–20 µm.

Die Gegenstrom-Schwerkraftsichtung wird in einem mit möglichst konstanter Geschwindigkeit u aufsteigenden Gas- bzw. Luftstrom durchgeführt. Die Partikelgeschwindigkeit ν für den stationären Bewegungszustand ergibt sich zu:

$$\nu = u - \nu_s \qquad\qquad (4.27)$$

Partikel mit $\nu_s < u$ folgen der Strömung mit $(u - \nu_s)$, während Partikel mit $\nu_s > u$ in ihr mit $(\nu_s - u)$ sedimentieren. Die Trennkorngröße besitzt theoretisch keine Austragsgeschwindigkeit, da $\nu_s = u$ ist.

Das Gegenstrom-Schwerkraftprinzip wird vor allem in Analysenwindsichtern angewandt. Anwendungsfall im technischen Bereich sind die Umluftsichter der Zementindustrie. Eine zusammenfassende Darstellung hat Wessel [4.41] gegeben.

Bei Gegenstrom-Schwerkraftsichtern wird vielfach als Trennzone ein zylindrisches, senkrechtes Rohr verwendet, das von der Sichtluft von unten nach oben laminar durchströmt wird. Eine Variante der Gegenstrom-Schwerkraftsichter ist der Zick-Zack-Sichter [4.42], [4.43], der aus Rohrabschnitten besteht, die unter einem Winkel zusammenstoßen. Da die Strömung den abrupten Richtungsänderungen des Rohres nicht folgen kann, entsteht eine künstlich turbulent gemachte Rohrströmung. Jeder Rohrabschnitt stellt eine Sichtstufe dar, die Hintereinanderschaltung mehrerer Rohrabschnitte führt zur Verbesserung der Trennschärfe des Gesamtsystems. Das Aufgabegut wird in einer der mittleren Stufen zugeführt.

Die hochturbulente Strömung im Zickzackkanal führt nicht nur zu sehr groben Trenngrenzen bis in den Zentimeterbereich, sondern auch zu einer sehr guten Dispergierung der sich noch im Kanal befindlichen Partikeln. Der Zick-Zack-Sichter ist deshalb z. B. auch für die Sichtung von Abfallstoffen geeignet.

4.3.2.1 Spiralwindsichter

RUMPF [4.44] hat erstmals das Prinzip der Spiralwindsichtung (Abb. 4.23) für die Trennung systematisch genutzt und untersucht. Die Trennzone besteht aus einer flachen, zylindrischen Trennkammer der Höhe H. Die Sichtluft wird vom äußeren Umfang her, z. B. durch einen einstellbaren Leitschaufelkranz, eingesaugt. In der Trennzone stellt sich die Spiralströmung ein, die sich aus der Überlagerung einer Senkenströmung und einer freien Wirbelströmung ergibt. Die Trenngrenze eines Spiralwindsichters lässt sich aus dem Gleichgewicht der an einer Partikel angreifenden Fliehkraft und der radial nach innen gerichteten Komponente der Widerstandskraft berechnen. Für kugelförmige Partikeln erhält man im Gültigkeitsbereich des Stokes'schen Widerstandsgesetzes:

$$u_R = \frac{\varrho_s d_t^2 a}{18\eta} = v_{at} \tag{4.28}$$

Mit der Beschleunigung $a = v_\varphi^2 / R$ und der Radialgeschwindigkeit $u_R = \dot{V}/(2\pi R H)$ erhält man für die Sinkgeschwindigkeit des Trennkorns im Schwerefeld:

$$v_{gt} = \frac{\varrho_s d_t^2 g}{18\eta} = \frac{g}{2\pi} \cdot \frac{\dot{V}}{v_\varphi^2} = \frac{g R u_R}{v_\varphi^2} \tag{4.29}$$

Man erkennt, dass sich v_{gt} bzw. d_t durch Ändern des Luftdurchsatzes $\dot{V}$ (bzw. von u_R) und der Partikelumfangsgeschwindigkeit v_φ ändern lassen. Beide Möglichkei-

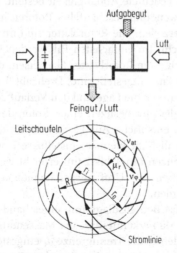

Abb. 4.23 Prinzip der Spiralwindsichtung

ten werden technisch genutzt. Wie beim Zyklonabscheider ist die Sinkgeschwindigkeit ν_{gt} der Trennpartikel wegen $\nu_\varphi \sim \dot{V}$ umgekehrt proportional zu $\dot{V}$:

$$\nu_{gt} \sim d_t^2 \sim 1/\dot{V} \tag{4.30}$$

In Abbildung 4.23 wird angenommen, dass sich das Trennkorn auf einem Kreis von Radius R mit der Geschwindigkeit ν_φ bewegt. ν_φ unterscheidet sich von der Umfangsgeschwindigkeit der Strömung u_φ. Die Änderung von μ_φ mit dem Radius r lässt sich in einer Spiralströmung durch

$$u_\varphi \cdot r^m = \text{konstant} \tag{4.31}$$

beschreiben. Der Exponent m hängt von den Strömungsbedingungen in der Trennzone ab. Man unterscheidet zwischen:

$m = 1$: reibungsfreie Wirbelströmung
$0,5 \leq m \leq 0,85$: reibungsbehaftete Wirbelströmung
$m = -1$: Starrkörperwirbel.

Die Anwesenheit von Partikeln ändert den Exponenten m, d. h. den Verlauf der Spiralströmung. Deren Verlauf hängt demnach nicht nur von der Gutbeladung μ, sondern auch von der Partikelgrößenverteilung des Aufgabegutes ab. Die Umfangsgeschwindigkeit ν_φ wird deshalb zumindest von folgenden Größen beeinflusst:

$$\nu_\varphi = f(u_\varphi/u_r, Q(d), \mu = \dot{m}_s/\dot{m}_f) \tag{4.32}$$

Gleichung (4.29) kann deshalb zur exakten Vorausberechnung der Trenngrenze nicht benutzt werden. Sie gibt jedoch die prinzipiellen Abhängigkeiten wieder.

4.3.2.2 Abweiseradsichter

Während sich in einem Spiralwindsichter die Strömung frei einstellen kann und die in Gleichung (4.32) angedeutete Abhängigkeit besteht, kann man bei Abweiseradsichtern durch die Verwendung beschaufelter Rotoren in gewissen Grenzen stabilere Sichtbedingungen erzielen. Die Rotorblätter sind im allgemeinen an der äußeren Peripherie angebracht. Im einfachsten Fall werden Rundstäbe (Korbsichter) verwendet. Meist jedoch sind die Rotorblätter Flacheisen, die entweder radial oder in einem Winkel zum Umfang angestellt sind. Drehzahl des Rotors, Form und Anzahl der Rotorblätter bestimmen die Lage und den Verlauf der Trennkurve.

Die meisten Abweiseradsichter besitzen einen Rotor, dessen Durchmesser etwa der Länge der Rotorblätter entspricht. Aus Festigkeitsgründen sind die Drehzahlen dieser Rotoren und damit auch die kleinste einstellbare Trenngrenze auf einige μm begrenzt. Sollen Trenngrenzen um 1 bis 2 μm erreicht werden, so müssen flache Hochgeschwindigkeitsrotoren mit Umfangsgeschwindigkeiten zwischen etwa 80 bis 140 m/s verwendet werden.

In Abbildung 4.24 ist das Betriebsdiagramm eines handelsüblichen Abweiseradsichters [4.45] dargestellt. Man erkennt, dass der Massendurchsatz des Feingutes $\dot{m}$ um so geringer wird, je kleiner die Trenngrenze d_t eingestellt wird. Bei konstanter Trenngrenze nimmt die Trennschärfe mit steigendem Feingutmassendurchsatz ab.

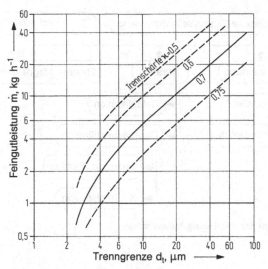

Abb. 4.24 Betriebsdiagramm eines Abweiseradsichters
Massendurchsatz an Feingut in Abhängigkeit von der Trenngrenze d_t und der Trennschärfe κ [4.45]

Bei konstantem Massendurchsatz sinkt die Trennschärfe mit abnehmender Trenngrenze. Diese in Abbildung 4.24 dargestellten prinzipiellen Zusammenhänge sind qualitativ auf alle anderen Abweiseradsichter übertragbar. Hinweise zur Modellierung des Sichtprozesses am Abweiserad werden in [4.46] gegeben.

4.4
Abscheiden von Feststoffen aus Flüssigkeiten

4.4.1
Systematik der mechanischen Fest/Flüssig-Trennverfahren

Für die mehr oder weniger vollständige Auftrennung einer Suspension in eine flüssige und eine disperse feste Phase stehen thermische und mechanische Trennverfahren zur Verfügung (Abb. 4.25).

Die thermischen Trocknungsverfahren sind im Vergleich zur mechanischen Flüssigkeitsabtrennung in der Regel sehr energieintensiv, da sie einen Phasenübergang der Flüssigkeit in den gasförmigen Aggregatzustand erfordern und die entsprechende Verdampfungsenthalpie aufgebracht werden muss. Auch wegen der oftmals unerwünschten Belastung des abzutrennenden Produktes mit höheren Temperaturen ist es meist vorteilhaft, einen möglichst großen Teil der Flüssigkeit auf mechanischem Weg abzutrennen.

Aus physikalischen Gründen verbleibt bei der mechanischen Flüssigkeitsabtrennung stets ein gewisser Rest an Flüssigkeit im Haufwerk zurück, der dann auf thermischem Wege entfernt werden muss.

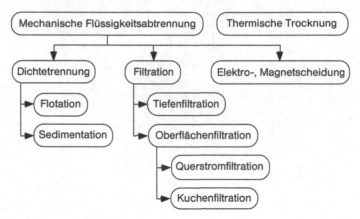

Abb. 4.25 Systematik der Fest/Flüssig-Trennverfahren

An der Schnittstelle der thermischen Verfahren zur Fest/Flüssig-Trennung wurden in jüngerer Zeit auch Kombinationsverfahren aus mechanischer Flüssigkeitsabtrennung und thermischer Trocknung, wie Zentrifugen- und Nutschentrockner sowie Dampfdruckfilter entwickelt.

Aufgrund der großen Vielfalt sehr unterschiedlicher Trennaufgaben, die bei unterschiedlichsten Randbedingungen zu lösen sind und Partikeldurchmesser von wenigen Nanometern bis hin zu einigen Zentimetern betreffen, stehen eine Vielzahl unterschiedlicher Trennapparate zur Verfügung, die sich jedoch systematisch in gegeneinander abgrenzbare Trennverfahren ordnen lassen.

Die mechanischen Trennverfahren teilen sich im wesentlichen in drei Hauptgruppen auf.

Die *Dichtetrennverfahren* nutzen den Unterschied der Dichte von Feststoff und Flüssigkeit zur Abscheidung von partikulären Feststoffen durch Sedimentation in und durch Flotation gegen die Richtung des Erdschwere- oder eines Zentrifugalfeldes.

Bei den *Filtrationsverfahren* strömt die fluide Phase infolge eines treibenden Potenzials durch ein poröses Filtermedium hindurch, wohingegen die partikulären Feststoffe durch dieses zurückgehalten werden.

Man unterscheidet dabei zwischen der *Tiefenfiltration*, bei der sich die abzutrennenden Teilchen im Innern einer Filterschicht abscheiden und der *Oberflächenfiltration*, bei der die Partkeln an der Oberfläche des Filtermediums zurück gehalten werden.

Die Oberflächenfiltration gliedert sich in Kuchen- und Querstromfiltrationsverfahren.

Die *Kuchenfiltration* ist dadurch gekennzeichnet, dass sich der Feststoff als poröses Haufwerk auf dem Filtermedium ablagert, während die Flüssigkeit durch die bereits gebildete Partikelschicht und das Filtermedium hindurch strömen muss.

Die Verfahren der *Querstromfiltration* dagegen basieren auf der tangentialen Überströmung des meist als feinporöse Membran ausgebildeten Filtermediums, damit bei der Trennung feinstpartikulärer Suspensionen ein Filterkuchenaufbau mit einem für das Filtrat entsprechend hohem Durchströmungswiderstand bis auf eine unvermeidbare Partikeldeckschicht unterbunden wird.

Partikeln mit entsprechenden elektrischen oder magnetischen Eigenschaften können auch im elektrischen oder magnetischen Feld abgetrennt werden.

Neben der Abscheidung des Feststoffes muss dieser oft in nachfolgenden Schritten durch Waschen von anhaftenden Bestandteilen der Suspensionsflüssigkeit gereinigt und mechanisch möglichst weitgehend entfeuchtet werden.

4.4.2
Suspensionsvorbehandlung zur Verbesserung der Trennbarkeit

Die Partikelabscheidung aus Flüssigkeiten kann durch verschiedene Methoden zur Suspensionsvorbehandlung erleichtert oder überhaupt erst ermöglicht werden.

Insbesondere die Abtrennung von Teilchen mit Durchmessern von weniger als ca. 100 µm wird durch Agglomeration zu größeren Partikelverbänden erleichtert.

Für die Partikelhaftung kann die immer vorhandene van-der-Waals-Anziehung zwischen den Teilchen genutzt werden, wenn es gelingt, das in der Regel ebenfalls vorhandene elektrostatische Abstoßungspotential zu verringern oder abzuschirmen. Die für die Koagulation günstigen physikochemischen Bedingungen können über den pH-Wert oder die Ionenkonzentration in der Suspension eingestellt werden. Zur Abschirmung negativer Oberflächenladungen werden üblicherweise dreiwertige Aluminium- und Eisensalze eingesetzt.

Weiterhin lassen sich Partikeln durch die Zugabe spezieller löslicher Polymere flocken. Die Haftung wird hierbei durch partielle Adsorption ionogener Polymere und damit durch elektrostatische Anziehung oder durch direkte Vernetzung der Teilchen erreicht. Man unterscheidet hierbei je nach Ladung zwischen anionischen, kationischen und nichtionischen Polymeren. Als Polymer dient häufig Polyacrylamid mit molaren Massen in der Größenordnung von ca. 10^7 g mol^{-1}. Die Feststoffmassenkonzentration der Lösungen beträgt etwa 0,03–0,1%. Die Flockungsmittelaufbereitung, Dosage, Vermischung mit der Suspension und die Flockenbildung stellen eigenständige Verfahrensschritte im Fest/Flüssig-Trennprozess dar.

Eine weitere Methode der Suspensionsvorbehandlung für Filtrationsverfahren besteht in der Zugabe von mineralischen oder organischen Filterhilfsmitteln zur Erzeugung einer permeablen Haufwerksstruktur (vgl. Abschnitt 4.4.6.1).

Darüber hinaus kann es sich für den Trennprozess als günstig erweisen, in einer vorbereitenden Klassierung entweder die feinsten Partikeln durch Entschlämmung oder die als Überkorn bezeichneten gröbsten Partikeln durch Entgrittung aus der Suspension zu entfernen.

Bei schäumenden Suspensionen kann es zur Sicherstellung eines störungsfreien Betriebes von Trennapparaten notwendig sein, die Suspensionen in einem vorbereitenden Schritt chemisch oder mechanisch zu entschäumen.

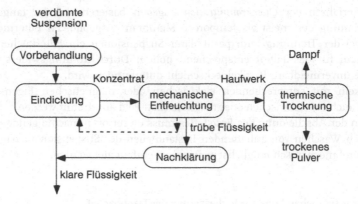

Abb. 4.26 Kombinationsschaltung zur Fest/Flüssig-Trennung

4.4.3
Kombinationsschaltungen von Trennapparaten

Wenn ein in geringer Konzentration suspendierter Feststoff in vollständig trockener Form isoliert werden soll, so kann diese Aufgabe in aller Regel nicht sinnvoll in einem einzigen Trennapparat gelöst werden, sondern es muss eine Kombinationsschaltung aufeinander abgestimmter Trennverfahren und Apparate gewählt werden (Abb. 4.26).

Die verdünnt vorliegende Suspension wird in vielen Fällen vorbehandelt, um z. B. die Abtrennung einzeln vorliegender Feststoffpartikeln durch Agglomeration zu größeren Partikelverbänden zu erleichtern.

In einem Aufkonzentrierungsschritt wird der Suspension dann auf möglichst einfache Art und Weise kostengünstig so viel klare Flüssigkeit wie möglich entzogen, um den nachfolgenden Trennschritt zu entlasten.

Das aus der Eindickung abgezogene Konzentrat wird nun einem Trennapparat zugeführt, dessen spezielle Aufgabe in der möglichst weitgehenden mechanischen Abtrennung der Flüssigkeit besteht.

Da die Flüssigkeit häufig noch nicht vollkommen partikelfrei ist, kann sie gegebenenfalls in die Eindickstufe zurückgeführt oder über eine spezielle Nachkläreinrichtung geführt werden.

Das entfeuchtete Haufwerk, bei dem es sich je nach Trennapparat um einen Filterkuchen oder ein Sediment handelt, kann in einem abschließenden Schritt in einem thermischen Trockner von den letzten anhaftenden Flüssigkeitsresten befreit werden und liegt dann als trockenes Pulver vor.

4.4.4
Diskontinuierlich und kontinuierlich arbeitende Trennapparate

Sämtliche Fest/Flüssig-Trennverfahren können diskontinuierlich und kontinuierlich mit jeweils spezifischen Vor- und Nachteilen betrieben werden.

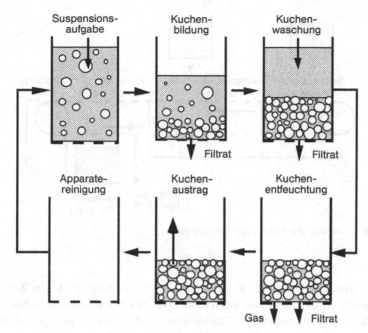

Abb. 4.27 Diskontinuierlicher Fest/Flüssig-Trennprozess

Das Prinzip der diskontinuierlichen Betriebsweise lässt sich am Beispiel einer einfachen Vakuum-Nutsche zur Kuchenfiltration erläutern (Abb. 4.27).

Der diskontinuierliche Prozess ist dadurch gekennzeichnet, dass die einzelnen Verfahrensschritte, wie die Befüllung des Apparates mit Suspension, Filterkuchenbildung, -waschung, -entfeuchtung, -austrag und Reinigung, unabhängig voneinander in ihrer zeitlichen Dauer eingestellt werden können. Dadurch lässt sich der Trennapparat mit maximaler Flexibilität an die Erfordernisse des jeweiligen Produktes anpassen.

Eine quasi-kontinuierliche Betriebsweise diskontinuierlicher Trennapparate kann durch Parallelschaltung und zeitlich versetzte Betriebsweise mehrerer Einheiten oder die Vorschaltung eines Suspensionspufferbehälters erreicht werden.

Die vollkontinuierliche Betriebsweise eines Trennapparates lässt sich am Beispiel eines Vakuum-Bandfilters anschaulich erläutern (Abb. 4.28).

Kennzeichen des kontinuierlichen Prozesses ist die Kopplung der einzelnen Verfahrensschritte über die Transportgeschwindigkeit des Produktes und die Geometrie der jeweiligen Verfahrenszone.

Die für jeden Verfahrensschritt zur Verfügung stehende Zeit ergibt sich aus dem Quotienten der Länge der jeweiligen Verfahrenszone und der Transportgeschwindigkeit des Produktes. Die Veränderung des Verhältnisses der Zeiten für die einzelnen Verfahrensschritte ist nur über die Veränderung der Zonenlänge möglich. Dies lässt sich konstruktiv nur in relativ engen Grenzen erreichen.

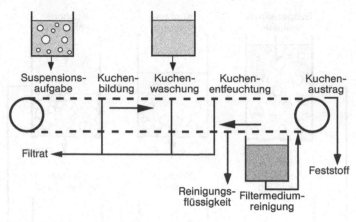

Abb. 4.28 Kontinuierlicher Fest/Flüssig-Trennprozess

Andererseits wirkt sich die kontinuierliche Betriebsweise durch den Wegfall von verfahrenstechnisch nicht nutzbaren Zeiten positiv auf den Massendurchsatz aus.

In einem diskontinuierlichen Produktionsprozess kann ein kontinuierlich arbeitender Trennapparat entweder durch Vorschalten eines Suspensionsvorratsbehälters oder durch periodisches Stillsetzen betrieben werden.

4.4.5
Dichtetrennverfahren

4.4.5.1 Flotation

Flotationsverfahren beruhen darauf, dass suspendierte Feststoffpartikeln mit einer größeren Dichte als die umgebende Flüssigkeit durch die Anlagerung von Luftblasen entgegen der Schwerkraft aufsteigen und als Schaum von der Oberfläche des Flotationsapparates abgeschöpft werden können (Abb. 4.29).

Um die Anlagerung von Luftblasen an die Partikeloberflächen zu ermöglichen, müssen diese hydrophob sein. Sind die Oberflächen dies nicht von Natur aus, so können sie durch Zugabe eines als »Sammler« bezeichneten Tensids hydrophobiert werden.

Tenside sind grenzflächenaktive Stoffe, die meist aus einer hydrophoben unpolaren Kohlenwasserstoffkette und einer hydrophilen polaren Gruppe bestehen. Nach Art der Polarität unterscheidet man anionische und kationische Tenside. Anionische Tenside sind Xanthanate, Carboxylate, Alkylsulfate, Mercaptane u. a., kationische Tenside sind die Alkylamine.

Die nicht im Schaum auszutragenden Partikeln müssen hydrophile Eigenschaften haben und sedimentieren in Schwerkraftrichtung zum Grund der Trennkammer. Sind sie nicht von Natur aus hydrophil, so können sie durch als »Drücker« bezeichnete grenzflächenaktive Stoffe hydrophiliert werden. Als Drücker werden u. a. Alkalicyanid, Kalkhydrat, Zinksulfat oder Wasserglas eingesetzt.

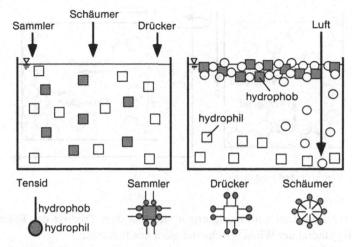

Abb. 4.29 Prinzip der Flotation

Einer erneuten Koaleszenz der in der Flüssigkeit dispergierten Gasblasen kann durch als »Schäumer« bezeichnete Stoffe (Polypropylenglykol oder aliphatische Alkohole) Stabilität verliehen werden.

Flotationsverfahren erlauben eine selektive Abtrennung unterschiedlicher Feststoffe und werden insbesondere in der Erz- und Mineralaufbereitung für die Sortierung feinaufgeschlossener Gemenge eingesetzt. Nach oben wird die noch zu flotierende Partikelgröße durch das Partikelgewicht auf ca. 500 µm und bei der Sortierung nach unten durch abnehmende Selektivität begrenzt.

In der Abwasseraufbereitung werden insbesondere organische Verunreinigungen durch Flotation abgetrennt.

Nach der Art der Luftzuführung unterscheidet man
– Druckluftzellen mit Einblasen der Luft durch poröse Stoffe oder Düsen,
– Rührwerkszellen mit Dispergierung der Luft mittels Rührwerkzeugen und
– Druckentspannungszellen mit Desorption von Blasen aus der mit gelöster Luft übersättigten Flüssigkeit.

4.4.5.2 Sedimentation

Die Aufgabenstellungen der Sedimentationsverfahren erstrecken sich von der Aufkonzentrierung oder Klärung extrem verdünnt vorliegender Suspensionen bis hin zur weitestgehenden Entfeuchtung des abgetrennten Feststoffes. Auch Klassier- und Sortieraufgaben können realisiert werden. Eine Besonderheit der Sedimentationsverfahren besteht in der Möglichkeit, auch Suspensionen in ihre Komponenten zu trennen, die neben dem Feststoff noch zwei nicht miteinander mischbare Flüssigkeiten unterschiedlicher Dichte (Wasser/Öl) enthalten.

Bei den Sedimentationsverfahren wird der partikuläre Feststoff im Unterschied zur Flotation in Richtung der Erdbeschleunigung g oder einer Zentrifugalbeschleunigung b an einer festen und impermeablen Wand abgeschieden (Abb. 4.30).

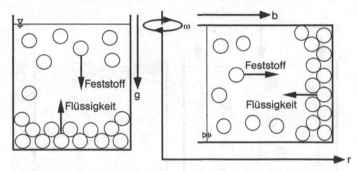

Abb. 4.30 Prinzip der Sedimentation

Die Zentrifugalbeschleunigung ergibt sich aus dem Produkt des Rotorradius r und dem Quadrat der Winkelgeschwindigkeit des Rotors ω:

$$b = r\omega^2 \tag{4.33}$$

Ein dimensionsloser Zentrifugalwert Z gibt das Vielfache der Erdbeschleunigung an, das in der jeweiligen Zentrifuge realisiert werden kann und dient zur Charakterisierung von Zentrifugen:

$$Z = \frac{b}{g} \tag{4.34}$$

Die Dichte der Partikeln ρ_s ist bei der Sedimentation stets größer als die Dichte ρ_L der flüssigen Phase. Die durch den Absetzvorgang verdrängte Flüssigkeit wird entgegen der Bewegungsrichtung des Feststoffes verdrängt.

Neben dem Dichteunterschied $\Delta\rho$ zwischen fester und flüssiger Phase und der Beschleunigung g oder b wird die Sinkgeschwindigkeit ν_S von Partikeln durch die dynamische Flüssigkeitsviskosität η_L, die Partikelgröße d und die volumenbezogene Feststoffkonzentration in der Suspension c_v beeinflusst.

Für die Sinkgeschwindigkeit v_S einzelner kugelförmiger Partikeln gilt bei laminarer Umströmung in einem newtonischen Fluid:

$$\nu_S = \frac{\Delta\rho Z g x^2}{18\eta_L} \tag{4.35}$$

Nimmt die Feststoffkonzentration c_v zu, so behindern sich die Partikeln während der Sedimentation gegenseitig immer mehr und bewegen sich schließlich unabhängig von ihren geometrischen Eigenschaften mit gleicher Geschwindigkeit ν:

$$\nu = \nu_S(1 - c_\nu)^{4.65} \tag{4.36}$$

Es bildet sich eine scharf ausgeprägte Sedimentationsfront mit darüber stehender Klarflüssigkeit aus.

Hat sich durch den Sedimentationsvorgang ein Haufwerk gebildet, so kann diesem nur noch dann weitere Flüssigkeit entzogen werden, wenn sich die Haufwerksstruktur verdichten lässt. Dies erfolgt durch das Eigengewicht der Partikelschicht, die entweder der Erdschwere oder einem Zentrifugalfeld ausgesetzt ist. Die Poren des Sedimentes bleiben dabei aber grundsätzlich vollkommen mit Flüssigkeit gefüllt.

Abhängig vom Feststoffgerüstdruck p_s kann der durch die Porosität ε charakterisierte Hohlraumvolumenanteil im Sediment mit einer Potenzfunktion und zwei Anpassungsparametern A und B beschrieben werden:

$$\varepsilon = Ap_s^B \tag{4.37}$$

Sedimentationsverfahren werden insbesondere im Erdschwerefeld zur Aufkonzentrierung von verdünnten Suspensionen, im Zentrifugalfeld zur Abtrennung feinster Partikeln, zur Verdichtung der daraus entstehenden hoch kompressiblen Sedimente und überall dort, wo Suspensionsinhaltsstoffe poröse Filtermedien schnell und irreversibel verstopfen würden, eingesetzt.

Die physikalische Anwendungsgrenze für die Sedimentation im Erdschwerefeld liegt bei Partikelgrößen von ca. 1 µm, da Thermokonvektion und Diffusion kleinere Partikeln in der Regel stabil in Schwebe halten.

Durch Agglomeration mittels Flockung oder Koagulation kann man jedoch auch derartige Feinstpartikeln einer Sedimentation im Erdschwerefeld zugänglich machen.

Technisch werden zur Schwerkraftsedimentation vorwiegend kontinuierlich betriebene Rund- und Längsklärbecken sowie Lamellenklärer eingesetzt.

Eine andere Möglichkeit zur sedimentativen Abscheidung feinster Teilchen besteht in der Vergrößerung des treibenden Potenzials im Zentrifugalfeld.

Häufig eingesetzte *Sedimentationszentrifugen* sind
– Becherzentrifugen für den Laboreinsatz (Z bis ca. 10 000),
– kontinuierliche Vollmantelschneckenzentrifugen (Z bis ca. 5000),
– diskontinuierliche und kontinuierliche Tellerseparatoren (Z bis ca. 15 000) und
– Röhrenzentrifugen (Z bis ca. 60 000).

Um Zentrifugalkräfte nutzen zu können, muß zur Beschleunigung der Suspension nicht unabdingbar der Sedimentationsraum rotieren.

Zwingt man im *Hydrozyklon* die zu trennende Suspension durch tangentialen Zulauf in einem zylindrisch/konischen Hohlkörper auf spiralförmige Kreisbahnen, so werden Partikeln bis zu einer bestimmten Trennkorngröße durch Sedimentation im sich einstellenden Potenzialwirbel nach außen getragen, an der feststehenden Zylinderwand abgeschieden und im Unterlauf ausgetragen. Die kleineren Partikeln folgen den Stromlinien und werden über ein im Zentrum des Zylinders angeordnetes Tauchrohr durch den Überlauf entfernt. Auf diese Weise lässt sich eine Abscheidung oder eine Klassierung des Feststoffes realisieren.

Neben der reinen Abtrennung können Feststoffe in Sedimentationsapparaten auch gewaschen und sogar extrahiert werden. Hierzu wird vorzugsweise bei kontinuierlichen Sedimentationsapparaten, und hier wiederum insbesondere bei den Zentrifugen, das Prinzip der Verdünnungswäsche angewendet. Es werden mindestens zwei Trennapparate in Reihe geschaltet und der durch Sedimentation abgeschiedene Feststoff der jeweils vorhergehenden Trennstufe wird mit Waschflüssigkeit wieder verdünnt und auf die nächstfolgende Trennstufe zur erneuten Abtrennung aufgegeben. Zur optimalen Ausnutzung der Waschflüssigkeit wird diese bei drei- und mehrstufigen Reinigungsprozessen in vielen Fällen im Gegenstrom geführt. Dies bedeutet, dass die frische Waschflüssigkeit vor der letzten Trennstufe zugeführt und aus der zweiten Trennstufe maximal konzentriert abgeführt wird. Wenn nach jeder Trennstufe frische Flüssigkeit zugeführt wird, bezeichnet man den Prozess als Gleichstromwäsche.

Bei Extraktionsprozessen wird der Suspension anstelle einer molekular in der Suspensionsflüssigkeit löslichen Waschflüssigkeit ein in dieser nicht lösliches Extraktionsmittel mit anderer Dichte zugegeben. Die zu extrahierenden Bestandteile der Suspension lösen sich selektiv im Extraktionsmittel und können infolge des Prinzipes der Dichtetrennung aus dem Dreiphasengemisch aus Feststoff, Suspensionsflüssigkeit und Extraktionsmittel isoliert werden.

4.4.6
Filtrationsverfahren

4.4.6.1 Oberflächenfiltration

Kuchenfiltration.
Bei der Kuchenfiltration wird der Feststoff an der Oberfläche eines porösen Filtermediums zurückgehalten, die als Filtrat anfallende Flüssigkeit tritt durch das Medium hindurch (Abb. 4.31).

Feststoff und Flüssigkeit haben unter der Wirkung der treibenden Druckdifferenz Δp zwischen dem Druck an der Suspensionsoberfläche p_0 und dem Druck unterhalb des Filtermediums p_1 die gleiche Bewegungsrichtung.

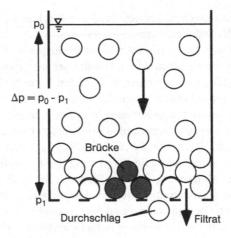

Abb. 4.31 Prinzip der Kuchenfiltration

Über den Poren des Filtermediums müssen sich zunächst Feststoffbrücken ausbilden, auf denen dann der weitere Filterkuchen aufwächst. Ein Feststoffdurchschlag am Beginn der Filtration muss meist in Kauf genommen werden, sollte aber möglichst minimiert werden.

Kuchenfiltrationsverfahren werden für mäßig bis höher konzentrierte Suspensionen im Partikelgrößenbereich von ca. 1 μm bis 1000 μm angewendet. Kleinere Partikeln lassen sich wegen der extrem hohen Duchströmungswiderstände des Haufwerkes durch Kuchenfiltration nicht mehr sinnvoll abscheiden. Hier kommen dann vorzugsweise Verfahren der Mikrofiltration auf Querstrombasis zum Einsatz. Die Kuchenpermeabilität in diesem Bereich kann durch Agglomeration der Partikeln verbessert werden.

Größere Partikeln filtrieren und sedimentieren spontan unter Schwerkrafteinfluss. Sie werden vorzugsweise über Schwing- und Bogensiebe aus Flüssigkeiten abgetrennt.

Die zur Bildung einer bestimmten Kuchenhöhe h_K notwendige Zeit t_1 kann aus der folgenden Beziehung abgeschätzt werden:

$$t_1 = \frac{h_K^2 r_K \eta_L}{2\kappa\Delta p} + \frac{h_K R_M \eta_L}{\kappa\Delta p} \qquad \kappa = \frac{c_v}{1 - \varepsilon - c_v} \qquad (4.38)$$

Neben der Druckdifferenz Δp und der dynamischen Viskosität der Flüssigkeit η_L gehen der kuchenhöhenspezifische Kuchenwiderstand r_K und der Widerstand des Filtermediums R_M ein. Der Konzentrationsparameter κ wird aus den Daten der volumenbezogenen Feststoffkonzentration der Suspension c_v und der Kuchenporosität ε gebildet.

Kuchen- und Tuchwiderstand müssen experimentell ermittelt werden. Eine entsprechende Messvorschrift gibt die VDI-Richtlinie 2762.

Die treibende Druckdifferenz zur Kuchenfiltration kann auf unterschiedliche Art erzeugt werden.

– Gasdifferenzdruck kann sowohl durch Anlegen eines Vakuums hinter dem Filtermedium als auch durch Erzeugung eines Überdrucks über der Suspension erzeugt werden. Während Vakuumfilter durch den Dampfdruck der Flüssigkeit begrenzt sind, kann der Gasüberdruck in technisch sinnvollen Grenzen frei eingestellt werden. Die obere Grenze für gekapselte Überdruckfilter liegt bei ca. 1 MPa. Die Druckdifferenz bleibt in der Regel während der Filtration konstant.

Trommel-, Scheiben-, Band- und Tellerfilter sind Beispiele für kontinuierliche, das Nutschenfilter ein Beispiel für diskontinuierliche Gasdifferenzdruckfilter. Eine Sonderstellung nehmen die Filterreaktoren als diskontinuierliche Kuchenfilter ein, in denen neben dem Fest/Flüssig-Trennschritt auch andere Prozessschritte, wie Reaktion, Kristallisation und thermische Trocknung ausgeführt werden können.

– Hydraulischer Druck einer Suspensionspumpe wird für feinstkörnige und schwer filtrierbare Suspensionen in diskontinuierlichen Rahmen- oder Kammer-Filterpressen zur Füllung der Filterkammern, Kuchenbildung und Kompression des Kuchens genutzt. Auch in diskontinuierlichen Kerzen-, Patronen-, Blatt- und Beutelfiltern wird der Filterkuchen auf diese Weise gebildet. In diesen Apparaten können die Filterkuchen gegebenenfalls mit Gasdruck nachentfeuchtet werden. Die Druckdifferenz steigt während der Filtration an, wenn der zugeführte Suspensionsvolumenstrom konstant bleiben soll.

– Mechanischer Druck wird bei den Membran- und Kolbenpressfiltern, sowie den Doppelbandpressen erzeugt. Hier wird die Suspension mit geringem Druck zugeführt und der Feststoff dann mittels einer Pressmembran, eines verschiebbaren Kolbens oder zwischen durch Walzen zusammengepressten Siebbändern abfiltriert. Auch hier ist die Druckdifferenz über der Filtrationszeit oft nicht konstant.

– Hydrostatischer Druck im Erdschwerefeld wird für grobkörnige Materialien mit mehr als 1 mm Partikeldurchmesser bei der Siebfiltration und Haldenentwässerung genutzt.

– Zentrifugaldruck wird je nach Filtrationseigenschaften der Suspension diskontinuierlich in horizontalen und vertikalen Schäl- und in Stülpfilterzentrifugen und kontinuierlich in selbsttransportierenden Gleit-, Schwing- und Taumelzentrifugen sowie in Schub- und Siebschneckenzentrifugen mit Feststoffzwangstransport erzeugt. Die Druckdifferenz bleibt während des Filtrationsprozesses nicht konstant, sondern nimmt mit sinkendem Flüssigkeitsniveau h in der Trommel ab (Abb. 4.32).

Der Zentrifugaldruck Δp_z errechnet sich als hydrostatischer Druck im Zentrifugalfeld:

$$\Delta p_z = \rho_L g Z h = \rho_L r \omega^2 h \tag{4.39}$$

Nach der Kuchenbildung schließt sich bei Bedarf eine Waschung des Filterkuchens an, um lösliche Bestandteile aus der Suspensionsflüssigkeit oder Reste derselben aus dem Feststoff zu entfernen. Der Filterkuchen wird zu diesem Zweck entweder in Waschflüssigkeit resuspendiert und erneut filtriert oder er wird von der Waschflüssigkeit durchströmt.

Die *Verdünnungswäsche* erfordert entweder einen diskontinuierlichen Filterapparat zur Resuspendierung des Filterkuchens oder mehrere in Reihe geschaltete kontinuierliche Filterapparate (vgl. Abschnitt 4.4.5.2).

Die *Durchströmungswäsche* unterteilt sich in einen relativ schnellen Schritt der Verdrängung der Flüssigkeit aus den groben Poren des Filterkuchens und einen

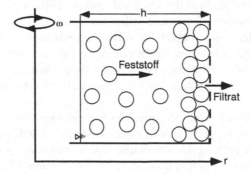

Abb. 4.32 Prinzip der Zentrifugalfiltration

zeitaufwändigeren diffusionskontrollierten Schritt. Bei einer Reihe von Filtern, wie etwa dem Vakuum-Bandfilter kann man die Waschflüssigkeit durch Führung im Gegenstrom zur Transportrichtung des Filterkuchens besonders effektiv nutzen. Eine Gegenstromwäsche in Zentrifugen ist nicht möglich.

Anschließend an die Kuchenwäsche oder gleich an die Kuchenbildung erfolgt eine mechanische Kuchenentfeuchtung.

Hierbei lassen sich zwei prinzipiell verschiedene Arten der Filterkuchenentfeuchtung unterscheiden (Abb. 4.33).

Bei der Entfeuchtung durch *Verdichtung der Kuchenstruktur* wird Flüssigkeit aus den Poren des Haufwerkes verdrängt, die Poren bleiben aber vollständig gesättigt.

Der zur Verdichtung des Filterkuchens erforderliche Pressdruck lässt sich
– hydraulisch durch Nachpressen von Suspension in eine schon mit Feststoff gefüllte Filterkammer,
– mechanisch durch eine Pressmembran oder einen Presskolben und
– durch Massenkräfte im Zentrifugalfeld
erzeugen.

Eine Verbesserung des Verdichtungsvorganges kann in speziellen Apparaten durch Überlagerung der einaxialen Haufwerksbeanspruchung mit einer senkrecht dazu wirkenden Scherung erreicht werden.

Dies findet man beispielsweise bei den schon erwähnten Doppelbandpressen, in denen der Filterkuchen zwischen zwei Pressbändern verdichtet und durch Umlenkung dieser Bänder in einem Walzensystem zusätzlich geschert wird.

Eine weitere Möglichkeit zur Erleichterung von Relativbewegungen der Partikeln im Haufwerk und damit der Ausbildung einer dichteren Packung besteht in der Einleitung von Schwingungen. Die Frequenzen dieser Vibrationen können bei den häufig für die Entfeuchtung grobkörniger Partikeln eingesetzten Schwingsieben im Bereich von ca. 50–60 Hz oder bei den selten angewandten elektroakustischen Ent-

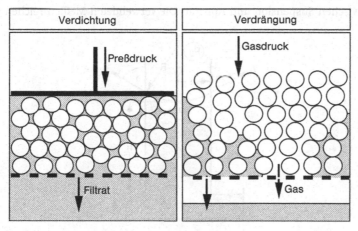

Abb. 4.33 Entfeuchtungsmechanismen bei der Kuchenfiltration

feuchtungsverfahren für sehr feinkörnige Teilchen im Bereich des Ultraschalls bei mehr als 20 kHz liegen.

Die zweite Möglichkeit zur Kuchenentfeuchtung beruht auf der *Verdrängung der Porenflüssigkeit* aus der als starr angenommenen Haufwerksstruktur mit einem Gas. Durch die Ausbildung einer Grenzfläche zwischen den fluiden Phasen kommt es hierbei zur Ausbildung von Kapillarkräften, die die Flüssigkeit in den Poren zurückzuhalten versuchen.

Ist die von außen anliegende Druckdifferenz größer als der Kapillardruck, dringt das Gas in die Poren ein und verdrängt die Flüssigkeit. Das Haufwerk wird untersättigt und es bildet sich eine Zweiphasenströmung von Gas und Flüssigkeit aus. An den Kontaktstellen der Partikeln, auf ihrer Oberfläche und in eventuell vorhandenen Poren im Partikelinneren bleibt Flüssigkeit zurück, die mechanisch nicht weiter entfernt werden kann.

Der Kapillardruck p_K in einer kreiszylindrischen Pore hängt von der Grenzflächenspannung der Flüssigkeit γ_L, und dem Krümmungsradius der Grenzfläche R ab, der über den Benetzungsrandwinkel der Flüssigkeit am Feststoff δ mit dem Kapillarradius r korreliert ist (Abb. 4.34).

$$p_K = \frac{2\gamma_L \cos\delta}{r} \tag{4.40}$$

Neben der Verdrängung der Porenflüssigkeit durch Luft oder Stickstoff hat sich in jüngerer Zeit auch die Dampfdruckfiltration etabliert, bei der Dampf unter hohem Druck als Verdrängungsmedium verwendet wird. Kondensations- und Verdampfungsvorgänge sorgen bei diesem Verfahren zur mechanisch/thermischen Entfeuchtung für eine weitgehend kolbenförmige Verdrängung der Porenflüssigkeit und eine hocheffiziente Waschung des Filterkuchens. Der mechanischen Flüssigkeitsabtrennung wird eine thermische Nachtrocknung direkt angeschlossen.

Entsprechend den sehr unterschiedlichen Einsatzbereichen und apparativen Alternativen für die Kuchenfiltration existiert eine Fülle von speziell für die jeweilige Problemstellung konstruierten Filtermedien als entscheidend wichtiger Schnittstelle zwischen Suspension und Apparat: Die verwendeten Medien reichen von Ge-

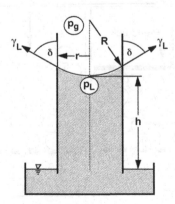

Abb. 4.34 Kapillardruck in einer kreiszylindrischen Pore

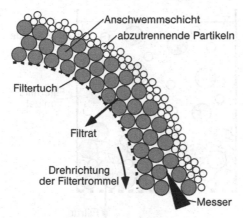

Abb. 4.35 Prinzip der Anschwemmfiltration auf Trommelfiltern

weben, Vliesen und Filzen, Sintermaterialien und Spaltsieben bis hin zu feinporösen Membranen und Anschwemmschichten aus körnigen oder faserigen Materialien (siehe Abschnitt 4.4.6.2).

Eine besondere Möglichkeit zur Kuchenfiltration gering konzentrierter und extrem feinkörniger Suspensionen auf Vakuumtrommelfiltern ist die Anschwemmfiltration, die auch als Hilfsschicht- oder Precoat-Filtration bezeichnet wird (Abb. 4.35).

Hier wird in einem ersten Arbeitsschritt eine mehrere Zentimeter dicke Schicht gut filtrierbaren Filterhilfsmittels auf der mit einem Filtergewebe bespannten Trommel anfiltriert. In einem zweiten Arbeitsschritt wird dann die zu klärende Flüssigkeit filtriert. Deren schwer filtrierbare und in geringer Konzentration vorliegende feste Inhaltsstoffe lagern sich in die obersten Schichten des Filterhilfsmittels ein, verstopfen diese und bilden einen sehr dünnen Kuchen. Dieser wird kontinuierlich nach jeder Trommelumdrehung mit einem Messer von der Trommel abgeschabt, so dass für den erneuten Filtrationsvorgang wieder eine filtrierfähige Schichtoberfläche geschaffen wird.

Die Anschwemmfiltration ist im Übergangsgebiet zur Tiefenfiltration angesiedelt und kann vorzugsweise auf diskontinuierlich arbeitenden Kuchenfiltern auch als reine Tiefenfiltration betrieben werden (vgl. Abschnitt 4.4.6.2).

Bei einer Sonderform der Anschwemmfiltration, die auch als Body-Feed-Filtration bezeichnet wird, gibt man das Filterhilfsmittel direkt in die zu filtrierende Suspension (Abb. 4.36).

Die Anschwemmfiltration wird vielfach auch mit der Body-Feed-Filtration kombiniert, indem der zu trennenden Suspension zusätzlich Filterhilfsmittel beigemischt wird, um die Filtrationseigenschaften der Suspension zu verbessern.

Querstromfiltration. Die Querstromfiltration ist, wie die Kuchenfiltration, eine Form der Oberflächenfiltration, wobei auch hier entweder der Feststoff (Konzentrat) oder das Filtrat (Permeat) als Wertprodukt gewonnen werden können.

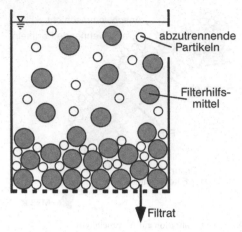

Abb. 4.36   Prinzip der Body-Feed-Filtration

Die abzutrennenden Stoffe werden durch einen parallel zum Filtermedium geführten Zulaufstrom weitestgehend an der Ausbildung einer als Deckschicht bezeichneten impermeablen Ablagerung am Filtermedium gehindert, die ansonsten aufgrund der transmembranen Druckdifferenz als Filterkuchen entstehen würde (Abb. 4.37).

Diese Art der Filtration dient insbesondere zur Abtrennung sehr kleiner Partikeln, Kolloide und Makromoleküle und wird auch als Cross-Flow-, Shear-Stress-, Delayed-Cake- oder dynamische Filtration bezeichnet.

Wegen der meist sehr geringen Abmessungen der abzuscheidenden Stoffe werden für die Querstromfiltration meist feinporöse Membranen als Filtermedium verwendet. Diese können schlauchförmig als Rohr- und Kapillarmodule oder in flacher Form als Kissen-, Spiralwickel- oder Plattenmodule angeordnet sein.

Die Relativbewegung zwischen Partikeln und Membran kann bei den Scherspaltfiltern zusätzlich zur Überströmung auch mit Hilfe von Rührelementen oder Ro-

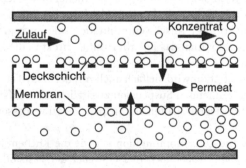

Abb. 4.37   Prinzip der Querstromfiltration

tor/Stator-Systemen unterstützt werden. Darüber hinaus ist die Einleitung von Schwingungen in die Membran bekannt.

Als weitere deckschichtbehindernde Maßnahme (vgl. Abschnitt 4.4.7) lässt sich durch Anlegen eines elektrischen Feldes zwischen Membran und Apparatewand verhindern, dass geladene Partikeln sich der gleichpolig geladenen Elektrode hinter der Membran nähern.

Entlang der Strömungsrichtung erfolgt bei der Querstromfiltration eine Aufkonzentrierung der Suspension oder Lösung, die jedoch nur maximal bis zur Grenze der Fließfähigkeit des Konzentrates gesteigert werden kann. Ein Querstromfilterapparat ist also vorzugsweise für die Aufkonzentrierung von Suspensionen oder Lösungen in einem breiten Spektrum möglicher Anreicherungsgrade geeignet. Bei thixotropem Fließverhalten kann das Konzentrat durch die Einleitung von Rührenergie trotz hohen Eindickungsgrades bis zum Austritt aus dem Apparat noch fließfähig gehalten werden. Nach dem Austrag erstarrt es dann zu einer festen Masse.

Bei Anwendungsfällen, in denen alternativ auch eine Tiefenfiltration (vgl. Abschnitt 4.4.6.2) mit nicht regenerierbarer Filterschicht in Frage käme, besitzt die Querstromfiltration den Vorteil, keinen zusätzlichen Abfall zu erzeugen.

Seine Grenzen findet das Verfahren der Querstromfiltration sowohl in einem häufig noch nicht ausreichenden Entfeuchtungsgrad des abgeschiedenen Feststoffes als auch in einer unter Umständen trotz Regenerierungsmaßnahmen nicht lange genug vermeidbaren irreversiblen Verstopfung der Membranporen.

Bei der Querstromfiltration durch poröse Filtermedien unterscheidet man je nachdem, ob es sich um die Abscheidung fester Partikeln oder in Lösung vorliegender großer Moleküle handelt, die Verfahren der Mikrofiltration und der Ultrafiltration.

Ultrafiltrationsmembranen sind immer noch Porenmembranen mit konvektivem Stofftransport. Die Ultrafiltration wird für Kolloide und Makromoleküle im Bereich von etwa 0,2–0,002 µm betrieben. Die Partikelgrößen im Bereich der *Mikrofiltration* liegen in den meisten Anwendungsfällen bei etwa 20–0,02 µm. Der Mikro- und Ultrafiltration schliesst sich der Bereich der *Nanofiltration* bei noch kleineren Partikelgrößen an.

4.4.6.2 Tiefenfiltration

Bei der Tiefenfiltration werden die in einer Suspension befindlichen Teilchen im Inneren einer porösen Filterschicht solange abgeschieden, bis deren Kapazität zur Aufnahme von Feststoffen erschöpft ist (Abb. 4.38).

Diese Kapazitätsgrenze ist dann erreicht, wenn entweder der Druckverlust bei der Durchströmung einen kritischen Wert übersteigt oder Feststoff ins Filtrat durchbricht.

Die Feststoffkonzentration im Filterzulauf darf bei der Tiefenfiltration einen maximalen Wert nicht übersteigen, um die Oberfläche der Filterschicht nicht zu verstopfen. Derartige Verblockungen entstehen, wenn mehrere Partikeln bei höherer Konzentration gleichzeitig in eine Pore der Tiefenfilterschicht einzudringen versuchen und sich dabei gegenseitig behindern. Bei der Tiefenfiltration würde eine derartige Feststoffbrückenbildung nachfolgende Partikeln daran hindern, ins Innere

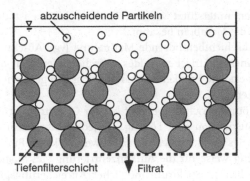

Abb. 4.38 Prinzip der Tiefenfiltration

der Filterschicht vorzudringen und durch einen drastischen Anstieg des Gesamt-durchströmungswiderstandes zum Versagen des Verfahrens führen.

Die Tiefenfiltration wird vorzugsweise dort angewandt, wo gering mit Trübstoffen belastete Flüssigkeiten das Wertprodukt darstellen und geklärt werden müssen. Die Feststoffkonzentration derartiger Flüssigkeiten liegen im Bereich weniger Gramm pro Kubikmeter Flüssigkeit und die Partikeldurchmesser im Bereich weniger Mikrometer bis in den Submikrometerbereich hinein.

Eine weitergehende mechanische Entfeuchtung des abgeschiedenen Feststoffes ist bei den Verfahren der Tiefenfiltration nicht möglich.

Der Feststoff wird entweder durch Rückspülung der Filterschicht mit einem geringen Teil der geklärten Flüssigkeit als konzentrierter Schlamm oder zusammen mit der Filterschicht aus dem Prozeß entfernt.

Man unterscheidet bei den Tiefenfiltrationsverfahren
– Schüttschichtfilter,
– Patronen oder Schichtenfilter,
– Anschwemmschichtfilter und
– Rückspülfilter.

Die Schüttschichtfilter bestehen aus diskret dispersen Schüttungen, die nach dem Filtrationsprozeß entweder durch Rückspülung regeneriert oder nach dem Ausräumen des verbrauchten Filtermaterials erneuert werden müssen. Als Filtermaterialien werden Kies, Sand, Kieselgur, Perlite, Aktivkohle, Polymere und ähnliches verwendet. Materialien wie Aktivkohle oder Ionentauscherharze sind über die mechanische Abscheidung von Feststoffen hinaus in der Lage, auch gelöste Flüssigkeitsinhaltsstoffe zu binden.

Zylindrische Patronen- und plattenförmige Schichtenfilter verwenden vorgefertigte Filterschichten, die in der Regel nicht regenerierbar sind und nach Erreichen der Kapazitätsgrenze ausgetauscht werden müssen. Im Falle von Patronenfiltern kommen häufig Garnwickelkerzen und gesinterte oder harzgebundene Partikelschichten zum Einsatz. Flächige Schichtenfilter verwenden dagegen meist durch

Harze verfestigte Filterplatten aus faserförmigen (Cellulose) gerüstbildenden und partikulären (Kieselgur) abscheidenden Komponenten.

Tiefenfiltration kann auf vielen zur Kuchenfiltration geeigneten Apparaten, wie diskontinuierlichen Kerzen- und Blattfiltern realisiert werden, indem vor der eigentlichen Produktfiltration eine poröse Filterhilfsschicht angeschwemmt wird, die dann als Tiefenfiltermedium dient. Diese Art der Filtration wird auch als Anschwemm- oder Precoat-Filtration bezeichnet. Nach Erreichen der Schmutzaufnahmegrenze wird die gesamte Anschwemmschicht als Filterkuchen ausgetragen und der Zyklus beginnt mit dem Anfiltrieren einer neuen Anschwemmschicht. Die Anschwemmfiltration auf kontinuierlichen Trommelfiltern bietet die Möglichkeit, die oberflächig durch abgeschiedene Partikeln verblockte Precoatschicht bei jeder Trommelumdrehung mit einem Messer abzuschälen und damit neue Filteroberfläche zu erzeugen. Dies ermöglicht die Filtration auch feinstkörniger Suspensionen bei höherer Konzentration, so dass hier ein Übergang zur Kuchenfiltration erfolgt (siehe Abschnitt 4.4.6.1).

Filterhilfsmittel bestehen entweder aus mineralischen oder organischen Materialien. Sie können mehr partikulären oder mehr faserförmigen Charakter aufweisen. Als partikuläre Stoffe finden Kieselgur, Perlite, Kohle, Stärke u. a. Anwendung, als faserförmige Stoffe werden je nach Anforderungen an den Prozess Holzfasern, extraktfreie oder reine Cellulose u. a. verwendet. Bei entsprechend geringer Faserlänge nehmen auch letztgenannte Materialien partikulären Charakter an.

Als Anforderungen an den Prozess sind insbesondere Grenzwerte für die Ionenabgabe und Löslichkeit der Precoatmaterialien in der zu klärenden Flüssigkeit zu nennen, die aus Gründen der Produktreinheit nicht überschritten werden dürfen.

Bei der Auswahl des geeigneten Filterhilfsmittels spielen neben den Abscheideeigenschaften und Reinheitsanforderungen auch Anschaffungs- und Entsorgungskosten eine Rolle, wobei insbesondere bezüglich der Entsorgung organische Filterhilfsmittel Vorteile durch geringes Schüttgewicht, biologische Abbaubarkeit und fast aschefreie Verbrennbarkeit besitzen.

Rückspülfilter unterscheiden sich von den bisher genannten Tiefenfiltern dadurch, dass die in den obersten Schichten eines kompakt dispersen porösen Filtermittels abgeschiedenen Feinstpartikeln periodisch durch Rückspülung wieder entfernt werden (Abb. 4.39).

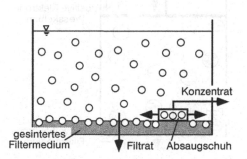

Abb. 4.39 Prinzip der Rückspülfiltration

Als Filtermedium kommen hier insbesondere gesinterte Metall- oder Keramikmaterialien zum Einsatz. Die Rückspülung erfolgt über ein sich periodisch über das Filtermedium bewegendes Absaugorgan, welches meist als Schlitzdüse ausgebildet ist.

4.4.7
Trennung im elektrischen oder magnetischen Feld

Setzt man eine Suspension einem elektrischen Feld aus, so wandern elektrisch geladene Partikeln zur entgegengesetzt gepolten Elektrode. Dieser Vorgang wird als Elektrophorese bezeichnet.

Bei den Chromatografieverfahren bedient man sich der Elektrophorese als Transportmechanismus, um kolloidale Stoffgemische im Innern von porösen Systemen definierter Porengröße in ihre Komponenten zu zerlegen.

Bei der *Elektroosmose* werden Ionen in wässrigen Lösungen unter Mitnahme von Wassermolekülen zur jeweils entgegengesetzt geladenen Elektrode transportiert. Auf diese Weise kann bereits abgeschiedenen partikulären Feststoffen weitere Flüssigkeit entzogen werden.

Zusätzlich aufgeschaltete elektrische Felder werden in Sonderfällen bei Press- und Querstromfiltern für die Trennung schwer filtrierbarer Suspensionen genutzt. Durch Anordnung und Polung entsprechender Elektroden werden die Partikeln vom Filtermedium ferngehalten und die Filtrationsleistung des Trennapparates wird gesteigert (Abb. 4.40).

Als störend für den Prozess wirken sich Begleiterscheinungen, wie Elektrolyse aus.

Ferro- und paramagnetische Stoffe lassen sich mit Schwach- und Starkfeldmagnetscheidern aus Flüssigkeiten abscheiden. Derartige Verfahren finden breite Anwendung, z. B. in der Erzaufbereitung.

Die elektrischen und magnetischen Abscheideverfahren stellen zwar gegenüber den Dichtetrenn- und Filtrationsverfahren in einer ganzen Reihe von Anwendungsfällen die optimale Lösung für das jeweilige Trennproblem dar, sind aber quantitativ von untergeordneter Bedeutung.

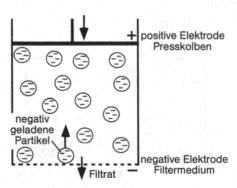

Abb. 4.40 Prinzip der Presselektrofiltration

4.4.8
Kriterien zur Auswahl von Fest/Flüssig-Trennapparaten

Die Entscheidung für die Wahl eines bestimmten Verfahrens zur Lösung eines Fest/Flüssig-Trennproblems hängt von sehr unterschiedlichen Kriterien ab.

In einem ersten Schritt muß das Trennproblem analysiert und ein Anforderungsprofil an die Trennergebnisse formuliert werden. Auf diese Weise kann die Auswahl des Trennverfahrens von der physikalischen Realisierbarkeit her eingegrenzt werden. Es schließen sich in der Regel Trennversuche im Labormaßstab an, um für den jeweiligen Anwendungsfall und einen ins Auge gefaßten Apparatetyp die notwendige Datenbasis zu bekommen.

Unter Einbeziehung wirtschaftlicher und anderer Kriterien ist dann auf der Grundlage der Laborversuche meist ein Test im halbtechnischen Maßstab mit dem ins Auge gefaßten Apparatetyp notwendig. Hiermit sollen die apparatespezifischen Parameter untersucht werden, die mit dem einfachen Laborversuch nicht erfasst werden können. Vom erfolgreich durchgeführten Pilottest kann eine quantitative Hochrechnung auf die vorgesehene Betriebsgröße erfolgen.

5
Zerkleinern

Nahezu alle festen Stoffe müssen bei Gewinnung und Verarbeitung zerkleinert werden; Beispiele dafür sind mineralische, pflanzliche und tierische Rohstoffe, Zwischen- und Endprodukte in der chemischen und pharmazeutischen Industrie, Pigmente, Kunststoffe, Baustoffe und Abfallstoffe (z. B. Schrotte, Kunststoffe, Altpapier). Die Aufgabenstellungen beim Zerkleinern können unterschiedlich sein und lassen sich nach folgenden Gesichtspunkten unterteilen:

- *Partikelgrößenverteilung:* Im einfachsten Fall ist eine bestimmte charakteristische Partikelgröße, z. B. der Medianwert oder die Obergrenze, vorgegeben. Zusätzlich können auch Forderungen bezüglich der Verteilungsbreite oder gar der Verteilungsfunktion gestellt sein. In manchen Fällen wird eine untere Begrenzung der Partikelgrößenverteilung verlangt (staubfreies Produkt). Solch weiterführende Forderungen können im Allgemeinen nicht durch bloßes Zerkleinern, sondern nur mit einer Kombination von Zerkleinerungsmaschinen und Klassiereinrichtungen erfüllt werden.

- *Spezifische Oberfläche:* Prinzipiell lässt sich die gleiche spezifische Oberfläche mit unendlich vielen Partikelgrößenverteilungen erreichen. Deshalb ist diese Anforderung meistens mit einer Vorgabe zum Körnungsaufbau, z. B. Medianwert oder Körnungsspanne, verknüpft.

- *Aufschlussgrad:* Die Partikeln von mineralischen und pflanzlichen Rohstoffen sowie von Abfallstoffen bestehen aus verschiedenen Komponenten. Das Zerkleinern soll die Wertstoffe freilegen, um diese mittels eines Sortierprozesses gewinnen zu können.

- *Partikelform:* Für manche Anwendungen sind annähernd kubische, gerundete oder scharfkantige Partikeln vorteilhaft. Diese speziellen Formen sollen dann überwiegend vorhanden sein.

Mühlen, in denen feinstdisperses Material vielfach mit hohen Intensitäten beansprucht wird (z. B. Schwingmühlen), bewirken eine mechanische Aktivierung, die dann das Prozessziel ist, eine Zerkleinerung erfolgt gegebenenfalls als Vorstufe.

Nachfolgend werden wesentliche Aspekte der Grundlagen und Maschinentechnik des Zerkleinerns besprochen; weiterführende Darstellungen finden sich in [5.1]–[5.6].

5.1
Grundlagen

In Zerkleinerungsmaschinen erfolgt die Beanspruchung der Partikeln nur in Teilbereichen des Prozessraums, z. B. in den Kontaktbereichen zwischen den Mahlkugeln in Kugelmühlen. Die Partikeln müssen in diesen Bereich, das aktive Volumen, gelangen und ihn nach der Beanspruchung wieder verlassen. Zu den Grundlagen gehören deshalb die Definition des aktiven Volumens, die Bestimmung der Beanspruchungsspektren, die Behandlung der Partikelbewegung im Mühlenraum und die Beschreibung des Partikelbruchs, mit dem sich dieses Kapitel befasst.

5.1.1
Partikelbruch

Die Beanspruchung beim Zerkleinern verformt die Partikeln; es entsteht ein Spannungsfeld. Beim Erreichen eines Bruchkriteriums wird ein Bruch ausgelöst. Durchquert er die Partikel, dann ist diese zerbrochen. Beim Zerkleinern werden die Partikeln darüber hinaus beansprucht, so dass auch entstandene Bruchstücke zerbrechen können. Deshalb ist zwischen der ersten Phase bis zum Bruchpunkt und der zweiten Phase zu unterscheiden. Abbildung 5.1 zeigt das Belastungsdiagramm einer 300-µm-Marmorpartikel unter einer Druckbeanspruchung. Die erste Spitze markiert den Bruchpunkt; der steile Kraftabfall resultiert aus der Zerstörung der Partikel. Der nachfolgende Kurvenverlauf erfasst die Beanspruchung der Bruchstücke.

Die Art der Beanspruchung wird durch die Bauart der Zerkleinerungsmaschine festgelegt; für eine Klassifizierung eignen sich folgende Gesichtspunkte (Abb. 5.2):
I Beanspruchungen zwischen zwei Werkzeugen
   a) Druck-Schub-Beanspruchung von Einzelkörnern oder Partikelgruppen,
   b) Schneidbeanspruchung, c) Scherbeanspruchung und d) Reissbeanspruchung,
II Beanspruchung an einem Werkzeug
   a) Prallbeanspruchung an einer Fläche, b) Prallbeanspruchung an einer Schneide und c) Partikel-Partikel-Prall,
III Beanspruchung in Scherströmungen und Turbulenzfeldern,
IV Sonderformen der Beanspruchung, z. B. durch Schockwellen, in Ultraschallfeldern, durch Funkenentladungen in Partikeln, durch Abschrecken.

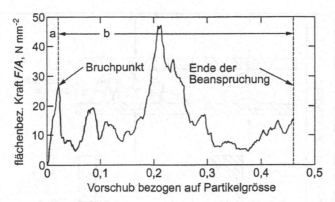

Abb. 5.1 Belastungsdiagramm einer 300-μm-Marmorpartikel, a) 1. Phase und b) 2. Phase der Beanspruchung

In Zerkleinerungsmaschinen erfolgt die Zerkleinerung vor allem mittels Werkzeugen. Bei der Druck-Schub-Beanspruchung wirken die Kontaktkräfte von zwei Seiten, bei der Prallbeanspruchung hingegen von einer Seite. In Maschinen mit der Beanspruchung zwischen zwei Werkzeugen liegt die Beanspruchungsgeschwindigkeit unter 10 m s^{-1} und bei Prallbeanspruchung zwischen 20 und 150 m s^{-1}. Scherströmungen und Turbulenzfelder bewirken kleine Beanspruchungsintensitäten, die im Allgemeinen nur zur Zerstörung von nicht zu festen Agglomeraten ausreichen. Die Sonderformen mögen für spezielle Anwendungen nützlich sein, haben jedoch trotz mancher Bemühungen für die Zerkleinerungstechnik keine Bedeutung erlangt.

Zur Auslösung eines Bruches muss das Bruchkriterium erreicht werden, wofür ein Spannungsniveau notwendig ist, dessen Höhe einerseits vom Mahlgut und andererseits von der Größe der Materialfehler wie Mikrorisse und Strukturfehler abhängt. Das infolge der Verformung entstehende Spannungsfeld wird durch materialspezifische Gesetze bestimmt, die Dehnung und Spannung verknüpfen. Diese unterscheiden sich danach, ob sich das Material reversibel, d. h. elastisch, oder irreversibel, d. h. inelastisch, verformt und außerdem hinsichtlich des Einflusses von Temperatur bzw. Dehngeschwindigkeit. Daraus folgen drei Grenzfälle:

Elastisches Verformungsverhalten: reversibel, unabhängig von Temperatur und Dehngeschwindigkeit (Glas, Quarz, viele Erze).

Elastisch-plastisches Verformungsverhalten: irreversibel, abhängig von Temperatur jedoch nicht von Dehngeschwindigkeit, Plastizität mit Temperatur zunehmend (Metalle).

Elastisch-viskoses Verformungsverhalten: irreversibel, abhängig von Temperatur und Dehngeschwindigkeit, Viskosität bei Abkühlung bzw. Erhöhung der Dehngeschwindigkeit abnehmend (Kunststoffe, organische Chemikalien, pflanzliche Rohstoffe).

Bei inelastischen Verformungen entstehen kleinere Spannungen, und ein Anteil der zugeführten Energie wird dissipiert, folglich erfordert dann die Bruchauslösung eine stärkere Verformung und eine größere Energiezufuhr; das Zerkleinern wird er-

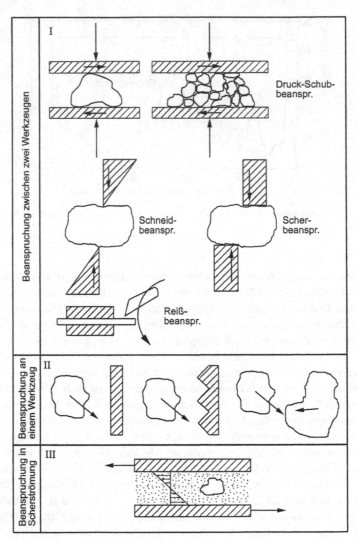

Abb. 5.2 Beanspruchungsarten

schwert. Das Verformungsverhalten der Partikeln ist hauptsächlich vom Mahlgut entsprechend dem obigen Schema abhängig, doch im Feinkornbereich zusätzlich von der Partikelgröße (s. Abschnitt 5.1.2.1 Partikelfestigkeit).

In isotropen Materialen breiten sich Sprödbrüche senkrecht zur maximalen Zugspannung und Schubbrüche parallel zur maximalen Schubspannung aus. In Kristallen beeinflussen außerdem die Kristallebenen und in polykristallinen Materialien die Korngrenzen den Bruchverlauf und modifizieren ihn, so dass die obigen Regeln nur approximativ gelten. In jedem Fall bestimmt das Spannungsfeld die Bruchausbreitung und damit das Bruchfeld und die Form der Bruchstücke. Für unregelmäßig geformte Partikeln lässt sich das Spannungsfeld nicht berechnen. Aus den bekannten Theorien für druck- bzw. prallbeanspruchte Kugeln und experimentellen Befunden ergibt sich die Aussage, dass zwei typische Bruchfelder existieren, je nachdem, ob sich der Kontaktbereich überwiegend elastisch oder inelastisch verformt (Abb. 5.3). Im ersten Fall entsteht im Kontaktbereich Feingut; bei Partikeln großer Festigkeit kann sich auch ein schlauchförmiger Feingutbereich um die Verbindungslinien zwischen den entgegengesetzt wirkenden Kontaktkräften ausbilden. Außerhalb davon werden deutlich größere splittrige Bruchstücke erzeugt. Bei inelastisch verformten Kontaktbereichen bleiben diese unzerbrochen und die Partikel wird durch Brüche gespalten, die beim Kugelbruch als Meridianbrüche bezeichnet werden und apfelsinenschnitzförmige Bruchstücke erzeugen. Zwischen diesen beiden Typen gibt es Übergangsformen je nach Ausmaß des inelastischen Verformungsanteils. Diese Befunde gelten sowohl für die Druck- als auch Prallbeanspruchung, allerdings mit dem Unterschied, dass bei Letzterer nur ein Kontaktbereich auf einer Seite existiert. Feingut – der Begriff »fein« ist hier im Verhältnis zur eingesetzten Partikelgröße zu verstehen – entsteht also nur in elastisch verformten Kontaktbereichen, weil in diesen das Spannungsfeld eine große Energiedichte besitzt. Die Größenverteilung der Bruchstücke ist mehrmodal (siehe auch Abschnitt 5.1.2). Der Zerkleinerungsgrad ist größer als bei Partikeln mit inelastisch verformtem Kontaktbereich. Die mittleren und größeren Bruchstücke sind in beiden Fällen splittrig; kubische Formen entstehen nicht direkt, sondern erst durch nachfolgende Beanspruchungen, bei denen vorzugsweise Spitzen und Kanten abgebrochen werden.

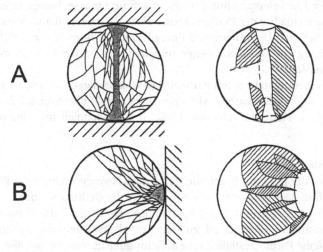

Abb. 5.3 Schematische Darstellung der Bruchfelder in Kugeln; A: Druckbeanspruchung, links elastische und rechts inelastische Verformung des Kontaktbereiches; B: wie A, jedoch Prallbeanspruchung; in schattierten Bereichen hohe Rissdichte (Feingutbereiche)

5.1.2
Zerkleinerungstechnische Partikeleigenschaften

Die zerkleinerungsrelevanten Partikeleigenschaften charakterisieren den Widerstand gegen eine Zerstörung bzw. deren Ergebnis; zu den ersteren gehören Partikelfestigkeit, Bruchwahrscheinlichkeit sowie spezifische Bruchenergie und zu den zweiteren Bruchanteil, Bruchfunktion (Größenverteilung der Bruchstücke), sowie Zunahme der spez. Oberfläche bzw. des Aufschlussgrades. Die Bestimmung erfolgt mit Testapparaturen für die Beanspruchung von einzelnen Partikeln oder Partikelgruppen unter definierten Bedingungen. Mit den genannten Ergebnisgrößen wird auch das Resultat von Zerkleinerungsprozessen beschrieben, das jedoch auch von den Maschineneigenschaften und den Betriebsbedingungen abhängt und deshalb die Partikeleigenschaften nicht repräsentiert.

Das Zerkleinerungsergebnis ist von der Beanspruchungsintensität abhängig, die entweder durch dynamische oder energetische Größen quantifiziert wird. Dynamische Größen lassen sich nur für die Druckbeanspruchung definieren, wobei für die Einzelkorn-Beanspruchung die Kraft auf den Nennquerschnitt der Partikel und für die Beanspruchung einer Partikelgruppe auf deren Querschnitt bezogen wird. Die energetischen Intensitätsgrößen können sowohl für die Druck- als auch für die Prallbeanspruchung gemessen werden und ergeben sich aus der zugeführten oder umgesetzten Energie bezogen auf die Partikelmasse bzw. das Partikelvolumen. Der Massenbezug ist zwar üblich, doch der Volumenbezug sinnvoller, da bei elastischer Verformung die Spannungen proportional zur Quadratwurzel der Energiedichte sind. Bei der Prallbeanspruchung ist die zugeführte massenbezogene Energie proportional zum Quadrat der Prallgeschwindigkeit, deshalb wird auch diese als Intensitätsgröße benutzt. Die umgesetzte Energie ergibt sich aus der zugeführten Energie nach Abzug der Rückdehnenergie und kann nur bei der Druckbeanspruchung bestimmt werden.

Die zerkleinerungsrelevanten Partikeleigenschaften lassen sich nicht aus den mechanischen Stoffeigenschaften wie Elastizitätsmodul, Fließgrenze, Zugfestigkeit, Bruchzähigkeit, Härte u. ä. ableiten, obgleich sie prinzipiell mit diesen verknüpft sind.

5.1.2.1 Partikelfestigkeit

Der Quotient der Kraft am Bruchpunkt und zum Nennquerschnitt der Partikel wird als Partikelfestigkeit bezeichnet, die zwar formal die Definition einer Spannung besitzt, jedoch keiner Spannung des Spannungsfeldes in der Partikel entspricht. Das ist der wesentliche Unterschied zu den Festigkeitswerten der Materialprüfung. Trotzdem ist die Partikelfestigkeit eine aufschlussreiche Vergleichsgröße. Abbildung 5.4 zeigt die Abhängigkeit der mittleren Partikelfestigkeit von der Partikelgröße. Für den starken Anstieg – etwa proportional zum Kehrwert der Partikelgröße – im Bereich unter 1000 μm, gibt es zwei Gründe: 1) Kleinere Partikeln besitzen kleinere Materialfehler, so ist ein höheres Spannungsniveau zur Bruchauslösung erforderlich. 2) Im Bereich der Kontaktkräfte entstehen außer den bruchauslösenden Zugspannungen auch etwa dreifach größere Schubspannungen, die inealstische Verfor-

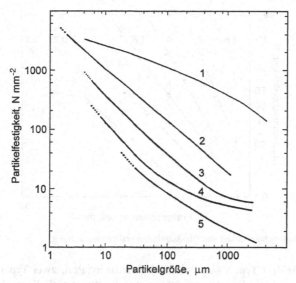

Abb. 5.4 Partikelfestigkeit in Abhängigkeit von der Partikelgröße, Glaskugeln (1), Borcarbid (2), Quarz (3), Kalkstein (4), Steinkohle (5)

mungen bewirken können bevor das Bruchkriterium erreicht wird. Der Kontaktbereich verformt sich dann inelastisch, und zwar mit abnehmender Partikelgröße immer stärker; zur Bruchauslösung muss dann eine größere Kraft wirken.

5.1.2.2 Bruchwahrscheinlichkeit

Die Bruchwahrscheinlichkeit gibt die Verteilung der Partikelfestigkeit einer engen Größenfraktion als Funktion einer der Intensitätsgrößen an. Untersuchungen haben ergeben, dass sich die Bruchwahrscheinlichkeiten für spröde Materialien als logarithmische Normalverteilungen darstellen lassen, die am oberen und gegebenenfalls auch am unteren Ende begrenzt sind [5.7], [5.8]; ein Beispiel dafür zeigt Abbildung 5.5, in der die Bruchwahrscheinlichkeit für die Prallbeanspruchung von Glaskugeln im logarithmischen Wahrscheinlichkeitsnetz aufgetragen ist. Entsprechend der Festigkeitszunahme mit abnehmender Partikelgröße verschieben sich die Verteilungskurven zu höheren Prallgeschwindigkeiten. Nach [5.9] lässt sich die Bruchwahrscheinlichkeit der Prallbeanspruchung verschiedener Materialien und Partikelgrößen und sogar für wiederholte Beanspruchung in einer Kurve darstellen, deren Funktion durch Übertragung der Weibull-Statistik auf den Partikelbruch und Ähnlichkeitsbetrachtungen abgeleitet wurde:

$$P = 1 - \exp\{-f\,d\,k\,(E_M - E_{M,\min})\} \tag{5.1}$$

Hier ist d die Partikelgröße; f ein Materialparameter; k die Zahl der Beanspruchungen; E_M die massenbezogene Beanspruchungsenergie und $E_{M,\min}$ der Schwellenwert von E_M.

Die Werte von f und $E_{M,\min}$ sind experimentell zu bestimmen. Abb. 5.6 zeigt die

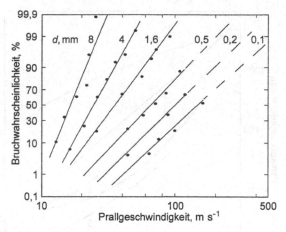

Abb. 5.5 Bruchwahrscheinlichkeit von Glaskugeln bei Prallbeanspruchung

Ergebnisse für drei Typen von Polymethylmethacrylaten, zwei Typen von Polystyrol, Kalkstein und Glaskugeln; die f-Werte für die Kunststoffe liegen bei 0,1 und für Glaskugeln bei 0,94 kg $J^{-1}m^{-1}$, die Werte für ($d \cdot E_{M,\min}$) zwischen 3 und 6 bzw. bei 0,1 kg $J^{-1}m^{-1}$.

5.1.2.3 Partikelgrößenverteilungen nach Beanspruchung

Das Bruchfeld spröder Materialien (s. Abb. 5.3) lässt erwarten, dass bestimmte Größenklassen bevorzugt besetzt sind; die Partikelgrößenverteilung erweist sich als eine Mischung von Teilkollektiven, die durch nach oben begrenzte Normalverteilungen dargestellt werden können [5.10]. Abbildung 5.7 zeigt dies für 5,0/6,3 mm Quarzpartikeln; es entstehen vier Teilkollektive. Die Medianwerte und Streuungsparameter der drei unteren Teilkollektive sind im untersuchten Bereich von 5 bis 18 mm nahezu unabhängig von der Partikelgröße und der Beanspruchungsintensität. Der Medianwert des gröbsten Teilkollektivs korrespondiert mit der Partikelgröße. Mit

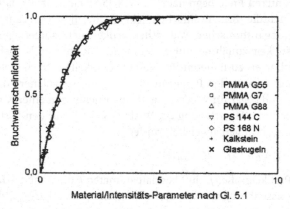

Abb. 5.6 Masterkurve der Bruchwahrscheinlichkeit für die Prallzerkleinerung für verschiedene Kunststoffe, Kalkstein und Glaskugeln

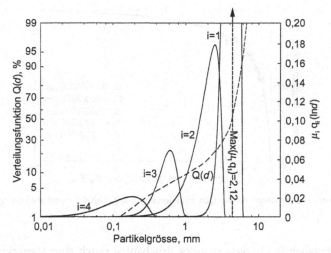

Abb. 5.7 Größenverteilung Q(d) und anteilige Verteilungsdichten $\mu_i q_i(\ln d)$ der Teilkollektive, Einzel-korn-Beanspruchung von Quarz 5,0/6,3 mm mit 0,67 J g^{-1}, μ_i: Mengenanteil in Teilkollektiv i, $\mu_1 = 0{,}77$, $\mu_2 = 0{,}15$, $\mu_3 = 0{,}05$, $\mu_4 = 0{,}03$

zunehmender Beanspruchungsintensität ändert sich die Besetzung der Teilkollektive, da der Mengenanteil im gröbsten Kollektiv abnimmt und die anderen Kollektive aufgefüllt werden. Auch bei der Beanspruchung von Kornschichten mit kleinen Intensitäten sowie in Wälz- und Kugelmühlen entstehen die gleichen Teilkollektive [5.11].

5.1.2.4 Bruchanteil und Bruchfunktion

In einer Partikelgruppe erfahren die Partikeln unterschiedliche Beanspruchungen, und nur ein Teil von ihnen wird zerbrochen. Deswegen ist es sinnvoll, die granulometrische Änderung mit dem Bruchanteil und der Größenverteilung der Bruchstücke, der so genannten Bruchfunktion, zu beschreiben. Bei der Einzelkornbeanspruchung ist der Bruchanteil mit der Bruchwahrscheinlichkeit identisch.

Bei Kugeln lässt sich das Zerbrochensein leicht erkennen, für unregelmäßig geformte Partikeln wird vereinbart, dass der Bruchanteil gleich dem Mengenanteil ist, der aus einer engen Größenfraktion herausgebrochen wird. Diese Vereinbarung unterschätzt den wirklichen Bruchanteil, definiert jedoch eindeutig die Bestimmungsmethode und entspricht dem bei der Modellierung üblichen Formalismus (s. Abschnitt 5.3).

Bruchanteil und Bruchfunktion sind von Konfiguration, granulometrischer Zusammensetzung und Packungsstruktur der Partikelgruppe abhängig. Eine Sonderform stellt das sogenannte ideale Gutbett dar, das den unendlichen Halbraum insofern repräsentiert, als Wandeffekte für das Zerkleinerungsergebnis vernachlässigt werden können. Diese Bedingung gilt für einen kreiszylindrischen Presstopf mit einer Betthöhe fünfmal größer als das Maximalkorn und einem Durchmesser dreimal größer als die Betthöhe. Untersuchungen mit Quarzfraktionen zwischen 200 und

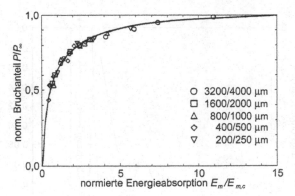

Abb. 5.8 Normierter Bruchanteil einer Quarzfraktion in Abhängigkeit des normierten Energieaufwands

4000 μm ergaben [5.12], dass sich der Bruchanteil durch eine Masterkurve in der Form einer Exponentialfunktion und die Bruchfunktionen als oben begrenzte Normalverteilungen darstellen lassen (Abb. 5.8 und 5.9).

$$P/P_\infty = 1 - \exp\left\{-(E_M/E_{M,c})^\beta\right\} \tag{5.2}$$

Hier ist P der Bruchanteil; P_∞ der obere Grenzwert von P; E_M die massenbezogen umgesetzte Energie; $E_{M,c}$ ein charakteristischer Wert von E_M und β ein Kurvenformparameter.

Für Quarz gelten folgende Werte: $P_\infty = 0,89$, $\beta = 0,54$, $E_{M,c} = K(d_c/d)^{0,52}$, $K = 10\ \mathrm{Jg}^{-1}$, $d_c = 60\ \mu\mathrm{m}$. Der Einfluss der Partikelgröße ist beim Bruchanteil in $E_{M,c}$ und bei der Bruchfunktion im normierten Medianwert und der Standardabweichung enthalten. $E_{M,c}$ erhöht sich mit abnehmender Partikelgröße, was der zunehmenden Partikelfestigkeit entspricht. Der normierte Medianwert nimmt dabei zu und die Standardabweichung ab, d. h. der Zerkleinerungsgrad verringert sich,

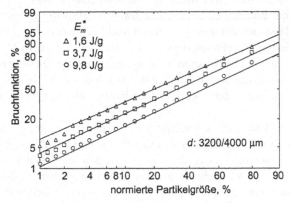

Abb. 5.9 Bruchfunktion der Quarzfraktion 3200/4000 μm bei interpartikulärer Beanspruchung mit drei unterschiedlichen E_M^*-Werten

und die Verteilung der Bruchstücke wird steiler. Diese beiden Verteilungsparameter sind zudem von der Beanspruchungsintensität in der Form abhängig, dass mit deren Zunahme der Zerkleinerungsgrad wächst und sich die Verteilung verbreitert.

In einem polydispersen Gutbett ändern sich Zahl und Richtung der Kontaktkräfte mit der granulometrischen Zusammensetzung, deshalb lässt sich die Zerkleinerung nicht durch eine anteilsgewichtete Addition der Ergebnisse von monodispersen Gutbetten berechnen. Prinzipiell gelten die Tendenzen, dass die feineren Partikeln stärker und die gröberen weniger stark beansprucht werden. Diesem Effekt wird in einem Modell [5.12] mit einer Energiesplittfunktion entsprochen, die die Aufteilung der Energie auf die Fraktionen erfasst. Experimentelle Untersuchungen haben gezeigt, dass diese Funktion sowohl vom Körnungsaufbau als auch von der Beanspruchungsintensität abhängt.

5.1.2.5 Spröd-plastischer Übergang
Wie bereits besprochen, verformt sich der Kontaktbereich feiner spröder Partikeln teilweise inelastisch. Dieser Effekt verstärkt sich mit abnehmender Partikelgröße derart, dass die Partikel zu einem Fladen zusammengedrückt wird und kein Bruchpunkt existiert. In Abbildung 5.10 sind die Beanspruchungsdiagramme für eine 83-µm- und eine 6,1-µm-Marmorpartikel und die REM-Aufnahmen nach der Beanspruchung dargestellt [5.13]. Bei der größeren Partikel sind der Bruchpunkt und die Spitzen der Bruchereignisse in der zweiten Phase erkennbar. Die Bruchstücke besitzen Bruchflächen parallel zur Beanspruchungsrichtung, diese Brüche entsprechen den Meridianbrüchen in Kugeln bei inelastisch verformtem Kontaktbereich. Die 6,1-µm-Partikel wird zu einem Fladen von 1,2 µm mit Randbrüchen zerquetscht, und die Beanspruchungskurve verläuft glatt. Es existiert offensicht-

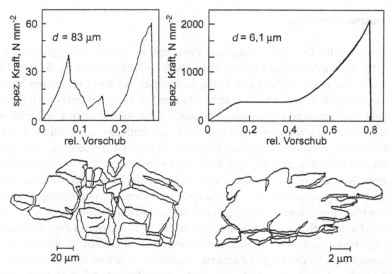

Abb. 5.10 Belastungsdiagramme und Skizzen von REM-Aufnahmen von Marmorpartikeln, links 83 µm und rechts 6,1 µm

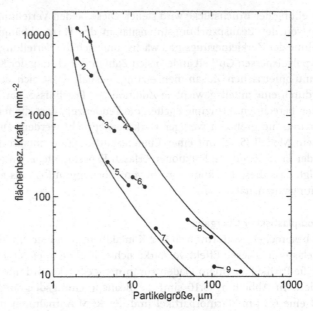

Abb. 5.11 Spröd-plastische Übergangsbereiche, Borcarbid (1), kristallines Bor (2), Quarz (3), Zement-klinker (4), Kalkstein (5), Marmor (6), Steinkohle (7), Zucker (8), Kaliumchlorid (9)

lich ein Größenbereich, unterhalb dem kein Bruchpunkt mehr erkennbar ist; dieser wird als spröd-plastischer Übergangsbereich bezeichnet (Abb. 5.11); unterhalb des Übergangsbereichs wird das Zerkleinern schwieriger.

5.1.3
Mechanische Aktivierung

Die mechanische Beanspruchung von Festkörpern bewirkt bei genügend hoher Intensität Strukturfehler und erhöht damit die freie Enthalpie der Festkörper. Dieser Effekt wird als mechanische Aktivierung bezeichnet. Bei einer intensiven Mahlung kann diese erheblich sein, und lässt sich mit einer Kalorimetermühle durch Vergleich der zugeführten mechanischen und der entstehenden thermischen Energie nachweisen. Die Differenz erfasst die Erhöhung der freien Enthalpie im Mahlgut. Die Energiedifferenz wird erst im Bereich der Feinmahlung merklich und kann über 10% der zugeführten mechanischen Energie betragen. Die mechanische Aktivierung löst verschiedene Phänomene aus, die unter den Begriffen Mechano- oder Tribochemie subsummiert werden; dazu gehören polymorphe Transformationen, Erzeugen von röntgenamorphen Bereichen, Änderungen des Ad- und Absorptionsverhalten, Erhöhung der Löslichkeit, Zerfall von Molekülen, chemische Reaktionen mit dem Medium und Festkörperreaktionen wie Agglomeratbildung mit chemischen Bindungen aus gleich- oder verschiedenartigen Partikeln, Umhüllen von Partikeln mit einem zweiten Material und mechanisches Legieren. Das ganze Gebiet ist komplex und die Literatur umfangreich; auf einige Monographien sei hingewiesen [5.14]–[5.16].

Polymorphe Transformationen sind häufig untersucht worden. Die Deutung der Ergebnisse ist nicht immer einfach, doch besteht kein Zweifel daran, dass eine genügend intensive Mahlung Kristallphasen erzeugt, die im Einsatzgut nicht vorhanden waren und ohne mechanische Aktivierung erst bei hohen Temperaturen auftreten.

Im Quarz entstehen bei langdauernder Beanspruchung in einer Schwingmühle röntgenamorphe Bereiche (Amorphisierung) [5.17]. Die Abbildung 5.12 zeigt Röntgen-Diffraktogramme des Ausgangsmaterials kleiner 200 µm sowie jene nach 40- und 200-stündiger Beanspruchung in einer Schwingmühle. Die Intensität der Röntgenlinien verringert sich ohne Verbreiterung und verschwindet nahezu. Dies ist ein eindeutiger Hinweis auf das Entstehen röntgenamorpher Bereiche.

Der hydrometallurgische Aufschluss ist ein wichtiger Prozess zur Gewinnung von Metallen. So gibt es eine umfangreiche Literatur zur *Erhöhung der Löslichkeit* durch eine mechanische Aktivierung. Als ein typisches Beispiel zeigt Abbildung 5.13 das Molybdänausbringen durch Laugen eines Flotationskonzentrates von Molybdändisulfid in einem Autoklaven in Abhängigkeit des spezifischen Energieaufwands für die Aktivierung [5.18]. Ohne mechanische Aktivierung geht das Molybdän nicht in Lösung, kann jedoch nach genügend intensiver Beanspruchung vollständig gelöst werden.

Die langdauernde Beanspruchung von Pulvermischungen in Mahlkörpermühlen zur Erzeugung eines Sinterpulvers wird als *mechanisches Legieren*; bezeichnet. Die Partikeln werden hierbei plastisch verformt, kalt verschweißt, zerbrochen und wieder verformt, geschweißt, zerbrochen und so weiter, bis Partikeln gleicher Zusammensetzung und Mikrostruktur für die weitere pulvermetallurgische Verarbeitung entstehen. Auf diese Weise gelingt die Erzeugung neuartiger Struktur- und Funktionswerkstoffe. Ein technischer Durchbruch gelang mit den ODS-Legierungen (oxide dispersions strengthened), die eine gesteigerte Hochtemperaturfestigkeit

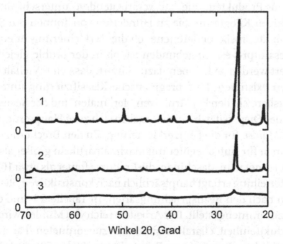

Abb. 5.12 Röntgen-Diffraktogramme von Quarz vor (1) und nach einer 40- (2) und 200-stündigen (3) Beanspruchung in einer Schwingmühle

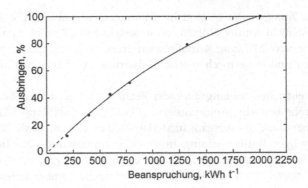

Abb. 5.13 Molybdänausbringen bei einer Drucklaugung in Abhängigkeit der spezifischen Beanspruchungsenergie in einer Schwingmühle

besitzen. Die metallische Basis ist entweder Nickel oder Eisen bzw. deren Legierungen mit Chrom oder Aluminium [5.19].

Die Forschung zum mechanischen Legieren befasst sich seit etwa einem Jahrzehnt mit sehr unterschiedlichen Stoffsystemen von metallischen und keramischen Pulvern, um Werkstoffe mit besonderen Eigenschaften zu entwickeln. Die Literatur ist sehr umfangreich; spezielle internationale Konferenzen werden veranstaltet, s. z. B. [5.20].

5.2
Zerkleinerungsmaschinen

Das sehr unterschiedliche Verformungs- und Bruchverhalten der zu zerkleinernden Materialien, der weite Dispersitätsbereich von metergroßen Aufgabestücken bis zu nanometerfeinen Produkten, die zu verarbeitenden unterschiedlichen Massenströme von wenigen Kilogramm bis zu Hunderten von Tonnen pro Stunde und andere Gesichtspunkte, insbesondere jene, ob die Zerkleinerung in einem trockenen oder nassen Gesamtprozess eingebunden ist, ob in der Mühle gleichzeitig getrocknet oder klassiert werden soll, haben dazu geführt, dass eine Vielfalt von Zerkleinerungsmaschinen existieren. Eine pragmatische Klassifizierung unterscheidet nach dem Dispersitätsbereich, den konstruktiven Merkmalen und der Beanspruchungsart.

Hinsichtlich des Dispersitätsbereichs ergeben sich zwei Hauptgruppen: *Brecher* für die Grob- und *Mühlen* für die Feinzerkleinerung. Zu den Brechern gehören Zerkleinerungsmaschinen für Aufgabegüter mit Maximalpartikeln größer als etwa 100 mm, als Mühlen bezeichnet man Maschinen, die Produkte feiner als etwa 10 mm erzeugen. Die weitere Unterteilung erfolgt hauptsächlich nach konstruktiven Merkmalen und in manchen Fällen nach den Beanspruchungsarten. In Tabelle 5.1 sind die Haupt- und Untergruppen zusammengestellt. Der Arbeitsbereich von Mühlen wird üblicherweise durch die Produktfeinheit charakterisiert; die zugeordneten Partikelgrößen sind Richtwerte für die obere Begrenzung: Feinmahlung (50 bis 500 µm), Feinstmahlung (5 bis 50 µm), Mikrofeinmahlung (0,5 bis 5 µm) und Nanofeinmahlung (< 0,5 µm).

Tab. 5.1 Einteilung der Zerkleinerungsmaschinen

BRECHER
Backenbrecher
Pendelschwingen-, Kurbelschwingenbrecher
Kegelbrecher
Steil-, Flachkegelbrecher
Walzenbrecher
Walzenbrecher mit Nocken- oder Glattwalzen
Hammer- und Prallbrecher
Hammerbrecher, Shredder, Prallbrecher
MÜHLEN
Mahlkörpermühlen
Kugel-, Stab-, Autogen-, Planeten–, Schwing-, Zentrifugal-, Rührwerkmühlen
Walzenmühlen
Wälzmühlen, Walzenstühle, Gutbett-Walzenmühlen
Prallmühlen
Rotor-, Strahl-Prallmühlen
Schneidmühlen

Nachfolgend werden die charakteristischen Merkmale der wichtigsten Zerkleinerungsmaschinen besprochen; weiterführende Darstellungen sind in [5.1]–[5.6] zu finden.

5.2.1
Brecher

Backen- und Kegelbrecher
In Backen- und Kegelbrechern wird das Brechgut durch Druck- und Schubkräfte in einem Brechraum beansprucht, der sich periodisch schließt und öffnet (Abb. 5.14, 5.15). Brecher eignen sich zur Zerkleinerung von mittelharten bis harten Materialien. Der Zerkleinerungsgrad wird durch das Verhältnis Maul- zu Spaltweite angegeben; er liegt zwischen 8 und 10. Die Maulweite liegt bei Backenbrechern zwischen 40 und 1800 mm und bei Kegelbrechern zwischen 50 und 1000 mm.

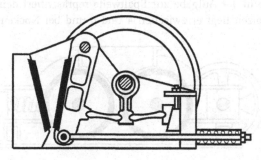

Abb. 5.14 Backenbrecher

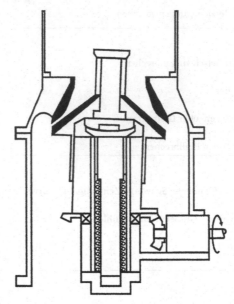

Abb. 5.15 Flachkegelbrecher

Walzenbrecher

In Walzenbrechern (Abb. 5.16, 5.17) rotieren zwei gleich große Walzen gegensinnig und im Allgemeinen mit gleicher Geschwindigkeit. Die Spaltweite ist fest eingestellt. Eine Walze ist so gelagert, dass sie bei Überlastung durch Fremdkörper ausweichen kann. Die Walzen von Grobbrechern besitzen Nocken oder Zähne, die ineinander kämmen, um einerseits den Materialeinzug zu verbessern und andererseits die Bruchauslösung zu begünstigen. Walzenbrecher eignen sich für die Zerkleinerung von mittelharten und weichen Materialien. Da der Materialtransport durch die Walzenrotation erfolgt, können auch schmierige Materialien verarbeitet werden, die Backen- und Kegelbrecher verstopfen.

Die Obergrenze d_{max} im Brechgut wird durch den Walzendurchmesser D und die Einzugsbedingungen bestimmt; so gilt für das Verhältnis (d_{max}/D) bei Glattwalzen 0,04 bis 0,07 und für Nockenwalzen 0,08 bis 0,20. Das Verhältnis maximale Stückgröße in der Aufgabe zur Spaltweite repräsentiert den Zerkleinerungsgrad; bei Glattwalzen liegt er zwischen 4 und 6 und bei Nockenwalzen zwischen

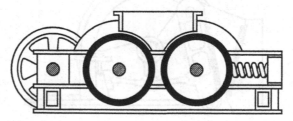

Abb. 5.16 Glattwalzenbrecher

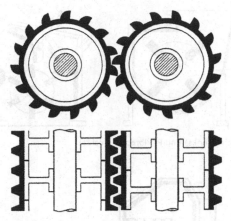

Abb. 5.17 Nockenwalzen, Querschnitt (oben), Draufsicht (unten) (eine Walze um eine halbe Nockenteilung gedreht)

5 und 12. Für Glatt- bzw. Nockenwalzen sind Durchmesser bis 1800 bzw. 2500 mm und Umfangsgeschwindigkeiten u bis 20 bzw. 12 m/s üblich.

Die Sonderbauart Flügelbrecher (Abb. 5.18) besitzt zwei oder drei mit großen geschärften Zähnen bestückte Wellen, die mit etwas unterschiedlicher Drehzahl laufen. Diese Maschinen werden zur Vorzerkleinerung von Abfallstoffen eingesetzt.

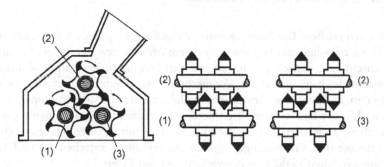

Abb. 5.18 Flügelbrecher für Leichtschrotte

Hammer- und Prallbrecher, Shredder

Das Gemeinsame dieser Maschinen ist die Beanspruchung des Brechgutes durch die Werkzeuge, die beweglich oder starr an einem Rotor angebracht sind, der mit 20 bis 60 ms^{-1} umläuft. Erstere werden Hämmer oder Schläger genannt. Für Hammerbrecher spezieller Ausgestaltungen für die Zerkleinerung von Schrotten hat sich der Begriff »Shredder« eingebürgert. Die Abbildungen 5.19 und 5.20 zeigen Prinzipskizzen.

In Hammerbrechern befindet sich am Ende des Aufgabeschachtes ein Amboss, bei manchen Bauformen ein Rost, durch dessen Schlitze die Hämmer in den Auf-

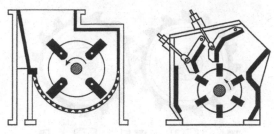

Abb. 5.19 Hammerbrecher (links) und Prallbrecher (rechts)

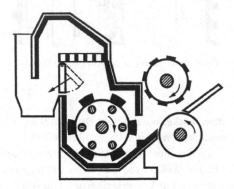

Abb. 5.20 Shredder mit Austrag oberhalb des Rotors

gabebereich reichen. Die Zerkleinerung erfolgt zweistufig, zuerst durch eine Beanspruchung zwischen den Hämmern und dem Amboss bzw. der Panzerung im Aufgabeschacht und danach durch Prall an den Hämmern bzw. am Mahlbahnrost. *Prallbrecher* besitzen einen im Vergleich zu Hammerbrechern weiträumigeren Brechraum und mehrere verstellbare Prallplatten, deren Abstand zum Rotor von oben nach unter kleiner wird. Bei Überlastung können die Prallplatten nach oben ausweichen. Hammer- und Prallbrecher werden mit Rotoren bis zu 2500 mm Durchmesser und einem Länge/Durchmesserverhältnis zwischen 0,8 und 1,5 gebaut und erreichen Zerkleinerungsverhältnisse von 15 bis 50.

    Shredder unterscheiden sich von Hammerbrecher durch folgende Modifikation:

    Vergrößerung des Brechraumes, im Allgemeinen langer Rotor, Dosierung der Aufgabe, z. B. durch Einzugskette oder -walze, und zusätzliche Austragsöffnungen für nicht oder nur schwer zerkleinerbare Schrottteile.

5.2.2
Mahlkörpermühlen

Die Mahlkörpermühlen bilden die größte Gruppe der Zerkleinerungsmaschinen. Zu ihnen gehören Autogen-, Stab-, Kugel-, Planeten-, Schwing-, Zentrifugal- und Rührwerkmühlen, also Maschinen äußerst unterschiedlicher konstruktiver Ausgestaltungen, deren gemeinsames Merkmal es ist, dass im Prozessraum eine

Mischung von Mahlkörpern und Mahlgut umgewälzt wird. Hierbei ergeben sich Stöße zwischen den Mahlkörpern und zwischen Mahlkörpern und Wand. Die Mahlkörper können verschiedene Formen haben und aus unterschiedlichen Materialien bestehen. Meistens werden Stahlkugeln eingesetzt, in Sonderfällen auch Kugeln aus Hartmaterialien, Keramik oder Glas. Andere Formen sind Stäbe, Zylinderabschnitte mit einer Länge etwa gleich dem Durchmesser (Cylpebs) oder gerundete Partikeln aus harten Mineralen (Pebbles, Kiesel, Sand). Bei einer Autogenmahlung wirken die großen Partikeln des Mahlgutes als Mahlkörper (Autogen-Mahlkörper). Der Energieeintrag erfolgt entweder durch Drehen oder eine Schwingbewegung des Mahlrohres oder durch ein Rührwerk in der Mühlenfüllung.

Kugelmühlen

Kugelmühlen bestehen aus einem horizontal gelagerten kreiszylindrischen Rohr (Abb. 5.21), das im Allgemeinen mit Kugeln, in manchen Fällen auch mit Cylpebs, gefüllt und mit einer auswechselbaren Panzerung ausgerüstet ist. Kurze Bauformen werden als Trommel- und lange als Rohrmühlen bezeichnet. Der Mahlraum von Rohrmühlen kann durch eine Zwischenwand unterteilt sein, um die erste Kammer mit großen und die zweite mit kleinen Kugeln zu füllen. Der Materialeintrag erfolgt durch eine zentrale Öffnung in einer der Stirnwände. Für den Austrag gibt es verschiedene Formen (Abb. 5.22). Bei Nassmühlen ist der Überlaufaustrag die Regel. Trockenmühlen besitzen üblicherweise eine Austragskammer; in diese fließt das Mahlgut durch die Schlitze der Austragswand, wird mit Hubelementen gehoben und rutscht über einen zentralen Konus in den Lagerhohlzapfen. Bei mittleren und kleineren Trockenmühlen erfolgt der Mahlgutaustrag durch Schlitze in der Rohrwand am Mühlenende. Die Baugrößen reichen von Labormühlen mit Abmessungen im Dezimeterbereich bis zu Großmühlen mit Rohrdurchmessern bis zu 6 m und Längen bis zu 20 m, einer Kugelfüllung von mehreren Hundert Tonnen und einer Kapazität bis zu mehreren Hundert Tonnen pro Stunde.

Die Betriebsbedingungen werden durch folgende dimensionslose Kenngrößen gekennzeichnet: Kugelfüllgrad ϕ_K (Schüttvolumen der Mahlkörper bezogen auf Mühlenvolumen), Gutfüllgrad ϕ_G (Schüttvolumen des Mahlgutes bezogen auf

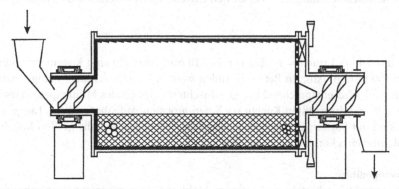

Abb. 5.21 Kugelmühle für Trockenmahlung mit Austragskammer, Sortierpanzerung und Zahnkranz-Ritzel-Antrieb

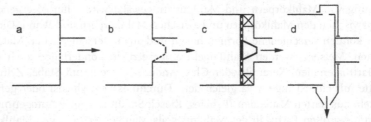

Abb. 5.22 Austrag bei Kugelmühlen, a), b) Überlauf, c) Austragskammer, d) peripherer Austrag

Hohlraumvolumen in der Kugelschüttung), Suspensionsfüllgrad ϕ_S (Suspensionsvolumen bezogen auf Hohlraum der Kugelschüttung), relative Drehzahl ψ (Drehzahl zur kritischen Drehzahl n_C entsprechend $2\pi n_C^2 D = g$). Übliche Einstellungen sind: $\phi_K = 0,30 - 0,40, \phi_G \approx 1$, $\phi_S \approx 1, \psi \approx 0,65 - 0,80$. Der Leistungsbedarf P wird hauptsächlich durch die Bewegung der Kugelfüllung, also von der Mühlengröße (Durchmesser D und Länge L) und die Kugeldichte ρ_K bestimmt:

$$P = K_P g^{1,5} \rho_K L D^{2,5} \quad \text{mit} \quad K_P = (\sqrt{2}\pi/4)(1 - \varepsilon_K)(1 + k_m)(\phi_K s_{rel}\psi). \tag{5.3}$$

Hier bezeichnet g die Erdbeschleunigung; ε_K die Porosität in der Kugelschüttung; k_m die Gut- bzw. Suspensionsmasse bezogen auf die Kugelmasse; s_{rel} den Abstand des Füllungsschwerpunktes bezogen auf den Mühlendurchmesser.

Die einzige Unbekannte s_{rel} in Gleichung (5.3) ist von ϕ_K und ψ sowie der inneren und äußeren Reibung abhängig. Im Bereich üblicher Einstellungen liegt s_{rel} zwischen 0,15 und 0,25 und K_P zwischen 0,02 und 0,04. Die Kugelgröße d_K beeinflusst P nicht direkt, sondern nur indirekt über ihren Einfluss auf die Reibungsverhältnisse, bestimmt jedoch entscheidend den Zerkleinerungsprozess, denn sie überträgt die Energie auf das Mahlgut. Mit abnehmender Kugelgröße wird die Kugelanzahl größer, andererseits reduziert sich die Stoßenergie. Wegen dieser für das Zerkleinern gegenläufigen Tendenzen gibt es einen optimalen d_K-Bereich, der von Partikelgröße d und von der Mahlbarkeit abhängt. Die bekannten Gleichungen dafür haben die Form:

$$d_K \sim d^a D^{-b}, \tag{5.4}$$

mit a = 0,4 bis 1 und b = 1/6 bis 1/3. Für 10 mm-Partikeln sind Kugeln zwischen 50 und 100 mm günstig. In Betriebsmühlen werden Kugelmischungen eingesetzt; die Mehrzahl wird entsprechend der gewünschten Feinheit des Mühlenproduktes ausgewählt und die größten Kugeln nach den gröbsten Aufgabepartikeln. Lange Mühlen sind mit Sortierpanzerungen ausgerüstet, mit denen sich die großen Kugeln im Einlaufbereich konzentrieren (s. Abb. 5.21).

Schwingmühlen
Schwingmühlen bestehen aus einem Mahlrohr oder mehreren Mahlrohren und starken Federn als Lagerung. Dieses Schwingsystem wird durch einen Unwuchtan-

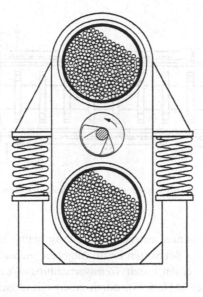

Abb. 5.23 Zweirohr-Schwingmühle

trieb mit einer Drehzahl oberhalb der Eigenfrequenz angeregt. Abbildung 5.23 zeigt eine Zweirohr-Schwingmühle mit einer zentralen Unwuchtwelle. Die Schwingbeschleunigungen liegen zwischen dem Drei- bis Zehnfachen der Erdbeschleunigung. Schwingmühlen besitzen eine höhere Leistungsdichte als Kugelmühlen und eignen sich deshalb im besonderen Maße für die trockene Feinst- und Mikrofeinmahlung sowie die mechanische Aktivierung. Als Mahlkörper werden im Allgemeinen Kugeln kleiner 20 mm eingesetzt; auch Cylpebs und Stäbe finden Verwendung.

Mahlkörperfüllgrad und Drehzahl liegen zwischen 70 und 80% bzw. 1000 und 3000 min^{-1}. Rohrschwingmühlen haben Durchmesser bzw. Längen zwischen 200 und 700 mm bzw. 500 und 2000 mm; Längen bis zu 4000 mm sind möglich. Der Mahlgutaustrag erfolgt durch Schlitzplatten.

Rührwerkmühlen
Bei Rührwerkmühlen wird die Energie durch ein Rührwerk zugeführt bzw. bei den speziellen Bauformen mit einem spaltförmigen Mahlraum durch die Rotation einer der Mahlraumwände. Abbildung 5.24 zeigt die Prinzipskizze einer üblichen Bauform (Vollraummühle) mit einem Lochscheibenrührer. Die Mahlsuspension wird auf einer Stirnseite unter Druck eingespeist, durchströmt die Kugelfüllung und verlässt den Mahlraum durch eine Trennvorrichtung zum Rückhalten der Kugeln. Bei vielen Bauformen lässt sich der Mahlraum, in besonderen Fällen auch das Rührwerk, kühlen. Für das Mahlen von abrasiven Materialien werden Mahlraumwand und Rührwerk mit einem verschleißfesten Kunststoff beschichtet. Die Mühle ist entweder vertikal oder horizontal ausgerichtet. Die Orientierung hat keinen Einfluss auf den Zerkleinerungsvorgang. Bei horizontaler Anordnung können große Mühlen leichter angefahren werden.

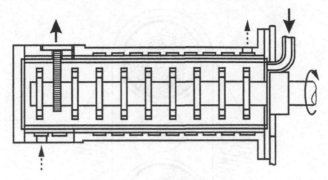

Abb. 5.24 Rührwerkmühle mit Lochscheibenrührer, → Mahlgutsuspension, ⇢ Kühlwasser

Die Rührelemente können unterschiedlich ausgestaltet sein. Gebräuchlich sind Lochscheiben oder Stifte. Bei Stiften ist im Allgemeinen auch die Wand mit Stiften bestückt. Die Kugeln werden durch Trennvorrichtungen unterschiedlicher Ausgestaltung zurückgehalten (Abb. 5.25): durch einen zylindrischen Siebkorb oberhalb des Mahlraums, eine Siebpatrone im Mahlraum oder einen Ringspalt mit einer rotierenden Spaltwand (Reibspalt) in der Stirnwand. Mühlen mit Siebkorb werden als offene Mühlen bezeichnet. Reibspalt und Siebpatrone ergeben sich aus der Forderung, geschlossene Mühlen zu bauen. Siebpatronen werden mit Schlitzen bis herab zu 50 µm gefertigt und können für Viskositäten bis zu einigen Pascalsekunden eingesetzt werden. Der Reibspalt eignet sich für höhere Viskositäten und strukturviskose Suspensionen; Spaltweiten bis herab zu 100 µm sind möglich. Die Spaltweite einer Trennvorrichtung sollte kleiner als der halbe Kugelradius sein.

Der Kugelfüllgrad liegt im Bereich 70 bis 85%, die Umfangsgeschwindigkeit der Rührelemente zwischen 2 und 20 ms^{-1} und die Zentrifugalbeschleunigung zwischen dem 30- und 500-fachen der Erdbeschleunigung. Es werden Kugeln aus Glas, keramischen Werkstoffen und Stahl zwischen 200 µm und einigen Millimetern eingesetzt. Die Feststoffbeladung der Suspension liegt zwischen 10 und 50% Volumenanteil; die Suspension muss auch mit der Endfeinheit noch pumpbar sein. Übliche Baugrößen besitzen ein Mahlraumvolumen von 0,4 bis 1000 L mit Durchmessern von 100 bis 600 mm.

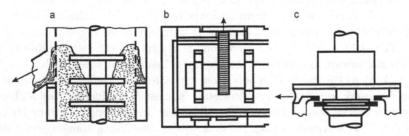

Abb. 5.25 Trennvorrichtungen, a) Siebkorb, b) Siebpatrone, c) Reibspalt

Rührwerkmühlen werden hauptsächlich für die nasse Feinst- und Mikrofeinmahlung bzw. zur Zerteilung von Agglomeraten feinster Partikeln eingesetzt. Es können weiche bis sehr harte Stoffe verarbeitet werden. Im letzteren Fall werden Mühle und Rührwerk mit Polyurethan beschichtet und arteigene Mahlkörper eingefüllt. Eine umfangreiche Darstellung zu Rührwerkmühlen findet man in [5.21]. Zur Trockenmahlung liegen einige Untersuchungen vor, die auch derartige Anwendungen zukünftig möglich erscheinen lassen.

Für den Leistungsbedarf von Langsam- bzw. Schnellläufern gelten folgende Proportionalitäten:

$$P \sim \rho_S^{0,5} \eta_S^{0,5} (L/h) D_R^{2,5} u_R^{2,5} \quad \text{bzw.} \quad P \sim \rho_S (L/h) D_R^2 u_R^3. \tag{5.5}$$

Wobei ρ_S bzw. η_S Dichte bzw. Viskosität der Suspension; L die Mühlenlänge; h der Abstand zwischen den Rührscheiben; D_R der Rührdurchmesser und u_R die Rührgeschwindigkeit bezeichnen.

Der Durchsatz hat keine Einfluss auf den Leistungseintrag, solange sich der Bewegungszustand der Füllung nicht merklich ändert, insbesondere so lange keine Mahlkörperverpressung im Ausgangsbereich auftritt. Dieses Phänomen begrenzt den Durchsatz und ist an einem steilen Anstieg der Leistung oder des Druckes im Mühlenraum erkennbar. Die Verpressung verschiebt sich zu größeren Durchsätzen, wenn Umfangsgeschwindigkeit, Kugelgröße und -dichte zunehmen bzw. Suspensionsviskosität und Kugelfüllgrad abnehmen.

Spaltraummühlen sind eine spezielle Bauform, die es in sehr unterschiedlichen Ausgestaltungen gibt [5.21]. Abbildung 5.26 zeigt eine einfache Form. Der Mahl-

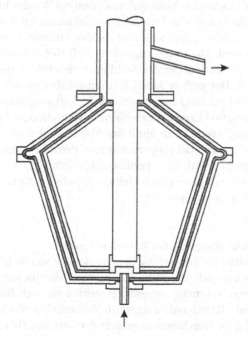

Abb. 5.26 Doppelkonus-Spaltraummühle

raum hat einen kreisringförmigen Querschnitt, wobei der innere Konus rotiert. In manchen Spaltraummühlen sind die Wände mit Stiften bestückt. Im Vergleich zu Vollraummühlen sind bei Spaltraummühlen die Leistungdichte im Mahlraum homogener, die Verweilzeitverteilung des Mahlgutes enger und die Kühlung intensiver.

5.2.3
Wälz- und Walzenmühlen

In Wälz- und Walzenmühlen wird das Mahlgut im Spalt zwischen zwei rotierenden Werkzeugen beansprucht. Bei Walzenmühlen sind das zwei zylindrische Walzen, in Wälzmühlen mehrere konische oder ballige Walzen, auch als Rollen bezeichnet, oder große Hohlkugeln, die gegen eine teller-, schüssel- oder ringförmige Mahlbahn gedrückt werden. Walzenmühlen können so konzipiert werden, dass eine Einzelkorn-Beanspruchung oder eine Beanspruchung von Kornschichten (Gutbett-Walzenmühle) erfolgt. Walzenmühlen mit Einzelkorn-Beanspruchung werden nur in wenigen Industriebereichen eingesetzt; der wichtigste davon ist die Getreidemüllerei. Diese Maschinen (Walzenstühle) besitzen drei oder auch vier Walzen, die im Allgemeinen mit etwas unterschiedlichen Umfangsgeschwindigkeiten laufen; sie werden im Folgenden nicht behandelt.

Wälzmühlen
Der Aufbau von Wälzmühlen ist in Abbildung 5.27 dargestellt. Im Maschinengehäuse befinden sich unten das Mahlwerk und oben ein Windsichter. Abbildung 5.28 zeigt vier Beispiel für Mahlwerke. Das Mahlgut wird mittig auf den rotierenden Mahlteller aufgegeben, rutscht nach außen, wird von den Mahlwerkzeugen überwälzt und vom Teller abgeworfen. Die unten zugeführte Luft (bei Kohlemahlung Rauchgas) strömt durch den Düsenring, der den Mahlteller umschließt, und transportiert das Mahlgut nach oben. Der gröbste Anteil fällt unmittelbar zurück auf den Teller, der Rest gelangt zum Sichter. Das Feingut wird mit der Luft ausgetragen. Der innere Gutkreislauf ist erheblich und kann das Zehnfache des Durchsatzes betragen.

Für die Auslegung geometrisch ähnlicher Mühlen gilt unter den Voraussetzungen, dass erstens die Mahlkraft proportional zum Produkt Walzendurchmesser mal Walzenbreite eingestellt wird, d. h. spezifische Mahlkraft F_{sp} = const, und zweitens die Zentrifugalbeschleunigung gleich bleibt, folgende Proportionalität für die Leistungsaufnahme P_{MW} des Mahlwerks:

$$P_{MW} \sim g^{0,5} F_{sp} D_T^{2,5} \tag{5.6}$$

g ist die Erdbeschleunigung; D_T der Tellerdurchmesser.

Der Leistungsbedarf für das Gebläse liegt im Bereich von 40 bis 100% von P_{MW}.

Wälzmühlen eignen sich zur Feinmahlung von mittelharten Stoffen (z. B. Kohlen, Minerale, Zementrohmehl), neuerdings werden sie auch für härtere Stoffe wie Zementklinker und Hüttensande eingesetzt. Wälzmühlen werden mit Mahltellern zwischen 0,8 und 6 m Durchmesser gebaut; der Durchsatzbereich liegt zwischen 2 und 500 t h^{-1}.

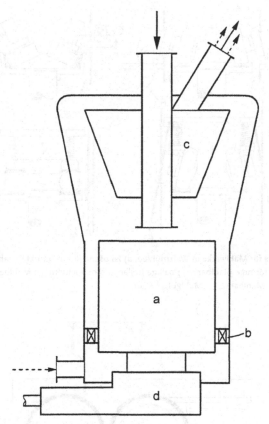

Abb. 5.27 Blockschema zum Aufbau von Wälzmühlen, a) Mahlwerk, b) Düsenring, c) Windsichter (statisch oder dynamisch), d) Kegelradgetriebe, → Mahlgut, ⤳ Luft

Gutbett-Walzenmühlen

In Gutbett-Walzenmühlen (Abb. 5.29) wird eine Partikelschicht zwischen zwei gleich großen Walzen beansprucht, die mit gleicher Drehzahl laufen. Die Lagerblöcke einer Walze sind verschiebbar; der Walzenspalt im Betrieb stellt sich entsprechend dem Kompressionsverhalten des Mahlgutes und der aufgeprägten Mahlkraft ein, die durch ein Hydrauliksystem aufgebracht wird. Der Druck auf das Mahlgut liegt zwischen 50 und 200 MPa, es agglomeriert in starkem Maße und verlässt den Walzenspalt in Form von Schülpen, die vor der Klassierung deglomeriert werden müssen. Dies geschieht im Allgemeinen im Windsichter, der gegebenenfalls mit einem zusätzlichen Rotor ausgerüstet ist. Infolge des hohen Drucks entsteht bereits bei einer Passage ein großer Anteil von Fertiggut, so dass sich ein deutlich kleinerer Kreislauffaktor als innerhalb von Wälzmühlen ergibt.

Gutbett-Walzenmühlen werden mit Walzen von 0,5 bis 2 m Durchmesser gebaut, das Längen-Durchmesser-Verhältnis liegt zwischen 0,3 und 1 und die Walzengeschwindigkeit zwischen 0,5 und 2,0 ms^{-1}. Die größten Mühlen leisten Durchsätze

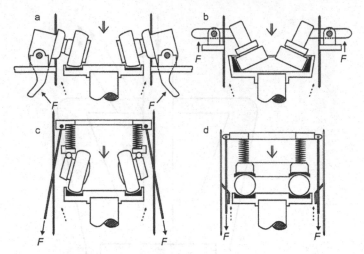

Abb. 5.28 Beispiele für Mahlwerke in Wälzmühlen, a) konische Rollen und Mahlbahnteller, b) konische Rollen und schüsselförmige Mahlbahn, c) ballige Rollen und muldenförmige Mahlbahn, d) Hohlkugeln und muldenförmige Mahlbahn, → Mahlgut, ⇢ Luft

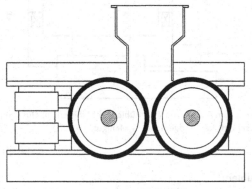

Abb. 5.29 Gutbett-Walzenmühle

bis zu 1200 t h^{-1}, mit einem Kreislauffaktor von 3 bis 4 ergibt sich daraus ein Produktdurchsatz von 300 bis 400 t h^{-1}. Gutbett-Walzenmühlen eignen sich zur Fein- und Feinstmahlung von Stoffen mit sprödem Bruchverhalten wie Zementklinker, mineralische Rohstoffe und Erze.

5.2.4
Prallmühlen

Der Gruppe der Prallmühlen werden alle Maschinen und Apparate für die Feinzerkleinerung zugeordnet, in denen die Beanspruchung der Partikel durch Prall erfolgt; der Stoßpartner kann ein Beanspruchungswerkzeug beliebiger Form oder eine Wand oder auch eine andere Partikel sein. Die kinetischen Energien von Partikel und Stoßpartner bestimmen die Beanspruchungsintensität. Der Energieeintrag erfolgt entweder durch einen schnell laufenden Rotor oder durch mehrere Gas- bzw. Dampfstrahlen; demgemäß wird zwischen Rotor- und Strahlprallmühlen unterschieden. In Rotorprallmühlen überwiegen Partikel/Werkzeug-, in Strahlprallmühlen Partikel/Partikel-Stöße. Die Umlaufgeschwindigkeiten der Rotoren liegen im Bereich von 20 bis 150 ms^{-1}, in Sonderfällen bis zu 200 ms^{-1}. Die Gas- bzw. Dampfstrahlen erreichen mindestens Schallgeschwindigkeit. Prallmühlen eignen sich für die Fein- und Feinstmahlung von mittelharten und weichen, sowie viskoelastischen Stoffen.

Rotorprallmühlen

In Rotorprallmühlen werden mineralische, pflanzliche und tierische Stoffe, die unterschiedlichsten Substanzen der chemischen und pharmazeutischen Industrie sowie Abfallstoffe verschiedener Arten gemahlen. Eine Begrenzung ergibt sich durch den Verschleiß; bei Mineralien soll die Mohshärte kleiner als 3 bis 4 sein. Die Feinheit des Produktes wird in der Regel durch eine interne Sieb- oder Strömungsklassierung bestimmt. Die Vielfalt der Mahlgüter hat dazu geführt, dass sehr unterschiedliche Bauformen entwickelt wurden. Prallmühlen werden auch zur Kaltmahlung von Kunststoffen und Gewürzen eingesetzt. Die Kühlung erfolgt mit Flüssig-Stickstoff entweder in einem vorgeschalteten Kühler oder durch Einsprühen in den Mahlraum.

Die Rotoren können eine kurze oder lange axiale Ausdehnung besitzen, also scheiben- oder walzenförmig sein. Werkzeuge am Rotorumfang sind feststehende Platten, Stifte oder gelenkig aufgehängte Hämmer (Hammermühlen) und an der Rotorstirnseite Stifte oder Nocken. Die Werkzeuge der Mahlbahn sind auf jene des Rotors abgestimmt; bei Platten und Hämmern sind es Leisten oder eine profilierte Mahlbahn, bei Stiften und Nocken ebenfalls Stifte und Nocken. Diese sind am Rotor und Stator in mehreren Ringen so angebracht, dass sie ineinander greifen. Die meisten Mühlen besitzen eine interne Klassierung, entweder mit Siebblechen in der Mahlbahn oder mittels einer Strömungsklassierung. Im Folgenden werden einige typische Bauformen besprochen.

Abbildung 5.30 zeigt eine Mühle mit Prallplattenrotor und Siebklassierung. Das Mahlgut wird zentral aufgegeben, nach außen transportiert, passiert den Schlagkreis der plattenförmigen Werkzeuge und wird von diesen beansprucht. Weitere Beanspruchungen erfolgen an der Mahlbahn bzw. beim Wiedereintreten in den Schlagkreis bis die Bruchstücke durch das Sieb den Mahlraum verlassen können. In Abbildung 5.31 ist eine Siebprallmühle mit einem Scheibenrotor abgebildet, der stirnseitig mit Nocken bestückt ist.

Hammermühlen (Abb. 5.32) besitzen meistens einen langen Rotor. Die Mahlgutaufgabe erfolgt von oben. Die Mahlbahn ist mit leistenförmigen Werkzeugen und Siebblechen bestückt. Die Rotorausrüstung kann unterschiedlich sein: eine Reihe von kräftigen Schlägern, Pakete von dünneren Blechen oder mehrfach aufgehängte Leisten in Rotorlänge.

Abbildung 5.33 zeigt eine Stiftmühle mit einem Rotor. Das Mahlgut wird wiederum zentral zugeführt. Rotor und Mahlbahn sind mit je vier Stiftreihen bestückt.

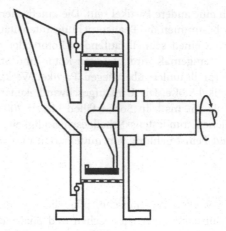

Abb. 5.30 Mühle mit Prallplattenrotor und Siebklassierung

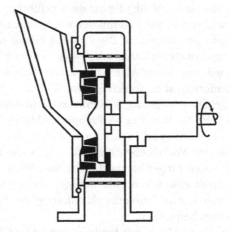

Abb. 5.31 Mühle mit Nockenrotor und Siebklassierung

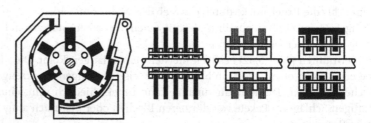

Abb. 5.32 Hammermühle mit Siebklassierung, verschiedene Ausführung der Rotorwerkzeuge

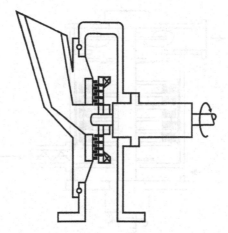

Abb. 5.33 Stiftmühle

Diese Anordnung hat auch eine Klassierwirkung, denn nur Partikeln, die fein genug sind, um von der Luftströmung um die Stifte herum gelenkt zu werden, können den Mahlraum verlassen. Stiftmühlen werden auch mit zwei gegenläufigen Rotoren gebaut, um höhere Beanspruchungsgeschwindigkeiten zu erreichen.

Die Abbildungen 5.34 und 5.35 zeigen zwei Plattenrotormühlen mit Strömungsklassierung. Bei der mit einem scheibenförmigen Rotor wird die Strömung hinter dem Rotor zentral mittels eines Ventilatorrades auf der Rotorachse abgesaugt. Die Trenngrenze ist vom Durchmesser der Absaugöffnung und der Rotordrehzahl abhängig. Einsätze mit unterschiedlich großen Absaugöffnungen ermöglichen eine Änderung der Trenngrenze bei gleicher Drehzahl. Die andere Variante besitzt einen trommelförmigen Rotor mit vertikaler Achse, der von einer profilierten Mahlbahn umschlossen ist. Die angesaugte Luft wird unten zugeführt. Die Mahlgutzugabe mittels einer Förderschnecke erfolgt am unteren Ende des Rotors. Gut und Luft strömen im Mahlraum axial nach oben. Über dem Rotor ist auf dessen Achse ein Fingerrad zum Klassieren und ein Ventilatorrad angebracht.

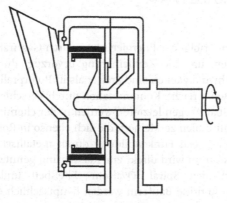

Abb. 5.34 Mühle mit Prallplattenrotor und Strömungsklassierung

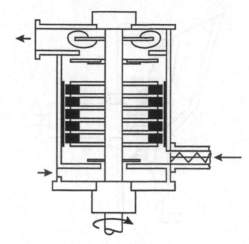

Abb. 5.35 Mühle mit walzenförmigem Prallplattenrotor und Strömungsklassierung, Prallleistenkränze von Scheibe zu Scheibe versetzt

Die Leistungsaufnahme von Rotorprallmühlen wird durch den Impulsaustausch des Rotors mit dem Medium einschließlich der Partikeln und den Lagerverlusten bestimmt. Eine allgemein gültige Beziehung dafür lässt sich nicht angeben. Experimentell wurde gefunden, dass Leerlaufleistung und Umfangsgeschwindigkeit über eine Potenzfunktion mit einem Exponenten zwischen zwei und drei verknüpft sind und der Mahlgutdurchsatz diese um 30 bis 80% erhöht. Von einigen Herstellern werden für Mühlenbaureihen Leistungsfaktoren angegeben, mit denen sich der Mahlgutdurchsatz in Abhängigkeit von der Baugröße abschätzen lässt. Diese empirischen Faktoren gelten für gleiche Rotorgeschwindigkeiten und Produktfeinheiten. Danach steigt der Durchsatz mit einer Potenz zwischen 1,5 und 2,0 des Rotordurchmessers an.

Rotor-Prallmühlen werden mit Rotoren von 200 bis 1600 mm gebaut, die maximalen Umfangsgeschwindigkeiten liegen zwischen 100 bis 140 ms^{-1} und die Motorleistungen zwischen 5 und 150 kW.

Strahlprallmühlen

In Strahlprallmühlen erfolgt der Energieeintrag durch Gasstrahlen, in Sonderfällen durch Dampfstrahlen, und die Zerkleinerung bevorzugt durch Partikel/Partikel-Stöße. Die Stoßgeschwindigkeiten sind größer als in Rotorprallmühlen, und es werden höhere Feinheiten erreicht. Kontamination durch Verschleiß sowie Staubexplosionen sind vermeidbar. Wegen letzteren werden in der chemischen Industrie auch Substanzen in Strahlmühlen zerkleinert, die sich ebenso in Rotorprallmühlen mahlen lassen, in denen jedoch Funkenbildung durch metallische Fremdteile zu befürchten ist. Der Gasstrom wird direkt zur Klassierung genutzt. Es lassen sich vier Bauformen unterscheiden: Spiral-, Ovalrohr-, Fließbett- und Gegenstrahl-Strahlmühlen. Die erste und dritte Bauform werden hauptsächlich eingesetzt und nachfolgend besprochen.

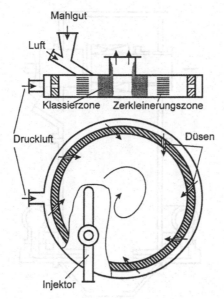

Abb. 5.36 Spiralstrahlmühle

Spiralstrahlmühlen

Die Mahlkammer von Spiralstrahlmühlen (Abb. 5.36) hat die Form eines flachen Zylinders. Das Treibgas wird über mehrere Düsen am Umfang schräg eingeblasen und verlässt den Mahlraum durch eine zentrale Öffnung. Die Gutzugabe erfolgt von oben mit einem Injektor. Bei nicht rieselfähigen Mahlgütern werden auch Förderschnecken eingesetzt. In der Mahlkammer entsteht ein komplexes, stark turbulentes Strömungsfeld, das vereinfacht als eine spiralförmige Grundströmung mit eingelagerten Freistrahlen betrachtet werden kann. Die Zerkleinerung erfolgt im Bereich der Freistahlen und die Klassierung weiter innen infolge der Spiralströmung.

Übliche Mühlen haben einen Kammerdurchmesser von 150 bis 800 mm, Großmühlen bis zu 1200 mm, Labormühlen bis herab zu 50 mm. Die Anstellwinkel der Düsen liegen zwischen 30 und 60 Grad. Der Feststoffdurchsatz ist von der Mahlbarkeit und der geforderten Feinheit abhängig; das Massenstromverhältnis von Mahlgut und Gas liegt im Bereich von 0,02 bis 0,2.

Spiralmühlen eignen sich zur Feinstmahlung nicht-abrasiver Materialien und lassen sich einfach reinigen.

Fließbett-Strahlmühlen

Eine Fließbett-Strahlmühle (Abb. 5.37) besteht aus einem vertikalen schlanken zylindrischen Behälter mit mehreren horizontal ausgerichteten Düsenlanzen im unteren und mindestens einer Klassiervorrichtung im oberen Bereich. Die Düsenlanzen sind in einer Ebene so angeordnet, dass sich die Strahlen in der Mitte treffen. Manche Bauarten besitzen eine zusätzliche vertikale Düse in der Bodenmitte. Das Mahlgut wird seitlich unten oder oben mittels einer Förderschnecke eingetragen. Die

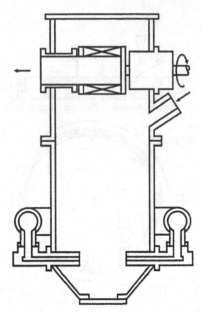

Abb. 5.37 Fließbett-Strahlmühle

Mühlenfüllung muss die Düsenebene reichlich überdecken. Die Gasstrahlen bewirken Partikel/Partikel-Stöße und fluidisieren partiell die Gutschüttung. Das Gas strömt nach oben zur Klassierzone und trägt das Produkt aus.

Eine Düsenlanze ist i. Allg. mit einer LAVAL-Düse ausgerüstet; Zylinderdüsen genügen für leichter mahlbare Materialien bzw. bei geringer Produktfeinheit. Lanzen mit mehreren Düsen erhöhen bei gleichem Gasdurchsatz die Strahlmantelfläche, wodurch sich der Partikeleinzug und damit der Zerkleinerungseffekt verbessern kann.

Fließbett-Strahlmühlen werden mit Durchmessern zwischen 0,2 und 2,5 m gebaut. Die Zahl der Düsenlanzen steigt von drei für kleine auf acht bis zwölf für große Mühlen an. Der Mahlgutdurchsatz ist von der Mahlbarkeit und der geforderten Feinheit abhängig; das Massenstromverhältnis von Mahlgut und Gas kann etwas höher als bei Spiralstrahlmühlen eingestellt werden und überstreicht den Bereich 0,03 bis 0,4; so ergeben sich bei kleinen Mühlen Durchsätze zwischen 10 und 150 kg h^{-1} und bei großen zwischen 1 und 15 t h^{-1}. Mit Fließbett-Strahlmühlen lassen sich auch harte Materialien verarbeiten, sie erweitern somit den Einsatzbereich der Strahlmahlung.

5.3
Modellierung der Zerkleinerungskinetik

Die Zerkleinerungskinetik befasst sich mit der zeitlichen Zunahme der Dispersität in Mahlprozessen; Agglomerationsvorgänge, die bei großen Feinheiten nicht ausbleiben, werden nicht berücksichtigt. Die Modelle betrachten Massenbilanzen für alle Partikelgrößenklassen, über die sich das Mahlgut erstreckt. Im Folgenden werden die grundsätzlichen Gesichtspunkte für den satzweisen und stationären Prozess besprochen. Weiterführende Darstellungen lassen sich in [5.1] und in Monographien finden, z. B. [5.22]–[5.24].

Satzweiser Prozess

Der Partikelgrößenbereich wird in N Klassen zwischen null und einer Partikelgröße, die größer ist als die maximale Partikelgröße des Aufgabegutes, eingeteilt. Die Nummerierung erfolgt vom Groben zum Feinen. Die Klassennummer richtet sich nach der oberen Begrenzung; die Klasse i enthält alle Partikeln $d_{i+1} < d \leq d_i$. Der Massenanteil m_i ändert sich durch Zufluss der Bruchstücke aus den Klassen $j < i$ und Abfluss der Bruchstücke, die kleiner als d_i sind. Es ist sinnvoll die Klassengrenzen geometrisch zu stufen, so dass für $i < N$ der Quotient d_i/d_{i+1} konstant ist. Nur für die Klasse N gilt dies nicht, denn sie muss den Bereich bis herab zu $d = 0$ erfassen.

Die Zerkleinerung wird durch die *Zerkleinerungsraten* s_j und die *Größenverteilungen* $B_j(d)$ der Bruchstücke dargestellt; Letztere werden als *Bruchfunktionen* bezeichnet. Die Zerkleinerungsrate s_j gibt den Massenanteil an, der pro Zeiteinheit die Klasse j verlässt. Die Bruchfunktionen $B_j(d)$ sind ebenfalls in diskretisierter Form einzuführen; die sich ergebenden Koeffizienten $b_{i,j}$ entsprechen jenem Massenanteil der Bruchstücke aus der Klasse j (Mutterklasse), der in die Klasse i (Tochterklasse) übergeht. Nicht die als Index gewählten Buchstaben kennzeichnen Mutter- bzw. Tochterklasse, sondern die Stellung der Indices. Es hat sich weltweit eingebürgert, dass der erste Index die Tochter- und der zweite die Mutterklasse angibt. Die b-Koeffizienten können nur für $i > j$ verschieden von null sein. Der Massenanteil des Kollektivs in der Klasse i wird mit m_i bezeichnet. Es gelten die Normierungen:

$$\sum_{i=1}^{N} m_i = 1 \quad \text{und} \quad \sum_{i=j+1}^{N} b_{i,j} = 1 \tag{5.7}$$

Die Darstellung der Zerkleinerung durch Zerkleinerungsraten und Bruchfunktionen ist deshalb sinnvoll, da diese unterschiedlichen Gesetzmäßigkeiten gehorchen.

Nach diesen Definitionen wird die Zerkleinerungskinetik des satzweisen Prozesses durch folgendes System von Differentialgleichungen beschrieben:

$$\mathrm{d}m_i/\mathrm{d}t = -s_i m_i + \sum_{j=1}^{i-1} s_j b_{i,j} m_j \quad i = 1 \text{ bis } N \tag{5.8}$$

Die Differentialgleichungen lassen sich einfach lösen, wenn die Zerkleinerungsraten und Bruchfunktionen während des Prozesses konstant bleiben, also unabhängig von der granulometrischen Zusammensetzung sind. Es ergeben sich dann lineare Differentialgleichungen erster Ordnung. Dieser Sonderfall wird als lineare oder umgebungsunabhängige Zerkleinerungskinetik bezeichnet. Die Lösung ergibt sich als Reihe von Exponentialfunktionen:

$$m_i(t) = \sum_{j=1}^{i} A_{i,j} \exp(-s_j t)$$

$$A_{i,j} = 0 \text{ für } i < j \quad A_{i,i} = f_i - \sum_{\mu=1}^{i-1} A_{i,\mu} \quad A_{i,j} = \sum_{\mu=j}^{i-1} b_{i,\mu} s_\mu A_{\mu,j}/(s_i - s_j) \text{ für } i > j$$

$$f_i = m_i(t = 0) \quad \text{Anfangsbedingung} \tag{5.9}$$

In vielen Untersuchungen wurde gefunden, dass die Trockenmahlung in Labor-Kugelmühlen und die Nassmahlung in Rührwerkmühlen sich mit der obigen Lösung beschreiben lassen. Hierbei werden die Koeffizienten der Zerkleinerungsraten und Bruchfunktionen experimentell aus den Ergebnissen der Anfangsphase des Prozesses ermittelt und für die weiterführende Mahlung über größere Prozesszeiten benutzt. Für die trockene Feinstmahlung ist die lineare Zerkleinerungskinetik nur beschränkt anwendbar.

Stationärer Prozess

Beim stationären Prozess ist die Partikelgrößenverteilung des Mühlenproduktes zu berechnen, also die Massenanteile p_i in den Größenklassen. Wenn die Voraussetzungen für die lineare Zerkleinerungskinetik erfüllt sind und weiterhin gilt, dass der Mahlguttransport in der Mühle nicht von der Partikelgröße abhängt, dann lassen sich die p_i durch Verknüpfung der Lösung für die satzweise Mahlung mit der Verweilzeitverteilung berechnen. Die Dichte $f(\tau)$ der Verweilzeitverteilung mulitpliziert mit dem Differential $d\tau$ gibt die Wahrscheinlichkeit für die Aufenthaltsdauer τ bis $\tau + d\tau$ an. In der Zeit τ wird aus dem Aufgabegut der Massenanteil $m_i(\tau)$ ermahlen. Folglich ergeben sich die p_i-Werte durch die Integration von $m_i(\tau) f(\tau)$ $d\tau$ über alle Zeiten:

$$p_i = \int_0^\infty m_i(\tau) f(\tau) d\tau \quad i = 1 \text{ bis } N \tag{5.10}$$

Bekanntlich lässt sich jede Verweilzeitverteilung in mehr oder weniger guter Annäherung durch eine Kaskade von N_K Rührkesseln beschreiben, und zwar in der Form einer Exponentialfunktion. Da auch die m_i sich als Reihen mit Exponentialfunktionen ergeben (s. Gl. (5.9)), ist das Integral (5.10) geschlossen lösbar, und es resultiert das einfache Ergebnis:

$$p_i = \sum_{j=1}^{i} \beta_j^{-N_K} A_{i,j} \quad i = 1 \text{ bis } N \tag{5.11}$$

$\beta_j = 1 + (s_j \tau_m / N_K)$, τ_m mittlere Verweilzeit in der Mühle.

Die mathematische Ableitung ist in [5.1] dargestellt.

Wenn auch die Voraussetzungen für die einfache Modellgleichung nicht immer erfüllt sein dürften, so ist sie doch als erste Näherung und als Basis für die Auslegung von Mühlen und für Regelalgorithmen nützlich, wenn nicht zu große Abweichungen um einen Betriebspunkt betrachtet werden.

Die Modellierung kann auch mit Matrizengleichungen formuliert werden, die einfacher zu handhaben sind, insbesondere für Anlagen mit Mühlen und Klassierern, siehe hierzu [5.1].

6
Agglomerieren

Durch Agglomerieren werden feindisperse Partikeln zu größeren Gebilden – Agglomeraten bzw. Granulaten oder Pellets – zusammengefügt, die als Schüttgut besser handhabbar sind und bestimmte, erwünschte Eigenschaften besitzen. Infolge dieser »Produktgestaltung« (s. u.) wird der feindisperse Zustand des Feststoffs – hervorgerufen durch den Herstellungsprozess oder erforderlich für die Weiterverarbeitung – vorübergehend aufgehoben. Agglomerierte Produkte neigen weniger zum Anhaften, Stauben und Entmischen, verfügen über ein definiertes Schüttgewicht und lassen sich besser dosieren und transportieren. Ferner kann man mit verschiedenen Verfahren Agglomerate erzeugen, die schnell befeuchtet werden können und schnelles Dispergieren der Primärpartikeln erlauben. Die bequemere Handhabung sowie ein attraktiveres Aussehen eines Produkts sind im Bereich der Consumerprodukte weitere Motive, Pulver zu agglomerieren. Fortgeschrittene Verfahren zur Erzeugung pulverförmiger Formulierungen erlauben die Herstellung von Agglomeraten, die beispielsweise Inhaltsstoffe definiert freisetzen oder deren Verhalten sich milieuabhängig verändert (»intelligente«/»maßgeschneiderte« Partikeln). In vielen Industriezweigen ist daher seit langem das Agglomerieren als Methode zur Verbesserung der Eigenschaften disperser Feststoffsysteme üblich. Hierzu zählen auch Anwendungen, bei denen staubförmige Produktionsrückstände der Weiterverarbeitung zugänglich gemacht werden.

Nicht jede Methode zur Partikelvergrößerung kann für jeden Anwendungsfall eingesetzt werden. Auch ist es meist unmöglich, alle interessierenden Eigenschaften eines Pulvers gleichermaßen zu optimieren, da in vielen Fällen einander widersprechende Forderungen zu erfüllen wären. Im allgemeinen ist daher zur Auswahl des Verfahrens eine Gesamtoptimierung erforderlich.

Agglomeration ist ein bekanntes Beispiel für *Produktgestaltung*, d. h. die Herstellung von gewünschten Produkteigenschaften mit den Methoden der Verfahrenstechnik [6.1].

6.1
Physikalische Grundlagen der Agglomeration – Wechselwirkungskräfte

Die Haftkraft ist »... der absolute Betrag einer Kraft, die im Schwerpunkt einer Partikel angreift und parallel zur auswärts gerichteten Flächennormalen des Substrats wirkt, und als minimale Kraft zur Trennung der Verbindung zwischen Partikel und Substrat innerhalb einer vorgegebenen Zeitspanne erforderlich ist« [6.2]. Systema-

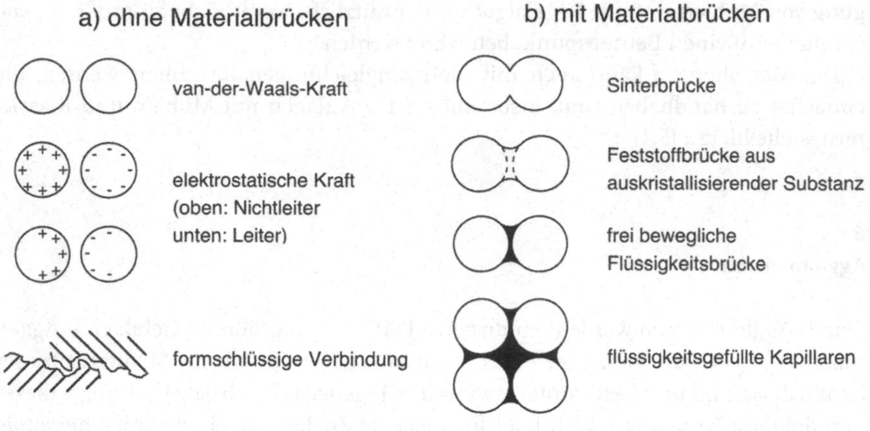

a) ohne Materialbrücken

b) mit Materialbrücken

van-der-Waals-Kraft

Sinterbrücke

elektrostatische Kraft
(oben: Nichtleiter
unten: Leiter)

Feststoffbrücke aus
auskristallisierender Substanz

frei bewegliche
Flüssigkeitsbrücke

formschlüssige Verbindung

flüssigkeitsgefüllte Kapillaren

Abb. 6.1 Haftmechanismen zwischen Partikeln in gasförmiger Umgebung

tisch zusammengefaßt wurden die Haftkräfte erstmals von Rumpf [6.3], der fünf Bindungsarten als wesentlich für das Agglomerieren bezeichnet: Festkörperbrücken, Kapillarkräfte, Adhäsion/Kohäsion, Anziehungskräfte und Formschluß. Alternativ können die Bindemechanismen auch anhand der Frage, ob stofflicher Kontakt zwischen den Partikeln besteht, in zwei Gruppen eingeteilt werden (Abb. 6.1).

Stärke und Reichweite der Haftkräfte, die die Primärpartikeln verbinden, bestimmen die Festigkeit eines Agglomerats und müssen seinem Verwendungszweck angemessen sein. Haftkräfte unterliegen zeitlichen Änderungen, z.B. aufgrund Beanspruchung des Agglomerats und Wechselwirkungen mit der Umgebung, wie Ad- und Desorption, Wärmeübertragung, Austausch einer umgebenden Gasphase durch eine benetzende Flüssigkeit, usw. Seit der Einführung der Rasterkraftmikroskopie und anderer, hochauflösender Verfahren sind Haftkräfte direkten Messungen zugänglich. Ferner existieren Modellvorstellungen über die Wirkungsweise verschiedener Haftmechanismen.

6.1.1
Festkörperbrücken

Festkörperbrücken können hervorgerufen werden durch Sinterung (oberhalb etwa 60% der absoluten Schmelztemperatur), Rekristallisation, Kornwachstum, chemische Reaktion, Schmelzhaftung (lokal an Rauigkeitskontakten durch Pressen und Reibungswärme), erhärtende Bindemittel und Kristallisation gelöster Substanzen.

Rekristallisation kann beispielsweise auftreten, wenn die Primärpartikeln oberflächlich amorphisiert sind [6.4]. Während erhärtende Bindemittel eher selten eingesetzt werden, spielt die Kristallisation bzw. glasartige Erstarrung gelöster Stoffe im Kontaktbereich der Primärpartikeln beim Trocknen eine bedeutende Rolle. Während des Trocknens konzentriert sich die gelöste Substanz im Kontaktbereich und erstarrt zur Festkörperbrücke, wobei die Eigenschaften der Verbindung von der Trocknungsgeschwindigkeit beeinflußt werden [6.5].

Festkörperbrücken können im Idealfall Spannungen bis zur Bruchfestigkeit des Brückenmaterials übertragen. Eine Berechnung der Festigkeit der Brücke oder des Agglomerats ist jedoch meist nicht möglich, da Abmessungen und Struktur nicht mit vertretbarem Aufwand zu ermitteln sind. Das Deformationsverhalten des Feststoffs bestimmt die Reichweite der Haftkraft. Eine Zerstörung der Festkörperbrücke ist üblicherweise irreversibel.

6.1.2
Grenzflächenkräfte und Kapillardruck an freibeweglichen Flüssigkeitsoberflächen (kapillare Haftkräfte)

Eine Flüssigkeit mit freibeweglicher Oberfläche im Kontaktbereich zweier Körper trägt aufgrund der Grenzflächenspannung der Flüssigkeit zur Haftung bei. Die Haftkraft wird hierbei ausschließlich durch Oberflächenkräfte in der Gas/Flüssigkeits-Grenzfläche übertragen [6.3]. Brücken aus freibeweglicher Flüssigkeit sind per Definition leicht verformbar und können nach einer Trennung bei erneutem Kontakt der Partikeln wieder aufgebaut werden. Man unterscheidet je nach Sättigungsgrad des Agglomerats zwischen dem Kapillarbereich, dem Übergangsbereich und dem Brückenbereich (Abb. 6.2).

Im Kapillarbereich ist der Porenraum soweit mit Flüssigkeit gefüllt, dass noch keine Flüssigkeitsbrücken existieren. Diese treten erst im Übergangsbereich auf. In diesen Bereichen ist der Kapillardruck die maßgebliche Größe für den Zusammenhalt des Agglomerats. Er berechnet sich nach der LAPLACE-Gleichung zu

$$pk = \gamma\left(\frac{1}{R_1} + \frac{1}{R_2}\right) \tag{6.1}$$

Hierin sind γ die Oberflächenspannung der Flüssigkeit und R_1 und R_2 die Hauptkrümmungsradien der Flüssigkeitsoberfläche, die in komplizierter Weise von der Geometrie der Festkörperoberflächen sowie vom Randwinkel abhängen [6.6].

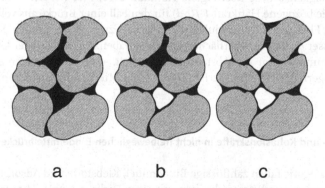

a   b   c

Abb. 6.2 Flüssigkeitsverteilung in Haufwerksporen; a) Kapillarbereich, b) Übergangsbereich, c) Brückenbereich

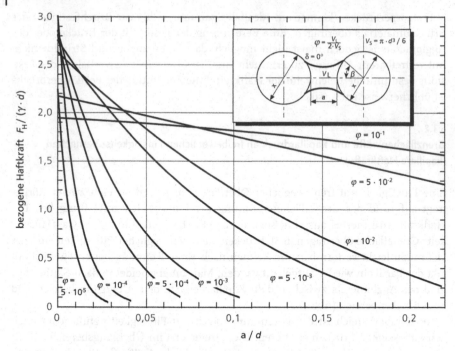

Abb. 6.3 Bezogene Haftkraft einer Flüssigkeitsbrücke zwischen zwei Kugeln als Funktion des Abstands-verhältnisses a/d für verschiedene bezogene Flüssigkeitsvolumina $\varphi = V_L/(2V_S)$.
V_L = Brückenvolumen, V_S = Kugelvolumen.

Agglomerate aus Feststoffpartikeln und geringen Mengen Flüssigkeit befinden sich im Brückenbereich. In feuchter Atmosphäre können kleine Flüssigkeitsbrü-cken bereits aufgrund des Effekts der Kapillarkondensation entstehen. Die Stärke der an den Kontaktpunkten übertragenen Haftkraft hängt auch hier von der örtli-chen Geometrie der beteiligten Körper, den Benetzungseigenschaften der Flüssig-keit sowie den Abmessungen der Brücke ab. Für einfache Geometrien kann die von einer Flüssigkeitsbrücke übertragene Haftkraft berechnet werden [6.6]. Abbildung 6.3 zeigt die bezogene Haftkraft $F/(\gamma d)$ für den Fall einer Brücke aus vollständig be-netzender Flüssigkeit (Randwinkel 0°) zwischen zwei gleich großen Kugeln vom Durchmesser d, die den Oberflächenabstand a haben. Bei kleiner werdendem Flüs-sigkeitsvolumen steigt die Abstandsabhängigkeit, was bei sehr kleinen Brücken schon bei geringer Dehnung (z. B. aufgrund von Mikrorauigkeiten) zum Zerreißen führt.

6.1.3
Adhäsions- und Kohäsionskräfte in nicht freibeweglichen Bindemittelbrücken

In diese Kategorie fallen zähflüssige Bindemittel, Klebstoffe und Adsorptionsschich-ten (z. B. adsorbierte Wasserschichten mit einer Dicke < 3 nm). Hier tragen Kohä-sionskräfte zwischen den Bindemittelmolekülen im gesamten Querschnitt der

Brücke zur Übermittlung der Haftkraft bei. Aufgrund der Zähigkeit sind die vom Bindemittel übertragenen Kräfte von der Deformationsgeschwindigkeit abhängig.

Brücken aus zähflüssigen Bindemitteln übertragen kurzfristig hohe Haftkräfte, so daß die Agglomerate widerstandsfähig gegen Stoß oder Abrieb sind. Bei langandauernder Belastung kann es jedoch zur Deformation der Agglomerate kommen. Brücken aus zähflüssigen Bindemitteln können nach einer Zerstörung bei erneutem Kontakt ebenfalls wieder aufgebaut werden.

6.1.4
Anziehungskräfte zwischen den Festkörperteilchen

Wechselwirkungskräfte, die ohne Materialbrücke zwischen den Partikeln eines Agglomerats wirksam sind, sind van-der-Waals-Kräfte, elektrostatische Kräfte, magnetische Anziehung und Valenzkräfte (bei der Agglomeration von untergeordneter Bedeutung). Die übertragbaren Haftkräfte sind meist niedriger als in den Fällen, die in den Abschnitten 6.1.1 bis 6.1.3 diskutiert wurden. Es existiert eine reversible funktionale Abhängigkeit zwischen dem Partikelabstand und der Stärke der Wechselwirkung. Elektrostatische Wechselwirkungen zwischen elektrisch nichtleitenden Partikeln (Coulomb-Kräfte) haben von allen Bindemechanismen die höchste Reichweite.

Van-der-Waals-Kräfte
Die van-der-Waals-Wechselwirkung wird durch elektromagnetische Fluktuationen hervorgerufen und ist stets existent. Sowohl bei beabsichtigten wie auch bei unkontrollierten Agglomerationsvorgängen insbesondere hochdisperser Partikeln spielt die van-der-Waals-Wechselwirkung eine bedeutende Rolle. KRUPP [6.2] übertrug das Modell von LIFSHITZ auf die Wechselwirkung einer Kugel mit einem Halbraum und auf die Wechselwirkung zwischen zwei Kugeln (Abb. 6.4). Für die

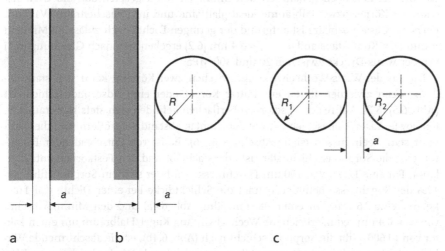

Abb. 6.4 Schematische Darstellung der Haftsysteme Halbraum/Halbraum (a), Kugel/Halbraum (b) und Kugel/Kugel (c)

Wechselwirkung zwischen zwei Halbräumen im Abstand a (Abb. 6.4a) ergibt die makroskopische Theorie für die van-der-Waals-Kraft bezogen auf die Kontaktfläche (van-der-Waals-Druck)

$$P_{\text{vdw}}^{-} = \frac{\hbar\bar{\omega}}{8\pi^2 a^3} \tag{6.2}$$

Die van-der-Waals-Anziehungskräfte zwischen einem Halbraum und einer Kugel mit Radius R (Abb. 6.4b), beziehungsweise zwischen zwei Kugeln mit unterschiedlichen Radien R_1 und R_2 (Abb. 6.4c), betragen

$$F_{\text{vdw}}^{\circ|} = \frac{\hbar\bar{\omega}R}{8\pi a^2} \tag{6.3}$$

bzw.

$$F_{\text{vdw}}^{\circ\circ} = \frac{\hbar\bar{\omega}}{8\pi a^2} \cdot \frac{R_1 \cdot R_2}{R_1 + R_2} \tag{6.4}$$

mit $2\pi\hbar = h$ (Plancksches Wirkungsquantum) und $\bar{\omega}$ = charakteristische Kreisfrequenz der elektromagnetischen Fluktuation. Für reale Stoffsysteme nimmt $\hbar\bar{\omega}$ Werte zwischen 0,6 und 9 eV an. Im allgemeinen gilt nach KRUPP [6.2] ferner, daß sich die van-der-Waals-Wechselwirkung zwischen zwei Körpern unterschiedlicher Zusammensetzung als geometrisches Mittel der Wechselwirkungen zwischen entsprechenden Körpern aus jeweils nur der einen oder der anderen Substanz berechnen läßt, z. B. für die Wechselwirkung Halbraum-Halbraum mit:

$$P_{vdW12}^{-}(a) \approx \sqrt{P_{vdW11}^{-}(a) \cdot P_{vdW22}^{-}(a)} \tag{6.5}$$

Es wird bei den oben genannten Berechnungen vorausgesetzt, daß die Grenzflächen der Körper bzw. Halbräume ideal glatt sind und im Zwischenraum Vakuum herrscht (Gasatmosphäre ist aufgrund der geringen Dichte noch zulässig). Mit dem minimalen Kontaktabstand $a = z_0 = 0{,}4$ nm [6.2] ergeben sich nach Gleichung (6.2) van-der-Waals-Drücke zwischen 20 und 300 MPa.

Die van-der-Waals-Wechselwirkung zwischen zwei Körpern kann sich stark ändern, wenn zwischen ihnen ein dritter Körper oder eine Adsorptionsschicht ist (Abb. 6.5) [6.7]. Auf realen Festkörperoberflächen befinden sich stets Nanorauigkeiten sowie Adsorptionsschichten, die den Kontaktabstand vergrößern und die Haftkraft stark beeinflussen (siehe Abschnitt 6.1.6). Es ist von entscheidender Bedeutung, ob die Sorptionsschicht starr ist oder nachgibt und den Festkörperkontakt erlaubt. Für eine Kugel von 100 μm Durchmesser, auf der sich ein Sorptionsfilm von 1‰ der Kugelmasse befindet, beträgt die Schichtdicke bei einer Dichte von 1 000 kg·m^{-3} etwa 16 nm. Für einen starren Film (Abb. 6.4a) und den Minimalabstand von $z_0 = 0{,}4$ nm reduziert sich die Wechselwirkung Kugel/Halbraum um einen Faktor von >1 600. Gibt die Sorptionsschicht nach (Abb. 6.4b), ist die abschirmende Wirkung geringer, stattdessen tritt zusätzlich eine anziehende Wechselwirkung im Kontaktbereich Kugel/Sorptionsschicht auf.

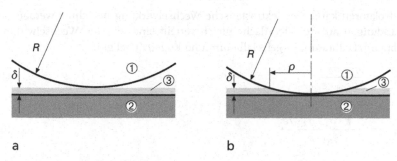

a   b

Abb. 6.5   Haftsystem Kugel/Halbraum bei Vorhandensein einer Sorptionsschicht auf dem Substrat [6.7].
a) Starke Sorption, b) schwache Sorption

Elektrostatische Wechselwirkung

Elektrostatische Kräfte können je nach Ladung der wechselwirkenden Körper anziehend oder abstoßend wirken. Elektrostatische Aufladung eines Pulvers kann durch Triboelektrizität, aber auch durch Zerkleinerung oder durch Absorption von Ladungsträgern verursacht werden. An Kontaktstellen zwischen Partikeln aus unterschiedlicher Substanz kann ein Ladungsaustausch infolge unterschiedlicher Elektronenaustrittsarbeit erfolgen. Der Maximalwert der Überschussladungsdichte liegt bei 100 Elementarladungen je Quadratmikrometer. Für ideal glatte, kugelförmige Körper unterhalb 100 μm Durchmesser muß die elektrostatische Kraft nicht berücksichtigt werden, da sie auch bei maximaler Ladungsdichte bzw. hohen Kontaktpotenzialen deutlich kleiner als die van-der-Waals-Kraft ist. Bei realen Stoffsystemen ist sie dagegen nicht mehr vernachlässigbar [6.2], [6.8].

Die Verteilung der Ladungsträger hängt von der Leitfähigkeit der beteiligten Stoffe ab (Abb. 6.5). Sobald ein Kontakt erfolgt, kann einerseits eine aufgrund vorheriger, gegensinniger Aufladung bestehende Anziehungskraft bei leitfähigen Partikeln durch Ladungsausgleich nachlassen. Pietsch [6.9] schließt daraus, daß eine Anziehung aufgrund von Überschussladungen allenfalls im Anfangsstadium der Agglomeratbildung von Bedeutung ist. Unterschiede in der Elektronenaustrittsarbeit können andererseits bewirken, daß sich an Berührungspunkten zwischen Partikeln aus unterschiedlichem Material ein Kontaktpotenzial (meist im Bereich 0,1 bis 0,7 V) aufbaut und eine elektrostatische Anziehungskraft wirksam wird. Für die elektrostatischen Wechselwirkungen Halbraum/Halbraum, Kugel/Halbraum und Kugel/Kugel gilt bei Leitern:

$$P_{\text{el.stat.}}^{-} = \frac{\varepsilon_{\text{rel}} \cdot \varepsilon \cdot U^2}{2 \cdot a^2} \tag{6.6}$$

$$F_{\text{el.stat.}}^{\circ|} = \frac{\pi \cdot \varepsilon_{\text{rel}} \cdot \varepsilon \cdot U^2 \cdot R^2}{2} \tag{6.7}$$

$$F_{\text{el.stat.}}^{\circ\circ} = \frac{\pi \cdot \varepsilon_{\text{rel}} \cdot \varepsilon \cdot U^2 \cdot R}{2 \cdot a} \tag{6.8}$$

Für Isolatoren kann die elektrostatische Wechselwirkung berechnet werden, wenn die Ladungen auf der Oberfläche gleich verteilt sind. Für die Wechselwirkungen Halbraum/Halbraum, Kugel/Halbraum und Kugel/Kugel gilt:

$$P_{\text{el.stat.}}^{-} = \frac{\sigma_1 \cdot \sigma_2}{2 \cdot \varepsilon_{\text{rel}} \cdot \varepsilon} \tag{6.9}$$

$$F_{\text{el.stat.}}^{\circ|} = \frac{2 \cdot \pi \cdot \sigma_1 \cdot \sigma_2 \cdot R^2}{\varepsilon_{\text{rel}} \cdot \varepsilon} \tag{6.10}$$

$$F_{\text{el.stat.}}^{\circ\circ} = \frac{\pi \cdot \sigma_1 \cdot \sigma_2}{\varepsilon_{\text{rel}} \cdot \varepsilon} \cdot \left(\frac{2 \cdot R_1 \cdot R_2}{R_1 + R_2 + a} \right)^2 \tag{6.11}$$

Hierbei sind a der Oberflächenabstand, R, R_1, R_2 die Kugelradien, ε_{rel} und ε die relative bzw. absolute Dielektrizitätskonstante des umgebenden Mediums, U das Kontaktpotenzial, σ_1 und σ_2 die Ladungsdichten der Kontaktpartner.

6.1.5
Vergleich zwischen Haftkräften

Die Abbildung 6.6 zeigt für die Systeme Kugel/Halbraum und Kugel/Kugel die Abhängigkeit verschiedener Haftkräfte (Flüssigkeitsbrücke, van-der-Waals-Kraft, elektrostatische Anziehung für Leiter und Isolator) vom Kugeldurchmesser. Es sind sowohl reale (praktische) Haftkräfte als auch die auf das Kugelgewicht bezogene Haftkraft dargestellt. Bei den realen Haftkräften sind Oberflächenrauigkeiten der Haftpartner berücksichtigt. Dadurch ändert sich der Oberflächenabstand a bzw. das Abstandsverhältnis a/d, was sich unterschiedlich auf die verschiedenen Haftkräfte auswirkt. Für die in Abbildung 6.6 vermerkten Werte von a und a/d sind die jeweiligen Streubreiten der Haftkräfte schraffiert dargestellt. Man erkennt, dass van-der-Waals-Kräfte empfindlich auf Abstandseinflüsse reagieren, also einen großen Streubereich zeigen, der auch durch viele Messungen bestätigt wurde [6.7], [6.10]–[6.12]. Bei der Flüssigkeitsbrücke mit dem Brückenwinkel $\beta = 20°$ ist die Abstandsabhängigkeit nur gering, beim elektrostatischen Isolator entfällt sie. Bei der theoretischen Haftkraft (Abb. 6.6 rechts) wurde eine ideal glatte, starre Oberfläche der Haftpartner angenommen.

Bis auf elektrische Nichtleiter, bei denen die bezogene Haftkraft proportional zum Partikeldurchmesser abnimmt, vermindern sich die bezogenen Haftkräfte proportional zum Quadrat des Partikeldurchmessers. Abbildung 6.6 veranschaulicht, warum insbesondere feindisperse Partikelsysteme stark kohäsives Verhalten zeigen können.

Von großer Wichtigkeit ist die Abstandsabhängigkeit der Haftkräfte. In Abbildung 6.3 ist diese für Flüssigkeitsbrücken dargestellt. Für die van-der-Waals-Kräfte ergibt sich entsprechend den Gleichungen (6.2) bis (6.4) eine starke Abstandsabhängigkeit ($F \sim a^{-2}$). Elektrostatische Wechselwirkungen dagegen sind im Fall Kugel/Halbraum oder Kugel/Kugel bei Leitern proportional $1/a$ (Gl. (6.7) und (6.8)). Bei Isolato-

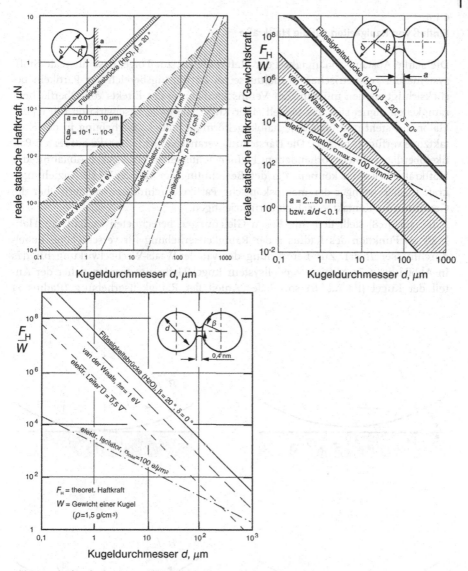

Abb. 6.6 Haftkräfte für die Modelle Kugel/Halbraum und Kugel/Kugel.
Links oben: Reale statische Haftkraft Kugel/Halbraum. Rechts oben: Reale statische Haftkraft Kugel/
Kugel. Links unten: Theoretische bezogene statische Haftkraft Kugel/Kugel

ren existiert sogar im Fall Kugel/Halbraum keine und im Fall Kugel/Kugel nur eine
schwache Abstandsabhängigkeit (Gl. (6.10) und (6.11)). Dementsprechend können
nur elektrostatische Wechselwirkungen eine Anlagerung entfernter Partikeln bewirken (z. B. elektrostatische Partikelabscheidung bei der Gasreinigung).

6.1.6
Einfluß von Rauigkeiten auf die Haftkräfte

Die starke Abstandsabhängigkeit der Haftkräfte hat zur Folge, dass für reale Stoffsysteme die geometrischen Verhältnisse im Berührungsbereich der Partikeln berücksichtigt werden müssen. Zur Veranschaulichung des Effekts von Oberflächenrauigkeiten eignet sich das Modell einer Kugel, die in Wechselwirkung mit einem Halbraum steht und über eine halbkugelförmige Rauigkeitserhebung in der Kontaktzone verfügt (Abb. 6.7). Die Darstellung veranschaulicht, dass die auf realen Partikeloberflächen stets vorhandenen, kleinen Rauigkeiten eine starke Abnahme der Haftkräfte bewirken können. Bei der Berechnung der van-der-Waals-Anziehungskraft ist also weniger der makroskopische Partikeldurchmesser, sondern eher die Geometrie im Kontaktbereich zu berücksichtigen.

RUMPF [6.8] stellt den mit diesen Gleichungen berechneten Verlauf der Haftkraft als Funktion des Radius r der Rauigkeitserhebung für verschiedene Kugeldurchmesser R dar. Zur Berechnung der van-der-Waals-Wechselwirkung für das in Abbildung 6.7a gezeigte Modellsystem Kugel/Halbraum werden daher der Anteil der Kugel (Radius R) sowie der Anteil der Rauigkeitserhebung (Radius r)

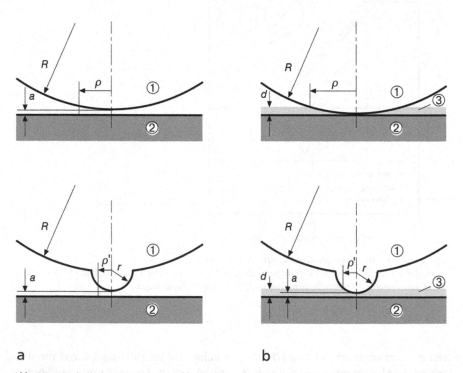

a   b

Abb. 6.7 Vergleich der Kontaktzonengröße (Radien ρ und ρ') für eine ideal glatte Kugel und eine Kugel mit halbkugeliger Rauigkeitserhebung im Kontakt mit einer ideal glatten, festen Oberfläche, nach [6.2] a) Reiner Festkörperkontakt, b) bei Vorhandensein einer Sorptionsschicht

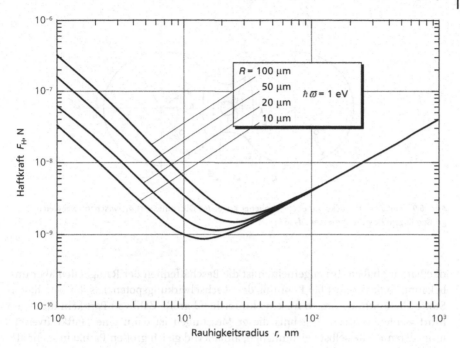

Abb. 6.8 Einfluß des Rauigkeitsradius r auf die Haftkraft zwischen Kugel und Halbraum, Kurvenparameter ist der Kugelradius R

überlagert. Der Verlauf der van-der-Waals-Kraft für Partikeln von 10, 20, 50 und 100 μm Durchmesser für $\hbar\varpi = 1$ eV ist in Abbildung 6.8 dargestellt. Im Bereich zwischen 15 und 30 nm Rauigkeitsradius durchlaufen alle dargestellten Kurven ein Minimum, in dem die Haftkraft etwa zwei Größenordnungen niedriger als für ideal glatte Körper ist. Ein vergleichbarer Effekt zeigt sich bei der elektrostatischen Anziehung leitfähiger Partikeln.

Ähnliche Wirkung wie Oberflächenrauigkeiten haben kleine Partikeln im Kontaktbereich zwischen größeren Partikeln. Hierauf beruht der Effekt der pulverförmigen Fließhilfsmittel. In Abbildung 6.9 [6.6] ist dies am Beispiel der Flüssigkeitsbrückenkraft erläutert. Ist die Flüssigkeitsbrücke groß, wie in Abbildung 6.9 angedeutet, umhüllt sie die eingeschobene Partikel vollständig, so dass sich im Vergleich zum direkten Kontakt der beiden großen Kugeln nur der Effekt der Brückendehnung haftkraftvermindernd auswirkt. Steht dagegen nur wenig Flüssigkeit zur Verfügung, bilden sich zwei getrennte Brücken aus, die die kleinere Kugel mit den beiden größeren verbinden. In diesem Fall ist die Haftkraft erheblich reduziert. Für das Agglomerieren ist es also vorteilhaft, wenn das zu agglomerierenden Gut frei von feinen Partikeln ist.

Da die wesentlichen Haftmechanismen – auch die Flüssigkeitsbrückenkraft bei kleinen Flüssigkeitsmengen – stark abstandsabhängig sind, zeigt sich in der Praxis, daß Größe und Form der Rauigkeitserhebungen wesentlichen Einfluß auf die Par-

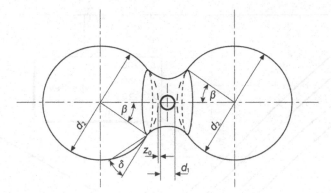

Abb. 6.9 Flüssigkeitsbrücke mit eingeschobener Kugel des Durchmessers d_1 zwischen zwei gleichgroßen Kugeln des Durchmessers d_2 [6.6]

tikelhaftung haben. Im allgemeinen ist die Beschaffenheit der Rauigkeiten aber unbekannt, so dass selbst bei Kenntnis des Wechselwirkungspotenzials der beteiligten
Stoffe Haftkraftmessungen für eine hinreichend große Zahl von Partikeln durchgeführt werden müssen. Ergebnis dieser Messungen ist dann eine Haftkraftvertei-
lung, deren Breite selbst bei ähnlichen, annähernd gleich großen Partikeln mehr als
eine Zehnerpotenz betragen kann.

6.1.7
Haftkraftverstärkung durch Krafteinwirkung

Unter dem Einfluß der zwischen den Partikeln wirkenden Anziehungskräfte tritt
eine elastische Verformung der Kontaktbereiche ein, der eine inelastische Deformation überlagert ist. Bei weichen Materialien wie Kunststoffen ist bereits durch van-
der-Waals-Kräfte plastische Deformation im Kontaktbereich möglich [6.2]. Die Theorie von JOHNSON, KENDAL und ROBERTS [6.13] berücksichtigt bei der Berechnung
der Haftkraft zusätzlich die Verstärkung aufgrund elastischer Deformation. In
späteren Veröffentlichungen wird allgemein angenommen, dass bei realen Partikeloberflächen zuerst Rauigkeitserhebungen abgeflacht oder eingeebnet werden,
bevor die Deformation größerer Kontaktflächen einsetzt [6.7], [6.14], [6.15]. In grö-
ßerem Umfang tritt inelastische Deformation jedoch erst unter der Einwirkung
äußerer (Druck-) Kräfte ein. Dieser Fall ist z.B. bei der Pressagglomeration (Tablettieren) von Bedeutung.

Falls van-der-Waals-Wechselwirkungen der wesentliche Haftmechanismus sind,
bewirkt der geringere Partikelabstand aufgrund der Deformation von Unebenheiten
im Nanometer-Maßstab eine erhebliche Haftkraftverstärkung. Hier besteht eine Abhängigkeit zwischen der Haftkraft und der zweiten bzw. dritten Potenz des Haftab-
stands. Im Vergleich ist der Einfluß der Kontaktflächenvergrößerung durch plastische Deformation der gesamten Kontaktzone weniger stark. SCHÜTZ [6.7] gibt einen
linearen Zusammenhang zwischen der Haftkraft F_H und der Anpresskraft F_P an:

$$\frac{\partial F_H}{\partial F_p} = \frac{p_{vdW}^-}{p_{pl}^H} \qquad (6.12)$$

Hierbei bezeichnet p_{vdW}^- den nach Gleichung (6.2) berechneten van-der-Waals-Druck der Materialpaarung und p_{pl}^H die Hertzsche Härte des Materials im Mikrobereich. Bei Presskräften in der Größenordnung der Haftkräfte kann $\partial F_H/\partial F_p$ einen Wert von 0,3 erreichen, weshalb bereits leichtes Verdichten eines Haufwerks eine starke Zunahme der Haftkräfte bewirkt. Ein Anstieg der Zugfestigkeit eines Partikelhaufwerks kann auch durch das Entstehen zusätzlicher Flüssigkeitsbrücken bei Annäherung der Partikeln während des Pressens hervorgerufen werden.

6.1.8
Haftkräfte in flüssiger Umgebung

Bei der Betrachtung der Bindemechanismen in flüssiger Umgebung ist zunächst zu berücksichtigen, dass sich Festkörperbrücken bzw. Brücken aus hochviskosen Bindemitteln sowie Flüssigkeitsbrücken auflösen können, wenn die Brückensubstanz in der Flüssigphase löslich bzw. mit ihr mischbar ist. Ist dies nicht der Fall, gelten im wesentlichen die Verhältnisse wie in gasförmiger Umgebung. So ist z. B. der Aufbau von Flüssigkeitsbrücken aus einer öligen Phase zwischen Kohlepartikeln, die in Wasser dispergiert sind, möglich. Anders verhalten sich jedoch van-der-Waals- und elektrostatische Kräfte. Van-der-Waals-Kräfte in flüssiger Umgebung lassen sich näherungsweise aus den Gleichungen (6.2) bis (6.4) berechnen, wobei $\hbar\varpi$ nach KOGLIN [6.16] zu ersetzen ist durch

$$\hbar\varpi_{im} = \left(\sqrt{\hbar\varpi_P} - \sqrt{\hbar\varpi_L} \right)^2 \qquad (6.13)$$

Die Indizes P und L bezeichnen die Wechselwirkungen zwischen den festen Körpern bzw. innerhalb der Flüssigphase. Hat man es mit einer wässrigen Phase zu tun, ist die van-der-Waals-Wechselwirkung verglichen mit der gasförmigen Umgebung aufgrund der starken elektromagnetischen Absorption des Wassers in vielen Fällen um bis zu eine Größenordnung reduziert [6.17], [6.18].

Elektrostatische Kräfte zwischen immergierten Partikeln lassen sich durch Modelle beschreiben [6.17]. Bei Anwesenheit gelöster Ionen bildet sich eine elektrische Doppelschicht aus, deren Reichweite (Debye-Länge) von Ionenwertigkeit und -konzentration abhängt. Die Stärke der Wechselwirkung infolge der elektrischen Doppelschicht wird durch das Zetapotenzial beschrieben, das einer Messung zugänglich ist [6.19]. Die resultierende, meist abstoßende Wechselwirkung konkurriert mit der van-der-Waals-Anziehung. Es lassen sich jedoch durch Zugabe von Polyelektrolyten, die an der Feststoffoberfläche adsorbieren, auch anziehende elektrostatische Wechselwirkungen realisieren. Die in Summe resultierende Wechselwirkung läßt sich mit Hilfe der DLVO-Theorie (benannt nach DERJAGUIN, LANDAU, VERWEG und OVERBECK) bestimmen [6.18]. Im Gegensatz zu Haftkräften in gasförmiger Umgebung lassen sich Wechselwirkungen zwischen Partikeln in flüssiger Umgebung beeinflussen, so dass sowohl anziehende als auch abstoßende Kräfte wirken können. In wässriger Umgebung können Wechselwirkungen zwischen Partikeln durch Tenside sowie durch den pH-Wert (Beeinflussung des Zetapotenzials) und die Ionenkonzentration (Beeinflussung der Reichweite der Wechselwirkungen) beeinflußt werden.

6.1.9
Messung von Haftkräften

Rasterkraftmikroskopie
Das Rasterkraftmikroskop (engl. *atomic force microscope*, AFM) ist die empfindlichste Methode zur Messung von Haftkräften (bis 10^{-11} N). Die Funktionsweise ist schematisch in Abbildung 6.10 dargestellt. Das wesentliche Funktionselement ist eine Sondenspitze – bei der es sich auch um eine angeklebte Partikel handeln kann – am Ende eines Biegebalkens, dessen Auslenkung über die Reflektion eines Laserstrahls erfaßt wird. Die Kraftspektroskopie ist mittlerweile eine verbreitete Anwendung des Rasterkraftmikroskops [6.20]–[6.22]. Dabei werden die Kräfte gemessen, die beim Abziehen der Mikroskop-Spitze von einem Substrat auftreten oder ohne Berührung eine Auslenkung der Spitze im Nahbereich des Substrats bewirken (Abb. 6.10).

Die große Bedeutung der Methode ergibt sich aus der Kombination einer hohen räumlichen Auflösung (nm) mit einer guten Kraftauflösung (10^{-12} N), was die Bestimmung der Oberflächeneigenschaften von Pulverpartikeln erlaubt [6.12]. Die geringe Indentationstiefe ermöglicht außerdem die Analyse von Dünnschichtsystemen. Neben der Bestimmung der Adhäsion von Oberflächen erlaubt die Kraftspektroskopie auch die Untersuchung der mechanischen Eigenschaften komplexer Moleküle.

In Abbildung 6.11 ist eine Kraftkurve auf einer harten Probe schematisch dargestellt. Die Sonde wird an die Probe angenähert und wieder zurückgezogen. Simultan zeichnet man die Auslenkung des Biegebalkens auf. Befindet sich die Spitze entfernt von der Probenoberfläche, so ist der Biegebalken in Position A. Nähert sich die Spitze der Probe, wird sie zur Probe hin ausgelenkt (Pos. B). Verringert sich der Abstand weiter, wirken Abstoßungskräfte, so dass sich der Biegebalken nach

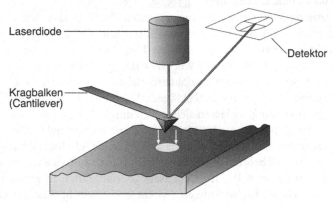

Abb. 6.10 Funktionsprinzip der Rasterkraftmikroskopie

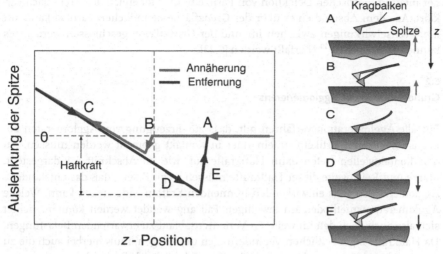

Abb. 6.11 Schematische Darstellung der Haftkraftmessung durch Rasterkraftmikroskopie.

oben biegt (Pos. C). Zieht man die Spitze wieder von der Probe weg, springt die Spitze von der Probe weg (Pos. D), sobald die Federkraft die Haftkraft übersteigt (Pos. E). Dabei tritt in der Regel eine Hysterese auf. Bei Oberflächen in hinreichend feuchter gasförmiger Umgebung ist diese hauptsächlich eine Folge der Haftkräfte aufgrund des Flüssigkeitsmeniskus, der sich zwischen Spitze und Probe infolge Kapillarkondensation ausbildet. Auch bei trockenen Oberflächen wird oft eine Adhäsionshysterese beobachtet. Hierzu tragen die van-der-Waals-Wechselwirkung, die Ausbildung chemischer Bindungen im Kontaktbereich sowie inelastische Verformungen bei.

»Surface force«-Apparat
Der surface force apparatus (SFA) [6.18] erlaubt die direkte Messung der Kraft zwischen zwei Oberflächen in gasförmiger oder flüssiger Umgebung. Er enthält zwei hochglatte, zylindrisch gekrümmte Flächen ($R \approx 1$ cm) aus Glimmer. Die Wechselwirkungskraft wird durch interferometrische Bestimmung der Auslenkung eines Biegebalkens ermittelt. Das Gerät erlaubt in gewissen Grenzen die Bestimmung der Kraft-Weg-Abhängigkeit. Von Vorteil ist, daß Abstände bis 1,5 nm eingestellt werden können. Allerdings beträgt die minimale erfassbare Kraft nur 10^{-8} N.

Mikroskopie mit totaler interner Reflektion
Die sogenannte total internal reflectance microscopy (TIRM) ermöglicht die Bestimmung von abstoßenden Wechselwirkungen zwischen individuellen Partikeln und einer Grenzfläche. Man nutzt den Effekt, dass von einem an einer Fest/flüssig-Grenzfläche total reflektierten Laserstrahl auch in die Flüssigphase ein Feld mit exponentiell abfallender Intensität ausgeht. Üblicherweise beträgt die Eindingtiefe eine halbe Lichtwellenlänge, woraus sich die hohe Empfindlichkeit des Geräts bei

der interferometrischen Detektion von Partikeln im Nahbereich der Grenzfläche erklärt. Aus dem Abstand einer über der Grenzfläche befindlichen Partikel kann auf die Wechselwirkungen zwischen ihr und der Grenzfläche geschlossen werden. Es können Kräfte bis 10^{-13} N erfaßt werden [6.23].

6.2
Grundverfahren des Agglomerierens

Für alle Agglomerationsverfahren gilt, dass zur Erzeugung von Agglomeraten zunächst die Primärpartikeln miteinander in Kontakt gebracht werden müssen. An den Kontaktstellen treten dann Haftkräfte auf, wie im Abschnitt 6.1 dargestellt. Stärke und Reichweite dieser Haftkräfte müssen so groß sein, daß das entstandene Agglomerat den stets einwirkenden trennenden Kräften widerstehen kann. Welche Agglomerationsmethoden im jeweiligen Fall angewendet werden können, richtet sich also auch nach den im weiteren Verfahrensablauf zu erwartenden Belastungen. Da Haftkräfte auch zeitlichen Veränderungen unterliegen, muß hierbei auch die zu erwartende Lebensdauer der Haftmechanismen berücksichtigt werden.

Wenn hohe mechanische Belastungen zu erwarten sind, oder die gute Handhabbarkeit des Produkts beabsichtigt ist, müssen Verfahren angewandt werden, die hohe Haftkräfte und niedrige Agglomeratporosität bewirken. Steht dagegen das Wiederbefeuchtungs- und Dispergierverhalten der Agglomerate an erster Stelle, gilt das Gegenteil.

In den Übersichten der mechanischen Verfahrenstechnik von STIEß [6.24] und SCHUBERT [6.25] sind die gängigen Agglomerationsverfahren sowie weitere, mit dem Agglomerieren in Zusammenhang stehende Aspekte der mechanischen Verfahrenstechnik beschrieben. Detaillierte Darstellungen zahlreicher Verfahren, insbesondere aus dem Bereich der Pressagglomeration, finden sich in [6.9] und [6.26].

6.2.1
Aufbauagglomeration

Die von RUMPF [6.27] unter dem Begriff Aufbauagglomeration zusammengefassten Agglomerationsverfahren unterscheiden sich im wesentlichen nur nach Art und Stärke der Haftkräfte. Gemeinsam ist ihnen die Art der Agglomeratentstehung durch Zusammenlagerung mehr oder weniger frei beweglicher Primärpartikeln zu größeren Einheiten bzw. Anlagerung von Primärpartikeln an existierende, größere Teilchen.

Die Anlagerung von gegeneinander bewegten Partikeln kann sowohl in einem Haufwerk (Gutbett), als auch in einem Aerosol oder einer Suspension erfolgen. Entscheidend für die Struktur und Festigkeit der Agglomerate ist die Intensität der während der Agglomeratbildung wirkenden Trennkräfte. Je höher diese sind, desto stabiler ist das entstehende Agglomerat, da nur diejenigen Primärpartikeln dauerhaft agglomerieren können, zwischen denen auch hinreichend hohe Haftkräfte wirken (Selektionsprinzip, [6.28]).

Tab. 6.1 Beispiele für stabile und empfindliche Agglomerate aus Gutbett-, Aerosol- und Suspensionsverfahren

Methode	Agglomeration im Gutbett	Agglomeration in gasförmiger Umgebung	Agglomeration in Flüssigkeiten
stabil	Eisenerzpellets (Teller, Trommel, Konus)	Düngemittel (Wirbelschicht)	Kohlestaubpellets (Rührapparat)
empfindlich	Lactosepellets (ohne Wasser/Binder hergest.)	Ascheflocken (in staubhaltigen Rauchgasen)	Flocken (bei der Abwasseraufbereitung)

Sowohl im Gutbett als auch in Aerosolen und Suspensionen besteht eine breite Variationsmöglichkeit der wirkenden Trennkräfte, so dass sowohl sehr feste, als auch lockere Agglomerate entstehen können. Generell liegt die Bandbreite der Festigkeit von in Aerosolen erzeugten Agglomeraten niedriger als bei den beiden anderen Gruppen, da hier niedrigere absolute Trennkräfte wirken. Im Gutbett lassen sich die höchsten Festigkeiten erzielen, da hier sowohl die höchsten trennenden als auch die höchsten vereinigenden Kräfte eingebracht werden können. Tabelle 6.1 nennt Beispiele (z. T. nach [6.9]) für stabile und empfindliche Agglomerate aus den drei Untergruppen der Aufbauagglomeration.

Gutbettverfahren

Gängige Apparate zur Aufbauagglomeration im Gutbett sind Granulierteller, -trommeln und -kessel, konusförmige Rotationsbehälter (Rollagglomeration, Abb. 6.12) sowie verschiedene Bauarten von Pulvermischern (Mischagglomeration, Abb. 6.13). Sie lassen sich absatzweise oder kontinuierlich betreiben, wobei je nach Bauart Rezirkulationsraten bis zu einigen Hundert Prozent erforderlich sind, wenn eine enge Partikelgrößenverteilung der Agglomerate gefordert wird [6.9].

Die Herstellung von Agglomeraten durch Abrollbewegungen gehört zu den ältesten Agglomerationsverfahren. Bei diesem Prinzip findet in einem bewegten Gutbett eine Anlagerung von Primärpartikeln an bereits vorhandene, in etwa kugelförmige Agglomerate statt, wenn die Haftkraft Partikel/Agglomerat größer ist als die

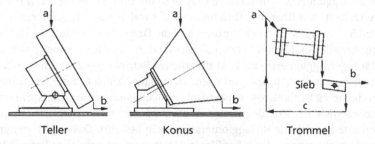

Abb. 6.12 Verschiedene Möglichkeiten der kontinuierlichen Rollagglomeration:
a) Aufgabegut + Flüssigkeit, b) Agglomerate, c) Unterkorn [6.27]

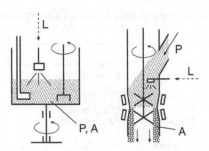

Abb. 6.13 Mischagglomerationsverfahren: Absatzweise (links) und kontinuierliche Agglomeration (rechts, Schugi-Mischer).
A Agglomerate, L Flüssigkeit/ Dampf, P Pulver

Haftkraft Partikel/Gutbett. Die Agglomerate führen im Gutbett Rollbewegungen durch, wobei sich die größeren meist an der Oberfläche der Schüttung aufhalten. Rollagglomeration kann kontinuierlich oder absatzweise betrieben werden, aber auch unerwünscht auftreten, z. B. in Plansichtern.

Üblicherweise wird während des Agglomeriervorgangs Flüssigkeit als Bindemittel zugegeben. Der vorherrschende Bindemechanismus in den erzeugten Agglomeraten ist in diesem Fall der kapillare Unterdruck [6.27], der eine vergleichsweise starke Bindung bewirkt. Es entstehen Feuchtagglomerate mit mehr oder weniger flüssigkeitserfüllten Poren, die in nachfolgenden Prozessschritten getrocknet werden und eine hohe Festigkeit erreichen können. Bei sehr feindispersem Material ist jedoch auch eine Agglomeration ohne Flüssigkeitszugabe möglich, wobei ebenfalls kugelförmige Agglomerate von geringerer Festigkeit entstehen. Dies setzt voraus, daß van-der-Waals-Kräfte oder Adsorptionsschichten eine ausreichend starke Bindung bewirken.

Bei kontinuierlichem Betrieb wird einem Gutbett aus abrollenden Agglomeraten ständig Feingut zugegeben, das sich an Agglomerate anlagert. Über die komplizierte Regelung und das Scale-up von kontinuierlich betriebenen Granuliertellern liegen grundlegende Untersuchungen von SOMMER vor [6.29]. Agglomeration ist auch in einem absatzweise betriebenen Apparat durch Anlagerung von Partikeln aus dem vorgelegten Pulver an die im Gutbett abrollenden Agglomerate möglich.

Bei der Rollagglomeration gilt allgemein, daß die Stabilität und die scheinbare Dichte der Agglomerate umso höher sind, je steiler und länger die Bahn der Agglomerate verläuft, was über den Durchmesser des rotierenden Agglomerationsbehälters, den Böschungswinkel des Gutbetts und die Drehzahl beeinflußt werden kann.

Granulierteller und -konus bieten sich besonders zur Herstellung gleich großer, kugelförmiger Agglomerate im kontinuierlichen Betrieb an, da hier die größten Agglomerate zuerst den Apparat verlassen. Demgegenüber liefert die Granuliertrommel ein breiteres Partikelgrößenspektrum, weshalb häufig eine Unterkornrezirkulation erforderlich ist. Zur definierten Erzeugung schnell dispergierbarer, poröser Agglomerate hat sich die Rollagglomeration nicht bewährt. Das enge Porengrößenspektrum macht aufgrund der Kapillardruckhysterese ein schnelles Befeuchten der Agglomerate praktisch unmöglich [6.30].

Die Vorgänge bei der *Mischagglomeration* (Abb. 6.13 links) ähneln denen bei der Rollagglomeration insofern, als auch hier die zu agglomerierenden Partikeln in einem Gutbett miteinander im unmittelbaren Kontakt stehen. Es werden auch die gleichen Haftmechanismen, bzw. Mechanismen der Haftkraftverstärkung, genutzt. Der Unterschied zur Rollagglomeration besteht darin, dass bei der Agglomeratbildung keine Rollbewegung stattfindet, die Agglomerate daher unregelmäßiger geformt sind und eine breitere Porengrößenverteilung besitzen. Da die Bewegung der im Apparat befindlichen Partikeln weniger von den Kohäsionseigenschaften des Pulvers als vielmehr von der Tätigkeit des Mischorgans abhängt, ist eine bessere Kontrolle des Agglomerationsvorgangs als bei der Rollagglomeration möglich.

Die zur Partikelvergrößerung erforderlichen Kräfte werden über ein oder mehrere Mischorgane in das Gutbett eingetragen. Hieraus ergibt sich eine im Vergleich zur Rollagglomeration größere Bandbreite der erzielbaren Agglomeratfestigkeit. Neben der Festigkeit kann auch die Porosität der Agglomerate über die Mischintensität variiert werden.

Der Agglomerationsraum kann bei diesem Verfahrensprinzip je nach Bauform theoretisch ideal durchmischt sein oder auch ein mehr oder weniger breites Verweilzeitspektrum besitzen.

Eine Sonderbauform stellen die Hochgeschwindigkeitsmischer dar, wie z. B. der Schugi-Mischer (Abb. 6.13 rechts). In diesem kontinuierlich arbeitenden Vertikalmischer findet eine intensive Vermischung von Feststoff und Flüssigkeit im Zentrum des Apparats sowie ein Abrollen der Agglomerate auf der Apparatewand statt. Je nach Betriebsweise können festere oder porösere Agglomerate erzeugt werden.

Eine Methode, bei der das Abrollen ebenfalls stattfindet, ist das Agglomerieren durch Aufgabe eines Pulvers auf eine Streuscheibe, ähnlich der Zerstäuberscheibe eines Sprühturms. Bei gleichzeitiger Flüssigkeitszugabe entstehen hier bei der radial auswärts gerichteten Beschleunigung des Materials auf der Scheibe Agglomerate durch Abrollen. Diese fallen von der Scheibenkante in einen Trocknungsturm.

Aufbauagglomeration mit suspendierten Partikeln

Die Aufbauagglomeration in gasförmiger Umgebung und in Flüssigkeiten unterscheidet sich von den Gutbett-Verfahren dadurch, dass sich die zu agglomerierenden Partikeln nicht ständig berühren, sondern zunächst in einer fluiden Phase dispergiert sind. Erst Relativbewegungen der Partikeln führen zum Kontakt. Unterschiedliches Relaxationsverhalten der Partikeln bei schwankenden Strömungsgeschwindigkeiten, unterschiedliche Sedimentationsgeschwindigkeiten in stationären Strömungen oder ruhenden Fluiden und elektrostatische Wechselwirkungskräfte können solche Relativbewegungen hervorrufen. Bei einem Kontakt zweier Partikeln muss die kinetische Energie der Relativbewegung dissipiert werden. Gleichzeitig müssen Haftkräfte wirksam werden, die stärker als angreifende Strömungskräfte oder Erschütterungen bei der Kollision mit weiteren Partikeln sind. Eine effiziente Agglomeration erfordert eine hohe Kollisionsrate und gleichzeitig eine hohe Haftwahrscheinlichkeit.

Es existieren zahlreiche unterschiedliche Bauformen zur absatzweisen und kontinuierlichen Agglomeration durch Anlagerung in Aerosolen, wobei auch hier üblicherweise eine Kreislaufführung von Unter- und (zerkleinertem) Oberkorn erforderlich ist:

- Wirbelschichtagglomeration (auch kombiniert mit Sprühtrocknung, z.B. Niro Wiederbefeuchtungs-Instantizer,
- Agglomeration im Dampfstrahl oder im Dampfvorhang (u.a. Nestlé-Verfahren, System Blaw-Knox, System Kraft General Foods, Orthsches Verfahren),
- Nassabscheidung und Agglomeration im Zykloneinlauf zur Abluftreinigung [6.31],
- Elektrostatisches Entstauben und elektrostatisches Coaten.

Einige Varianten der Wirbelschichtagglomeration sind beispielhaft in Abbildung 6.14 dargestellt. Neben der Unterscheidung nach absatzweisem oder kontinuierlichem Betrieb kann in einer Wirbelschicht sowohl *agglomeriert* als auch *granuliert* werden (wobei die Granulation aber den Agglomerationsverfahren mit Trocknung zuzurechnen ist). Agglomeration findet in der Wirbelschicht statt, wenn die fluidisierten Partikeln bei Zusammenstößen aneinander haften bleiben. Dies führt zu mehr oder weniger unregelmäßig geformten Agglomeraten, die hinsichtlich ihrer Porosität auch zur schnellen Wiederbefeuchtung geeignet sein können (Getränkepulver, Babynahrung). Bei dieser Fahrweise wird Pulver vorgelegt bzw. zugegeben und Flüssigkeit eingesprüht. Das Prinzip der Wirbelschichtagglomeration ist sehr flexibel; bei Verwendung entsprechender Bindemittellösungen (z.B. Zucker- oder Stärkelösungen, Melasse) läßt sich praktisch jeder Stoff agglomerieren. Von *Granulation* wird gesprochen, wenn die Tropfen der eingesprühten Lösung oder Suspension auf vorhandenen (vorgelegten oder zudosierten) Kernen spreiten und so schnell im Fluidisiergas abtrocknen, daß bei Partikelkollisionen keine Zusammenlagerung stattfindet. Stattdessen wachsen die Partikeln schichtweise auf. Hierdurch läßt sich eine definierte Partikelstruktur erzielen, z.B. für pharmazeutische Anwendungen oder Düngemittel. Wenn das gewünschte Kornspektrum erreicht ist, können die Agglomerate in der Wirbelschicht auf ihre Endfeuchte heruntergetrocknet werden.

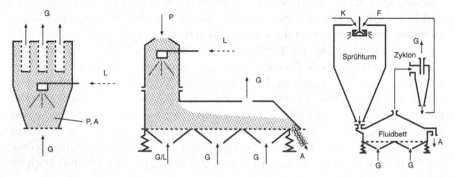

Abb. 6.14 Wirbelschichtagglomeration. Links: Batch-Verfahren, Mitte: kontinuierliche Mischkammer mit nachgeschaltetem Fluidbett, rechts: Sprühtrocknung mit nachgeschaltetem Fluidbett.
A Agglomerate, F Feingut, G Gas, K Konzentrat, L Flüssigkeit oder Dampf, P Pulver

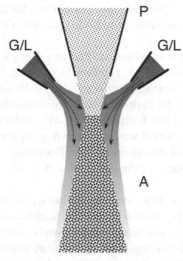

Abb. 6.15 Prinzip der Dampfstrahlagglomeration.
A Agglomerate, G Gas (Dampf), L Flüssigkeit, P Pulver

Ein Verfahren, das sich sehr gut zur Erzeugung schnell dispergierbarer, poröser Agglomerate eignet, ist die in Abbildung 6.15 schematisch dargestellte Dampfstrahlagglomeration [6.32]–[6.34]. Dieses Verfahren kann zur Agglomeration von Produkten eingesetzt werden, die mindestens eine in Wasser schnell lösliche Komponente enthalten. Freifallende Partikeln werden hier in einer Befeuchtungskammer oder einem Fallschacht durch kondensierenden Dampf und eventuell zusätzlich fein verdüste Flüssigkeit befeuchtet, gegeneinander bewegt – wobei aufgrund von Kollisionen eine Partikelvergrößerung eintritt – und anschließend getrocknet. Ein wichtiges Einsatzgebiet des Verfahrens in der Nahrungsmittelindustrie ist die Herstellung von Instant-Getränkepulvern. Die Einsatzstoffe werden zur Verbesserung der Löslichkeit als feindisperse Pulver vorgelegt. Bei der Zudosierung in den Apparat entstehen aufgrund der Haftkräfte zwischen den Primärpartikeln bereits Agglomerate mit einer günstigen Porosität und Größe, d. h., ein wesentlicher Kornvergrößerungsschritt findet bereits hier statt. Die Voragglomerate können durch schonendes Befeuchten und nachfolgendes Trocknen im Fallturm im wesentlichen unverändert verfestigt werden. Alternativ wird das zudosierte Material bei intensiverem Anströmen zunächst teilweise dispergiert, so dass sich die endgültige Partikelgrößenverteilung nach der anschließenden Agglomeration im Schwarm einstellt.

Aufgrund der Entstehungsweise der Agglomerate – es wirken nur kleine Kräfte – entstehen bei der Strahlagglomeration sehr lockere Agglomerate mit guten Redispergiereigenschaften. Ihre Festigkeit ist jedoch, verglichen z. B. mit Agglomeraten aus einer Wirbelschicht, etwas geringer. Als wesentlicher Vorteil des Verfahrens gilt – neben der kontinuierlichen Fahrweise mit kurzen Verweilzeiten – der niedrige Flüssigkeitsbedarf, der eine entsprechend kleine Trocknungsleistung erfordert. Das

Produkt wird thermisch wenig belastet, was günstig für die Verarbeitung von Lebensmitteln (Erhalt der Aromastoffe) und Pharmazeutika (Schonung empfindlicher Wirksubstanzen) ist.

Ein Verfahren zur Agglomeration in flüssiger Umgebung ist die sogenannte »spherical agglomeration« [6.35], [6.36]. Eine Suspension der zu agglomerierenden Partikeln wird mit einer dritten, ebenfalls flüssigen Phase versetzt, die bevorzugt den Feststoff benetzt und die Partikeln durch Flüssigkeitsbrücken miteinander verbindet. Liegt ein Gemisch aus Feststoffen mit unterschiedlicher Benetzbarkeit vor, kann auch selektiv agglomeriert werden. Nach dem Agglomerationsschritt ist eine Fest/flüssig-Trennung und anschließend eine Trocknung erforderlich. In der pharmazeutischen Industrie kann dieses Verfahren z. B. als Vorstufe einer Tablettierung eingesetzt werden [6.36].

Bei der Simulation bzw. Regelung von Aufbauagglomerationsverfahren werden zwei Ansätze verfolgt [6.37]. Einerseits können Agglomeratoren z. B. mit Fuzzy-Reglern ausgestattet werden, um durch Erfahrungswerte einer Regelstrategie zu erhalten. Alternativ können Prozessregelsysteme auf einer Beschreibung der Agglomerationskinetik durch Populationsbilanzmodelle aufbauen. Populationsbilanzmodelle können flexibel an verschiedene Verfahren angepaßt werden, verfügen jedoch andererseits über eine Vielzahl an Parametern, deren Werte nicht a priori zu bestimmen sind. Sie müssen daher mit experimentell ermittelten Parametern bestückt werden. Ein Anwendungsfall ist die Beschreibung des dynamischen Verhaltens von kontinuierlichen Agglomeratoren wie Agglomeriertellern [6.38] oder Wirbelschichten [6.39] zur Vermeidung von Störfällen. In den beiden letztgenannten Literaturstellen wird das Populationsbilanzmodell von SOMMER verwendet.

Ein neueres Modell zur Beschreibung des Wärme- und Stoffübergangs sowie der Populationsbilanz in der Wirbelschicht veröffentlichte HEINRICH [6.40], der in seinem ersten Modellansatz (1980) die Aufbaugranulation (ohne Agglomeration) beschreibt (siehe Abb. 6.16). An Modellen von Wirbelschichten für den Fall, dass Abrieb (d. h., interne Keimbildung) und Agglomeration mitberücksichtigt werden müssen, wird derzeit weiter geforscht. Neuere Ergebnisse wurden vorgestellt von LINK und SCHLÜNDER [6.41], BECHER und SCHLÜNDER [6.42], ZANK et al. [6.43], RANGELOVA et al. [6.44] und IHLOW et al. [6.45]. Eine wichtige Neuentwicklung ist auch die Verwendung von Wasserdampf als Fluidisiergas [6.46], [6.47]. Eine detaillierte Beschreibung des gegenwärtigen Wissensstands auf dem Gebiet

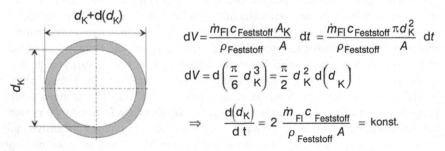

Abb. 6.16 Modell der Wachstumskinetik bei der Wirbelschicht-Granulation nach MÖRL

der Wirbelschichtagglomeration findet sich in [6.48], eine Übersicht über Verfahren zur kontinuierlichen Wirbelschichtagglomeration in [6.49].

6.2.2
Pressagglomeration

Pulverförmige Feststoffe können durch alleinige Einwirkung äußerer Druckkräfte agglomeriert werden. Dies kann entweder dadurch geschehen, daß eine definierte Menge Pulver in einer Matrize mit einem Stempel verdichtet wird (Tablettieren, Abb. 6.17 links), oder durch Abziehen eines Pulverstroms aus einem Vorrat und kontinuierliches Verpressen in geeigneten Maschinen. Beispiele hierfür sind das Brikettieren und das Walzenpressen (Abb. 6.17 rechts), eventuell mit nachgeschalteter Zerkleinerung der Schülpen. Eine unerwünschte Form der Pressagglomeration ist das Verbacken von Pulvern in Silos unter dem Einfluß des eigenen Gewichts.

Das Tablettieren mit Stempel und Matrize wird insbesondere für Arzneimittel, aber auch für Getränkepulver (Brausetabletten) und Waschmittel eingesetzt und kann mit Modellen beschrieben werden. Entsprechend instrumentierte Tablettenpressen erlauben es, mit Hilfe dieser Modelle aus dem Materialverhalten auf die Tabletteneigenschaften zu schließen und Tablettierfehler zu vermeiden [6.50]–[6.52].

Je nach Fließfähigkeit des Pulvers ist eine Agglomeration auch dadurch möglich, dass das Pulver kontinuierlich (z. B. in einem Kollergang oder mit einer Stopfschnecke) durch Löcher in Sieben, Walzen oder Matrizen gepreßt wird (Formieren, Abb. 6.18). Sofern hierbei Pressstränge entstehen, müssen diese definiert zerkleinert werden.

Bevorzugter Haftmechanismus bei der Pressagglomeration ist die van-der-Waals-Kraft, die durch Annähern der Partikeln bzw. Vergrößern der Kontaktbereiche durch Deformation stark erhöht werden kann. Plastisch verformbare Stoffe ergeben dabei Presslinge mit hoher Festigkeit, während spröde, elastische Materialien als

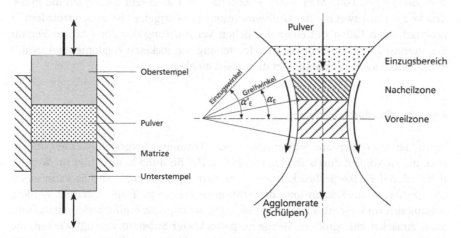

Abb. 6.17 Grundverfahren der Pressagglomeration. Tablettieren (links) und Walzenpressen (rechts)

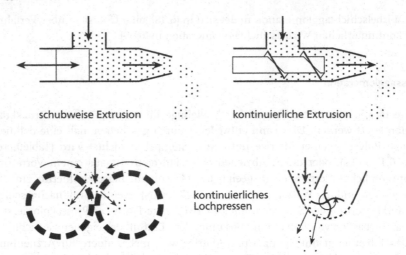

schubweise Extrusion   kontinuierliche Extrusion

kontinuierliches
Lochpressen

Abb. 6.18 Grundverfahren der Pressagglomeration. Extrudieren (oben) und Lochpressen (unten)

schwer verpreßbar gelten. Abhängig vom Wassergehalt des Materials spielen auch Flüssigkeitsbrückenkräfte eine Rolle. Unter der Wirkung von Druck- und Scherkräften kann es außerdem dazu kommen, dass der Feststoff an den Kontaktstellen der Partikeln lokal erweicht bzw. aufschmilzt. Häufig werden dem Material auch Schmier- und Bindemittel zugesetzt oder die Verpressbarkeit durch Temperaturerhöhung verbessert [6.27]. Problematisch bei allen Pressverfahren ist die inhomogene Verdichtung der Presslinge, die zu inneren Spannungen führt und die Festigkeit der Presslinge vermindert.

Bezüglich der Struktur der Agglomerate ist die Variationsbreite im Vergleich zur Aufbauagglomeration eingeschränkt. Falls Haftung zwischen den Partikeln ausschließlich durch van-der-Waals-Kräfte vermittelt werden soll, sind meist sehr hohe Pressdrücke (bis 1 000 MPa [6.27]) erforderlich. Bei feuchtem Gut liegen die Pressdrücke zwar um zwei bis vier Größenordnungen niedriger, es ist jedoch trotzdem in praktisch allen Fällen mit einer deutlichen Verringerung der Porosität im Verlauf des Pressvorgangs zu rechnen. Die Herstellung von lockeren Agglomeraten ist mit den Methoden der Pressagglomeration nicht möglich.

6.2.3
Agglomeration durch Trocknung

Agglomerate können aus Suspensionen oder Lösungen hergestellt werden, indem man die Flüssigkeit durch Trocknen entfernt. Die Bindung kommt hier im Wesentlichen durch Festkörperbrücken aus erstarrtem Material zustande. Es kann einerseits zunächst die Suspension oder Lösung in Form von Tropfen zerteilt werden, woraus sich im wesentlichen die spätere Agglomeratgröße ergibt, andererseits kann auch zunächst eine größere Menge an getrockneter Substanz erzeugt werden, die anschließend bis zur gewünschten Korngröße zerkleinert wird.

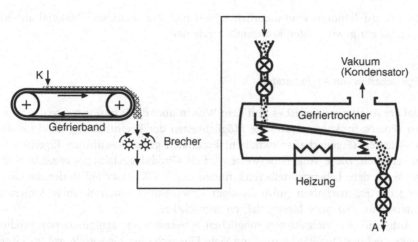

Abb. 6.19 Grundverfahren der Agglomeration. Prinzip des Gefriertrocknens. K Konzentrat, A Agglomerate

In Abbildung 6.14 rechts ist ein Sprühturm mit nachgeschaltetem Fließbett und Feingutrückführung dargestellt. *Sprühtrocknung* ist ein bedeutendes Verfahren in der Lebensmittelindustrie, wird aber auch z. B. für die Waschpulverherstellung verwendet. Häufig entstehen bei der Trocknung Hohlkugeln, die vor der Weiterverwendung des Produkts aufgemahlen und nachagglomeriert werden müssen. Eine Alternative für schwer zu trocknende Materialien ist die Sprüh-Bandtrocknung (Filtermat-Technik), bei der das im Sprühturm vorgetrocknete Material auf ein Band fällt und dort im Gutbett weiter getrocknet und gekühlt werden kann. Das trockene Material wird anschließend bis zur gewünschten Korngröße zerkleinert.

Ein besonders produktschonendes, aber energieintensives und teures Verfahren ist die *Gefriertrocknung* (Abb. 6.19). Sie bietet sich insbesondere für hochwertige Produkte aus dem Lebensmittel- und Pharmabereich an. Es lassen sich je nach anfänglicher Konzentration auch sehr poröse Agglomerate mit hervorragenden Wiederbefeuchtungseigenschaften erzeugen. Eine Neuentwicklung in diesem Bereich ist die *Sprüh-Gefriergranulation* [6.53].

Wenn das Produkt nicht besonders hitzeempfindlich ist, kann z. B. auch Walzentrocknung mit anschließender Zerkleinerung eingesetzt werden. Ein Anwendungsbeispiel ist die Produktion bestimmter Typen von Quellstärke.

6.2.4
Sintern

Bei vielen Stoffen tritt ab etwa 60% der absoluten Schmelztemperatur der Effekt des Sinterns auf. Für Metalle, Erze oder Metalloxide ist das Sintern eine übliche Methode zur Erzeugung von Agglomeraten mit hoher Festigkeit.

Das bedeutendste Sinterprodukt ist Eisenerz. Hier werden durch Rollagglomeration erzeugte Pellets durch Hitzeeinwirkung gehärtet. Alternativ wird pulverförmiges Erz auf Bändern kontinuierlich erhitzt und das versinterte Material anschließend bis zur gewünschten Korngröße zerkleinert.

6.3
Eigenschaften von Agglomeraten

Ziel der Agglomeration ist es, mit dem Wissen über die Wirkungsweise der Verfahren (Prozessfunktionen) und die Möglichkeiten der Beeinflussung der Produkteigenschaften (Eigenschaftsfunktionen) Produkten gezielt bestimmte Eigenschaften zu verleihen. Diese Vorgehenesweise wird als »Produktgestaltung« bezeichnet. Beispiele aus dem Lebensmittelbereich finden sich bei WOLLNY [6.54], der die Gestaltung der Eigenschaften pulverförmiger Lebensmittel durch Strahlagglomeration untersuchte und neue Messverfahren entwickelte.

Aufgrund der Vielzahl von möglichen Anwendungen agglomerierter Produkte spielen bei der Qualitätsbeurteilung viele Eigenschaften eine Rolle, vgl. [6.55] und [6.56]. Neben der Partikelgrößenverteilung, der Oberfläche und der Schüttdichte des agglomerierten Materials sind insbesondere die Festigkeit und die Porosität der Agglomerate, die im Allgemeinen ebenfalls verteilte Größen sind, sowie die Größenverteilung der Poren von Bedeutung. Weiterhin sind auch die Partikelform (bzw. -verteilung), die Farbe, die schüttgutmechanischen Eigenschaften sowie die Lagerstabilität des agglomerierten Produkts von Interesse. Im pharmazeutischen Bereich ist die Mischungshomogenität ein besonders wichtiges Kriterium.

Eine Übersicht über Methoden zur Charakterisierung von Agglomeraten findet sich in [6.57]. Methoden zur Beschreibung einiger der vorgenannten Eigenschaften sind in den Abschnitten 6.2 und 6.5 beschrieben. Im folgenden wird auf einige ausgewählte Eigenschaften eingegangen.

6.3.1
Porosität und Porengrößenverteilung

Als Porosität ε wird das Verhältnis aus Hohlraumvolumen V_{H} zu Gesamtvolumen V_{ges} bezeichnet:

$$\varepsilon = \frac{V_{\mathrm{H}}}{V_{\mathrm{ges}}} = 1 - \frac{V_{\mathrm{s}}}{V_{\mathrm{ges}}} \tag{6.14}$$

Hierbei ist V_{s} das Feststoffvolumen. Wird ein Agglomerat aus Partikeln aufgebaut, die selbst über eine Porosität ε_{p} verfügen, so gilt für die Gesamtporosität des Agglomerats

$$\varepsilon_{\mathrm{A}} = 1 - (1 - \varepsilon_{\mathrm{p}}) \cdot (1 - \varepsilon_{\mathrm{a}}) \tag{6.15}$$

Hierin ist ε_a das Verhältnis des Hohlraumvolumens zwischen den agglomeratbildenden Partikeln zum Gesamtvolumen des Agglomerats. Die Porosität eines Haufwerks aus derartigen Agglomeraten beträgt

$$\varepsilon = 1 - (1 - \varepsilon_A) \cdot (1 - \varepsilon_h) \tag{6.16}$$

Hierin ist ε_h das Verhältnis des Hohlraumvolumens zwischen den Agglomeraten zum Gesamtvolumen des Haufwerks. In der Praxis wird häufig die Schüttdichte (scheinbare Dichte, auch Schüttgewicht genannt) verwendet:

$$\rho_{sch} = (1 - \varepsilon_p) \cdot (1 - \varepsilon_a) \cdot (1 - \varepsilon_h) \cdot \rho_s = (1 - \varepsilon) \cdot \rho_s \tag{6.17}$$

Meßmethoden zur Bestimmung der Porosität von Agglomeraten sind unter anderem in [6.57] beschrieben. Falls es sich um bruchempfindliches Material handelt und andere Methoden nicht anwendbar sind, kann mittels bildanalytischer Volumenbestimmung und Präzisionswägung die Porosität einzelner Agglomerate mit befriedigender Genauigkeit ermittelt werden [6.58].

Die Porengrößenverteilung kann u. a. durch Quecksilber-Porosimetrie, mit der Kapillarkondensationsmethode und der Sorptionsmethode bestimmt werden (siehe Abschnitt 2.2.2.2). Hierfür werden entsprechende Messgeräte angeboten, die neben der eigentlichen Messung auch die erforderliche Auswertung unter Verwendung geeigneter Porenmodelle ermöglichen.

6.3.2
Festigkeit

Die Festigkeit umfaßt alle Eigenschaften, die die Widerstandsfähigkeit des Agglomerats gegenüber mechanischer Beanspruchung beschreiben. Prüfmethoden, die mit unterschiedlichen Beanspruchungsarten arbeiten, sind in Abbildung 6.20 schematisch dargestellt (siehe auch Abschnitt 2.2.2.3). Nicht alle sind für wiederkehrende Messungen in der Qualitätssicherung geeignet, jedoch werden der Diametral-Drucktest und der Biegeversuch z. B. standardmäßig zur Tablettenprüfung eingesetzt. Auch der Abriebtest findet hier Verwendung. In der in Abbildung 6.20 gezeigten Funktionsweise sind Prall und Abrieb kombiniert; die Bauform wird als Friabilator bezeichnet und zur Prüfung von Preßkörpern und Aufbauagglomeraten eingesetzt.

Diametraldruck- und Biegeversuch erlauben es, als Stoffkennwert die Zugfestigkeit σ_z des agglomerierten Materials zu ermitteln. Für dünne Tabletten ($1 \ll D$) läßt sich σ_z aus der maximalen Druckkraft F_p berechnen:

$$\sigma_z = \frac{2 \cdot F_p}{\pi \cdot D \cdot l} \tag{6.18}$$

Viele Agglomerate besitzen sprödes Stoffverhalten, so dass die maximale Zugspannung bzw. die Zugfestigkeit des Agglomerats entscheidend für den Bruch sind. Der Zugversuch eignet sich daher für grundlegende Untersuchungen.

In einfachen Fällen kann σ_z auch theoretisch beschrieben werden. Für annähernd monodisperse, konvexe und gleichmäßig in einem Haufwerk der Porosität ε angeordnete Partikeln des Durchmessers d gibt RUMPF [6.59] an:

$$\sigma_z = \frac{1 - \varepsilon}{\varepsilon} \cdot \frac{F_H}{d^2} \tag{6.19}$$

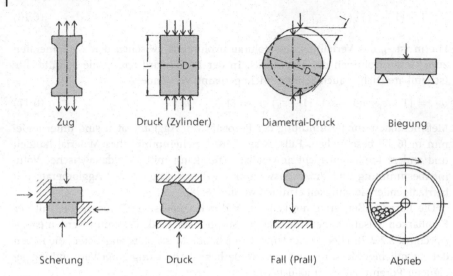

Zug Druck (Zylinder) Diametral-Druck Biegung

Scherung Druck Fall (Prall) Abrieb

Abb. 6.20 Festigkeitsprüfmethoden für Agglomerate

Hierbei ist F_H die mittlere Haftkraft, die an den Kontakten der Partikeln übertragen wird und die Voraussetzung der Superponierbarkeit erfüllen muß. Es kommen also nur Haftkräfte längerer Reichweite in Frage, nicht jedoch die van-der-Waals-Kraft. Für Flüssigkeitsbrücken hingegen kann die Zugfestigkeit aus einer zuvor gemessenen Kapillardruckkurve des Partikelhaufwerks berechnet werden (siehe Abb. 6.21) [6.60], [6.61].

6.3.3
Wiederbefeuchtungsverhalten

Eine Vielzahl von Produkten, u.a. aus den Bereichen Lebensmittel, Farbstoffe, Waschmittel, usw. wird agglomeriert, um das Endprodukt leichter wiederbefeuchten und besser dispergieren zu können. Ein wesentliches Qualitätsmerkmal ist in diesem Fall die Fähigkeit des Materials, schnell benetzt werden zu können. Ein schnell benetzbares Material soll in kurzer Zeit unter die Oberfläche einer Flüssigkeit sinken und sich einmischen lassen, bevor die Agglomerate zerfallen und die Feinverteilung bzw. Auflösung des Materials einsetzt.

Schubert beschreibt die Vorgänge, die beim Eindringen einer Flüssigkeit in ein Haufwerk ablaufen, sowie verschiedene Methoden zur Bestimmung von Befeuchtungsverhalten und Dispergiergrad [6.30]. Die anfängliche Befeuchtung eines Pulvers, das auf eine Flüssigkeit aufgegeben wird, verläuft stets instationär, d.h. die Befeuchtungsgeschwindigkeit ist nicht konstant. In vielen Fällen kann dieser Bereich gut durch die Beziehung $h \sim t^{0,5}$ angenähert werden. Ist die Flüssigkeit weit genug in das Haufwerk eingedrungen bzw. die Befeuchtungsgeschwindigkeit hinreichend abgesunken, können Partikeln aus dem Haufwerk ab-

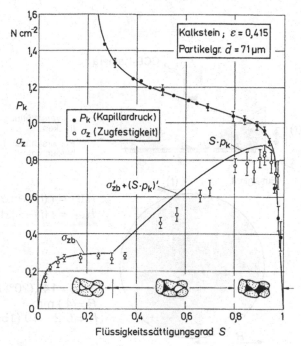

Abb. 6.21 Zugfestigkeit und Kapillardruck eines feuchten Haufwerks als Funktion des Flüssigkeitssättigungsgrads

sedimentieren. Ein sogenanntes stationäres Befeuchten ist erreicht, wenn sich die Untergrenze des Haufwerks so schnell verschiebt wie die Flüssigkeit ins Haufwerk eindringt. Die Höhe des befeuchteten Abschnitts ist in diesem Fall konstant. Lösen und/oder Quellen von Partikeln können ein vom $t^{0,5}$-Gesetz deutlich abweichendes Verhalten bewirken, insbesondere kann das Phänomen der »kritischen Höhe« bzw. der »kritischen Benetzungszeit« auftreten [6.30]. Hierbei kommt die Befeuchtung bei einer bestimmten Schütthöhe zum Erliegen, d.h., Pulverschichten mit einer Höhe größer als die kritische Höhe können nicht vollständig befeuchtet werden.

Zur genauen Ermittlung des zeitlichen Verlaufs der Befeuchtung einer Pulverschüttung eignen sich die Keil- bzw. die Kegelmethode: Bei diesen Messmethoden wird eine Pulverschüttung in Form eines Keils oder einer Kreisscheibe mit kegelförmiger Vertiefung erzeugt, so dass die Schütthöhe kontinuierlich ansteigt (siehe Abb. 6.22 [6.62]). Die Schüttung wird von unten befeuchtet, wobei der Anstieg der Flüssigkeitsfront an der Oberfläche der Schüttung verfolgt werden und so die instationäre Benetzungskinetik ermittelt werden kann. WOLLNY führte mit dieser Methode zahlreiche Messungen an Lebensmittelpulvern durch, die von ihm mit dem Strahlagglomerationsverfahren agglomeriert wurden [6.54]. Abbildung 6.23 zeigt von POHL gemessene Befeuchtungskurven von nanoskaligen Titandioxidpartikeln, die durch Sprüh-Gefriergranulation agglomeriert wurden.

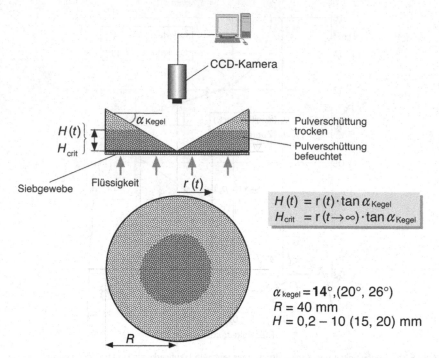

Abb. 6.22 Schema der Kegel-Methode zur Bestimmung der Befeuchtungskinetik von Pulverschüttungen nach [6.62]

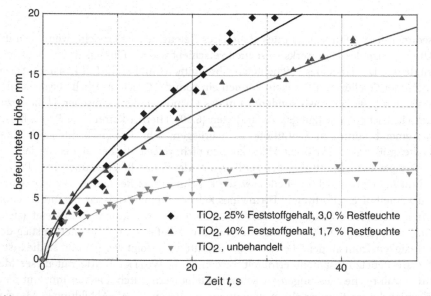

Abb. 6.23 Instationäre Befeuchtung von Titandioxid-Nanopartikeln nach Agglomeration durch Sprüh-Gefriertrocknung (POHL, 2002). Angaben zum Feststoffgehalt beziehen sich auf die Suspension vor der Trocknung, die Restfeuchte wurde nach der Gefriertrocknung ermittelt

6.3.4
Weitere Eigenschaften

Neben den erwähnten Eigenschaften existieren zahlreiche andere Merkmale, die qualitätsentscheidend sein können. Hierzu zählen die Depotwirkung bei Pharmaka und Pflanzenschutzmitteln, die Kompressibilität, das Trocknungsverhalten einschließlich der dabei möglichen Rissbildung (Grünkörper bei keramikverarbeitenden Prozessen), sowie das Verhalten bei extremen Temperaturen. Für Erz-Agglomerate existieren z. B. spezielle Prüfverfahren zur Beurteilung des Sinter- und Brennverhaltens, der Reduzierbarkeit sowie des Schwell- und Schrumpfverhaltens.

7
Mischen

Bei einem Mischprozess sollen Stoffe oder Stoffströme so vereinigt werden, dass die Zusammensetzung aller Teilvolumina aus den einzelnen Komponenten möglichst identisch ist. Bei der Auslegung stehen Fragen der Leistungsaufnahme und der Mischzeit im Vordergrund. Zusätzlich können Stoffaustausch, Wärmeübergang und Verweilzeitverhalten eine Rolle spielen. Die zu mischenden Stoffe können gasförmig, flüssig oder fest sein. Für Mischprozesse mit Stoffen unterschiedlicher Phase sind besondere Bezeichnungen üblich, so nennt man das Verteilen von Gas in einer Flüssigkeit Begasen, den umgekehrten Fall Zerstäuben. Beim Verteilen eines Feststoffs in einer Flüssigkeit spricht man von Suspendieren.

7.1
Ablauf von Mischvorgängen

Eine vereinheitlichte Beschreibung des Ablaufs der Vermischung, übergreifend über die verschiedenen Teilgebiete (Fluide, Feststoffe), ist wegen produktspezifischer Unterschiede und einer Vielzahl gebräuchlicher Apparate kaum möglich.

Für die formale Beschreibung eines Mischvorgangs, als einem Vorgang instationären Konzentrationsausgleichs und vereinfacht nur längs einer Richtung l betrachtet, gilt:

$$\frac{\partial c}{\partial t} = -\nu \cdot \frac{\partial c}{\partial l} + \frac{\partial^2 [(M + D)c]}{\partial l^2} \qquad (7.1)$$

Diese Gleichung wurde für die statistische Dynamik zum erstenmal von FOKKER [7.1] und PLANCK [7.2] formuliert. Danach ist für die zeitliche Konzentrationsänderung $\partial c / \partial t$ einer betrachteten Komponente in einem Längenelement l sowohl konvektiver Transport (ν) als auch dispersiver Transport ($M + D$) aufgrund stochastischer Partikel- oder Fluidbewegung maßgebend; D ist der die thermische Beweglichkeit von Gas- oder Flüssigkeitsmolekülen beschreibende Diffusionskoeffizient, der für die Feinstvermischung im Mikromaßstab verantwortlich ist. Der Misch- oder Dispersionskoeffizient M erfasst stochastische Bewegungen (z. B. Turbulenz), die durch Energiezuführung mittels Rührelementen, Strahlimpuls und dgl. hervorgerufen werden. Für den großräumigen Ausgleich spielt wegen $M \gg D$ die Diffusion keine Rolle.

Für zahlreiche geometrisch definierbare Fälle und bei unterschiedlichen Rand- und Anfangsbedingungen können für Gleichung (7.1) geschlossene Lösungen angegeben werden [7.3], die jedoch für eine praktische Handhabung meist zu aufwändig sind. Wenn die zugehörigen Randbedingungen eine geschlossene Lösung nicht zulassen, können für die sich aus der dimensionslosen Schreibweise der Differentialgleichung ergebenden Kenngrößen verallgemeinerungsfähige Korrelationen gesucht werden. Kenngrößen, die sich aus Gleichung (7.1) mit der Mischerlänge L ergeben, sind z. B. die Fourier- und die Bodenstein-Zahl.

$$Fo = \frac{M \cdot t}{L^2} \tag{7.2a}$$

$$Bo = \frac{\nu \cdot L}{M} \tag{7.2b}$$

Die Bodenstein-Zahl gibt das Verhältnis der im Inneren des Mischers wirksamen konvektiven Transportgeschwindigkeit ν zur längsbezogenen Dispersionsgeschwindigkeit an. Für Flüssigkeitsgemische ist die konvektive Transportgeschwindigkeit meist mit der Durchlaufgeschwindigkeit gleichzusetzen. Bei Feststoffgemischen muss zwischen diesen beiden Geschwindigkeiten unterschieden werden. Beispielsweise kann die konvektive Transportgeschwindigkeit bei entsprechender Schaufelstellung dem Durchlauf entgegenwirken!

Die Fourier-Zahl ist *eine* Möglichkeit die Mischzeit dimensionslos zu machen. Bei kontinuierlichen Mischern ist es häufig praktischer, die Mischzeit mit einer charakteristischen Schwankungsdauer der Eingangsmassenströme zu verknüpfen.

Für eine anfangs in Randlage befindliche Komponente erhält man für einen absatzweise arbeitenden Mischer als asymptotische Lösung ($t \gg t_o$) der Konzentrationsverteilung bei disperser Vermischung:

$$\frac{\Delta c(x)}{\mu} = \cos(\pi x) \cdot e^{-\left(\frac{\pi^2 \cdot M \cdot t}{L^2}\right)} \tag{7.3}$$

Für einen durchströmten Apparat sind unter Umständen zweiseitige Randbedingungen zu erfüllen. Ist die Konstanz eines eintretenden Materialstroms gegeben, reduziert sich dies auf die Gewährleistung der Quervermischung innerhalb der durch Apparatelänge und Durchlaufgeschwindigkeit gegebenen Verweilzeit τ.

Die Ausbildung der Konzentrationsverteilung einer am Eintritt aufgegebenen Stoßmarkierung oder die Entwicklung der Mischgeschwindigkeit in einem offenen System kann ortsfest im Inneren oder am austretenden Materialstrom verfolgt werden. Die Konzentrationsverteilung des austretenden Materialstroms entspricht der Verweilzeitverteilung, die durch Angabe von Mittelwert und Varianz charakterisiert werden kann. Bei der schleichenden Strömung hochzäher Fluide bewirken selbst Verengungen oder Erweiterungen keinen Queraustausch. Aufgrund der Wandhaftungsbedingungen und der sich unter zäher Reibung einstellenden Geschwindigkeitsverteilung tritt zwar axiales Verziehen ein, das jedoch keine Vermischung darstellt. Da weder Turbulenz noch Diffusion unterstützend wirken, muss die Arbeit des Zerteilens und Umlagerns in vollem Maß durch Werkzeuge oder Einbauten erfolgen. Diese Zerteilvorgänge (Stauchungen, Quetschungen, Bypassrückströmungen etc.) sind prinzipiell systematischer Natur.

7.2
Mischgüte

7.2.1
Definition der Mischgüte

Die Mischgüte ist ähnlich zu betrachten wie die Qualitätskonstanz beim Produktionsprozess. Beides sind eigene Qualitätsmerkmale, die nicht die Eigenschaft (z. B. die Konzentration) selbst, sondern deren Homogenität beurteilen. Die Beschreibung der Homogenität kann qualitativ (subjektiv) oder quantitativ erfolgen. Bei den qualitativen Methoden geschieht die Beurteilung nach Augenschein. Dies kann z. B. durch Ausstreichen einer Probe auf einer Unterlage und Begutachten der Inhomogenitätsstellen geschehen. Häufig gibt man sich einen Standardsatz mit Punkten oder Noten vor und ordnet die Probe einem System zu. Der Standardsatz bildet den Übergang zwischen qualitativen und quantitativen Methoden. Bei quantitativer Auswertung ist Voraussetzung, dass die vorgenannten Eigenschaften messbare Größen c_i darstellen. Eine vollständige Beschreibung des Mischgutes hinsichtlich der zu beobachtenden Eigenschaften ist gegeben, wenn man die Eigenschaft an jedem Ort (absatzweise) oder zur jeder Zeit (kontinuierlich) im vorgegebene Volumen bzw. Zeitraum kennt (Eigenschaftsfunktion).

Die Varianz

$$\sigma^2 = \int_0^1 (c(r) - \mu)^2 dr \tag{7.4}$$

ist die mittlere quadratische Abweichung vom Sollwert μ (Mischungszusammensetzung). Sie betont deshalb große Abweichungen stärker als geringe, was dem heuristischen Bedürfnis bei der Homogenitätsbeurteilung am nächsten kommt. Wegen dieser Eigenschaft und wegen des von der Statistik bereitgestellten Kalküls hat sich die Varianz als das entscheidende Mischgütemaß durchgesetzt. Alle anderen Mischgütemaße werden aus der Varianz abgeleitet. Bei idealer Homogenität ist $\sigma^2 = 0$.

7.2.2
Probengrößenabhängigkeit der Mischgüte

Bei der Berechnung der Varianz aus der Eigenschaftsverteilung muss die Funktion in jedem Punkt bekannt sein. Dies ist gleichbedeutend mit einer unendlich kleinen Probengröße dr. Wählt man eine endliche Probengröße Δr, dann ändert sich bei gleichem Mischgut der Wert der Varianz

$$\sigma_N^2 = \frac{1}{N} \cdot \sum_{i=1}^{N} (c_i - \mu)^2 \tag{7.5}$$

und damit der Wert der Mischgüte. In Abbildung 7.1 ist für eine sinusförmige Eigenschaftsverteilung die Mischgüte in Form des Verhältnisses σ_N^2/σ^2 über der Probengröße, ausgedrückt als Anteil einer Periode $\Delta L/L_p$, aufgetragen. Für größere Proben wird die Varianz σ_N^2 gegenüber σ^2 immer kleiner, d.h. die Mischgüte wird besser. Durch den messtechnischen »Ausgleich« innerhalb einer Probe gehen Informationen über die Eigenschaftsverteilungen »verloren«. Das heißt, es wird eine bessere »Vergleichmäßigung« gemessen. Ob die Probengröße ein sinnvolles Mischgütemaß liefert, muss die Anwendung entscheiden. Die Probengröße muss so gewählt werden, dass eventuelle »Entmischungen« innerhalb der Probe für die daraus folgende Anwendung keinen Einfluss haben. Wird die Probe zu groß gewählt, dann ist das Mischgütemaß zu unkritisch, wird die Probengröße zu klein gewählt, werden die Anforderungen an die »Homogenität« größer als notwendig und die Mischaufgabe wird erschwert.

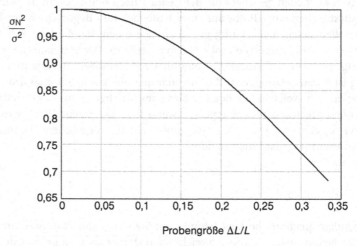

Abb. 7.1 Einfluss der Probengröße ΔL bei einer sinusförmigen Eigenschaftsverteilung mit der Periodenlänge L_p auf die Varianz (Mischgüte)

7.2.3
Mischgüte bei dispersen Systemen

Disperse Mischsysteme unterscheiden sich von nicht-dispersen Systemen dadurch, daß sich die Eigenschaften nicht an einem beliebig kleinen Ortspunkt miteinander mischen können. Auch bei bestmöglicher Mischung (Zufallsmischung der dispersen Einheiten) ist die Varianz der Eigenschaften endlich. Die zu berechnende Varianz der Zufallsmischung hängt von den Probenahmebedingungen ab. Bei Proben mit konstanter Partikelzahl n folgt aus der Binomialverteilung

$$\sigma_z^2 = \frac{\mu \cdot (1 - \mu)}{n} \tag{7.6}$$

Für die Probenahme mit konstantem Volumen V bzw. konstantem Gewicht G und Partikeln unterschiedlicher Größe ändert sich die Partikelzahl in jeder Einzelprobe! SOMMER [7.4] hat für verschiedene Partikelgrößenverteilungen und Probenahmebedingungen die Varianz der Zufallsmischungen mit der Gewichtskonzentration P berechnet:

a) Die kleinste Partikel der Komponente X mit der Partikelgrößenverteilung Q_3^x ist größer als die größte Partikel der Komponente Y mit der Partikelgrößenverteilung Q_3^y:

$$\sigma_z^2 = \frac{(1 - P)^2 \cdot P}{G} \cdot \int_0^1 \frac{g(Q_3^x)}{(1 - P + P \cdot Q_3^x)^2} \, dQ_3 \tag{7.7}$$

b) Die Partikelgrößenverteilungen der Komponenten X und Y sind gleich $Q_3^x = Q_3^y = Q_3$:

$$\sigma_z^2 = \frac{(1 - P) \cdot P}{G} \cdot \int_0^1 g(R) \, dR \tag{7.8}$$

$g(Q_3^x)$ bzw. $g(R)$ sind die Einzelkorngewichte aus den Umkehrfunktionen der Partikelgrößenverteilungen. ($R = 1 - Q_3$)

7.2.4
Praktische Mischgüteermittlung

Die theoretischen Varianzen beschreiben den Mischgütezustand eindeutig, erfordern aber die vollständige Kenntnis der Eigenschaftsverteilung. In der Praxis muss man sich meist mit einer sehr viel kleineren Probenzahl n begnügen. Die damit ermittelte empirische Varianz

$$s_n^2 = \frac{1}{n} \cdot \sum_{i=1}^n (c_i - \mu)^2 \tag{7.9}$$

ist eine Zufallsgröße und nur ein erwartungstreuer Schätzwert für die wahre Mischgüte σ^2. Mit Hilfe der χ^2-Verteilung lässt sich aber mit einer gewissen statistischen Sicherheit (z. B. $S = 95\%$) eine obere Grenze für die wahre Mischgüte angeben (Vertrauensbereich).

$$\sigma_N^2 < \frac{s_N^2}{\chi_p^2} \cdot f \tag{7.10}$$

χ_p^2 ist der Wert der χ^2-Verteilung mit $f = n$ Freiheitsgraden.

7.3
Rühren [7.5], [7.6]

7.3.1
Rührkessel, Rührorgane

Der Rührkessel ist in der chemischen Industrie der wichtigste Misch- und Reaktionsapparat und ist in allen Produktionsbereichen vertreten. Anwendungsbeispiele sind Polymerisationen in Suspension und in der Masse sowie die Herstellung von Pharmaka, Zwischenprodukten, Farben und Fermentationsprodukten. Die Kesselgrößen liegen meist unter 100 m³. Der Regelfall ist der diskontinuierliche (absatzweise) Betrieb. Neben der flüssigen Phase werden auch Gase oder Feststoffe eingesetzt oder entstehen während des Prozesses. Damit ergeben sich Aufgaben des Suspendierens und Dispergierens und daneben der Wärmeübertragung. Die Zähigkeit der Produkte liegt zwischen $5 \cdot 10^{-4}$ und $5 \cdot 10^{2}$ Pa s. Hierbei bleibt zwar der Apparat der gleiche, die Rührer sind aber den unterschiedlichen Anforderungen anzupassen. Eine Übersicht über die gebräuchlichen Rührerarten und Hinweise auf ihr Einsatzgebiet wird in Tabelle 7.1 gegeben.

Für Rührbehälter mit Volumina < 32 m³ ist der sog. Normkessel (DIN 28 136) mit einem Verhältnis von Füllhöhe/Durchmesser $\sim$ 1 üblich. Bei niedrigviskosen Flüssigkeiten leistet ein einzelnes Rührorgan meist eine genügende Umwälzung. Bei den Großprodukten hat der Zwang zu Kostenoptimierung zu größeren und schlankeren Kesseln geführt ($h_1/d_1 = 2 - 3$). Um hier die genügende axiale Durchmischung und eine gleichmäßigere Energieeinleitung zu gewährleisten, sind mehrstufige Rührsysteme unerlässlich.

Unter Bedingungen überwiegend turbulenter Strömung sind, unabhängig von der Größe des Kessels, Stromstörer vorzusehen. Sie verhindern das Aufkommen einer vorzugsweise rotatorischen Strömung, die von Trombenbildung begleitet ist, und ermöglichen die Intensivierung des axialen Austausches und die notwendige Energieeinleitung.

7.3.2
Leistungsbedarf

Auslegungen zur Leistung von Rührern erfolgen anhand von Charakteristiken, die den Bezug zwischen der Newton-Zahl $Ne = P/(\rho_f d_2^5 n^3)$ und der Reynolds-Zahl $Re = (n d_2^2 \rho_f / \eta)$ herstellen (Abb. 7.2). Das Widerstandsverhalten eines Rührers oder Rührsystems ist bei geometrisch ähnlicher Ausführung, unabhängig von der Größe, auf eine einzige Kurve reduziert. Es sind drei Bereiche zu unterscheiden. Im laminaren Bereich ($Re < 50$) ist zähe Reibung, im turbulenten Bereich ($Re > 10^3$) die Dichte für den Widerstand maßgebend. Im Übergangsbereich sind die Einflüsse von Viskosität η und Dichte ρ_f von gleicher Größenordnung. Für den Schrägblattrührer, für den axial fördernden Impeller, für den Lightnin, A310 und den Chemineer HE-3 sind die Leistungscharakteristiken in [7.7] enthalten. Aus fluiddynamischen Berechnungen haben BITTENS und ZEHNER [7.8] gezeigt, dass die Ein-

Tab. 7.1 Kennwerte und Einsatzgebiete von Rührern

Benennung	Bevorzugte geometrische Abmessungen und Anordnungen $h_1/d_1 = 1 : \delta/d_1 = 0{,}1$	Einbauverhältnisse	Primärströmungsrichtung	Hauptsächlicher Strömungsbereich	Geschwindigkeitsbereich (m/s)	Leistungskennzahl	Wichtige, bzw. bevorzugte Rühraufgaben
Propeller-Rührer	$d_2/d_1 = 0{,}33$ $h_3/d_1 = 0{,}3$ 3flügelig	zentrisch 2–4 Stromstörer bzw. exzentrisch ohne Stromstörer	axial	turbulent	2–15	$Ne = 0{,}35$ für $Re > 5 \cdot 10^3$	Homogenisieren Suspendieren Dispergieren flüssig/flüssig
Schrägblatt-Rührer	$d_2/d_1 = 0{,}33$ $h_2/d_2 = 0{,}125$ $h_3/d_1 = 0{,}3$ 6flügelig	zentrisch 2–4 Stromstörer bzw. exzentrisch ohne Stromstörer	axial, radial	turbulent	3–10	$Ne = 1{,}5$ für $Re > 5 \cdot 10^3$	Homogenisieren Suspendieren Dispergieren flüssig/flüssig
Scheiben-Rührer	$d_2/d_1 = 0{,}33$ $h_2/d_2 = 0{,}2$ $b/d_2 = 0{,}25$ $h_3/d_1 = 0{,}3$ 6flügelig	zentrisch 2–4 Stromstörer	radial	turbulent	2–6	$Ne = 4{,}6$ für $Re > 5 \cdot 10^3$	Dispergieren flüssig/flüssig Begasen
Mehrstufen-Rührer z. B.: ®MIG	$d_2/d_1 = 0{,}7$ $h_3/d_1 = 0{,}16$ $h_4/d_1 = 0{,}28$ 3stufig	zentrisch 2–4 Stromstörer bei $d_2/d_1 < 0{,}7$ bzw. ohne Stromstörer bei $d_2/d_1 > 0{,}7$	axial, radial	turbulent und Übergangsgebiet für $d_2/d_1 < 0{,}7$ bzw. laminar für $d_2/d_1 > 0{,}7$	2–10	$Ne = 0{,}55$ für $Re > 5 \cdot 10^3$ bei $d_2/d_1 < 0{,}7$ $Ne \cdot Re = 10^2$ für $Re < 10^2$ bei $d_2/d_1 > 0{,}7$	Homogenisieren Suspendieren Begasen Wärmeaustausch
Wendel-Rührer	$d_2/d_1 = 0{,}9$ $b/d_2 = 0{,}1$ $s/d_2 = 1$ 2gängig; auch Ausführungen mit Innenschnecke	zentrisch ohne Stromstörer	axial			$Ne \cdot Re \approx 250$ für $Re < 10^2$	Homogenisieren

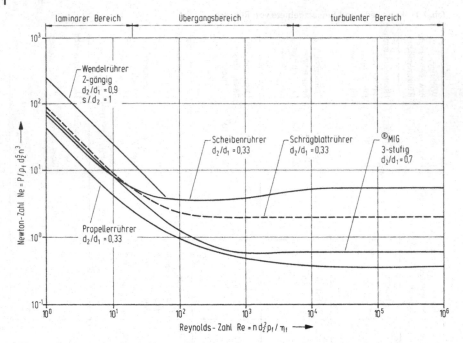

Abb. 7.2 Leistungscharakteristiken verschiedener Rührorgane, Anordnung von vier Stromstörern (außer bei Wendelrührer), nach [7.14] und eigenen Messungen

tauchtiefe der Stromstörer die Ne-Zahl etwa direkt proportional vergrößert. Bei Kombinationen von Scheiben- und Wendelrührer ergeben sich im laminaren Bereich deutlich größere Ne-Zahlen als sie der Summe der individuellen Ne-Zahlen entsprechen würden [7.9]. Ähnliches wird auch von anderen Rührerkombinationen berichtet [7.10].

7.3.3
Mischzeit

Die Kenntnis von Mischzeiten ist ein wichtiges Beurteilungskriterium für die Wirksamkeit eines Rührers. Für alle gängigen Rührer liegen Mischzeituntersuchungen vor. Die verallgemeinerungsfähige Korrelation stellt einen Zusammenhang zwischen dem dimensionslosen Produkt aus Drehzahl und Mischzeit θ über die Reynolds-Zahl her (Abb. 7.3).

Im allgemeinen ist für die Behandlung hochviskoser Substanzen vor allem der Wendelrührer geeignet. Ebenfalls geeignet, aber mehr auf das Homogenisieren beschränkt, ist der sog. Schraubenspindelrührer in exzentrischer Position oder zentrisch in einem Leitrohr angeordnet.

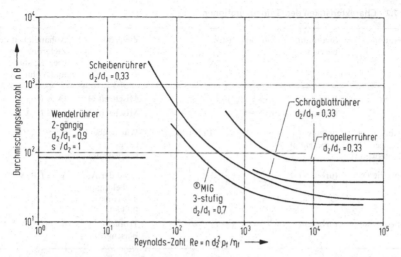

Abb. 7.3 Mischzeitcharakteristiken von Rührern

Im Übergangsgebiet sind mehrstufige Rührer mit großen Durchmesser besser geeignet als schnell drehende Rührorgane. Das Anwendungsfeld von Rührern, deren Prinzip die Strahlerzeugung ist (Propellerrührer, axial wirkend; Scheibenrührer, radial wirkend), ist der niedrigviskose Bereich. In der Korrelation $n \cdot \theta = f(Re)$, die sich auf den Normkessel bezieht, ist kein Füllhöhenverhältnis enthalten. Soweit für schlankere Ausführungen Messungen vorliegen [7.11], [7.12] stellt man eine Annäherung an eine mit dem Quadrat der Höhe steigende Mischzeit fest.

Polymerlösungen, Dispersionen und Farbsuspensionen weichen mit zunehmender Konzentration vom newtonschen Fließverhalten ab und nehmen in der Regel strukturviskoses Verhalten an. Kennzeichen dieses Verhaltens ist die Abhängigkeit der Viskosität vom Geschwindigkeitsgefälle. Dabei können im unmittelbaren Einwirkungsbereich des Rührorgans Umwälzung und Impulsaustausch voll gewährleistet sein. Der Umwälzstrom, dessen Geschwindigkeit mit wachsender Entfernung vom Rührorgan generell abnimmt, wird aber wegen wachsender Zähigkeit zusätzlich verlangsamt und der turbulente Austausch unterbunden. Je nach Grad der Strukturviskosität und der Grundzähigkeit können die Mischzeiten auf das Zehnfache anwachsen [7.13] oder Zonen völliger Stagnation entstehen, die überhaupt nicht durchmischt werden. Entsprechend betroffen sind Stoff- und Wärmeübergang. Die wesentlichen Auslegungsschwierigkeiten sind durch rheologische Probleme bedingt [7.14], [7.15].

7.3.4
Wärmeübertragung; Suspendieren und Dispergieren

Die für die vier verschiedenen Operationen einschließlich der für die Mischzeit maßgeblichen Kenngrößenbeziehungen sind in Tabelle 7.2 zusammengestellt.

Tab. 7.2 Charakteristiken der Grundoperationen

Operation	Strömungs-bereich	Charakteristik	Zielgröße	Abhängigkeit der Zielgröße von spez. Leistung P_v und Volumen V
Mischen	laminar	$n\,\Theta \approx C_1$ [1]	Mischzeit Θ	$\Theta \sim (P_v)^{-1/2}\;V^0$
	turbulent	$n\,\Theta \approx C_2$ [2]	Mischzeit Θ	$\Theta \sim (P_v)^{-1/3}\;V^{2/9}$
Wärme-übertragen (Behälterwand)	turbulent (Übergang)	$Nu = C_3\,Re^{2/3}\,Pr^{1/3}\,(\eta/\eta_w)^{0.14}$	Wärmeüber-gangs-koeffizient	$\alpha \sim (P_v)^{2/9}\;V^{-1/27}$
Suspendieren	turbulent	$\dfrac{C_4}{Re^{0.27}} = \dfrac{v_u}{w_{gs}}\,Fr\,\dfrac{1}{1-\varepsilon}$	Grad der Auf-wirbelung bei d = const. Bild 63	$V_a = f(P_v\,V^{1/9})$
Dispergieren	turbulent	$\dfrac{d}{d_2} = C_5(1-\varepsilon)^{1/3}\,We^{-0.6}$	Tropfen-, Blasengröße d	$d \sim (P_v)^{-0.4}\;V^0$

[1] z. B. Wendelrührer
[2] praktisch alle Rührer

d_1	Behälterdurchmesser
d_2	Rührerdurchmesser
v_u	Umfangsgeschwindigkeit des Rührers
w_{gs}	Schwarmsinkgeschwindigkeit

Kennzahlen
$Nu = \alpha d_1/\lambda$
$Pr = \eta/\varrho_f a$
$Re = n\,d_2^2\,\varrho_f/\eta$
$We = n^2 d_2^3\,\varrho_f/\sigma$
$Fr = \dfrac{n^2 d_2}{g}\cdot\dfrac{\varrho_f}{\varrho_s - \varrho_f}$

Hierbei ist für die jeweilige Zielgröße der Zusammenhang zur spezifischen Leistung und der Behältergröße unter Nichtberücksichtigung von Stoffdaten angegeben. Weitgehend tragfähig als Vergrößerungsregel ist das Einhalten gleicher volumenbezogener Leistung P_v, wobei als Richtwert üblicher Auslegung ein Bereich von 0,2–2 kW m⁻³ genannt werden kann. Die Forderung nach dem Einhalten gleicher spezifischer Leistung als Regel für die Maßstabsübertragung geht auf BÜCHE [7.16] zurück. Maßgebend für den Stoffübergang und die disperse Verteilung ist die Wirbelfeinstruktur, die dem sog. Trägheitsbereich der Turbulenz zugeordnet wird. Die durch sie ausgeübten Schubspannungen hängen nur von der Höhe des Leistungseintrags, nicht jedoch von der Geometrie ab. Für die Grobverteilung sind dagegen die niederfrequenten Elemente des Makrobereichs maßgebend, deren Größenordnung die der Rührerabmessung ist und deren Ausprägung von der Geometrie beeinflusst wird [7.12], [7.17], [7.18].

Wärmeübertragung. Die angegebene Beziehung gilt für alle Rührer im Bereich $Re > 10^2$. Dabei ist C_3 eine jeweils rührorganabhängige Konstante. Bei strukturviskosen Medien treten für $Re < 2 \cdot 10^3$ deutliche Verschlechterungen ein, weil die Geschwindigkeit überproportional mit dem Abstand vom Rührer abfällt [7.19]. Die Wärmeübergangszahl ist für den Fall gleicher spezifischer Leistung von der Behältergröße kaum abhängig, der volumenbezogene Wärmestrom nimmt jedoch mit zunehmendem Verhältnis von Oberfläche zu Volumen ab. Während die Anzahl und Fläche von Strombrechern nur wenig Einfluss ausüben, hat die Strombrecherform einen deutlichen Einfluss [7.20].

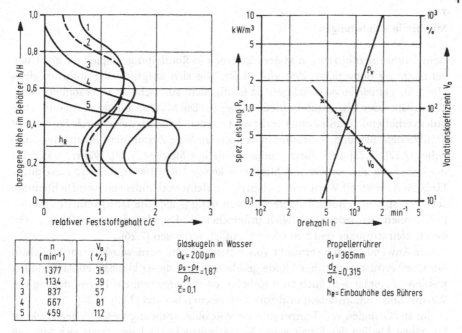

	n (min⁻¹)	V_a (%)
1	1377	35
2	1134	39
3	837	57
4	667	81
5	459	112

Glaskugeln in Wasser
$d_K = 200\,\mu m$
$\dfrac{\rho_s - \rho_f}{\rho_f} = 1{,}87$
$\bar{c} = 0{,}1$

Propellerrührer
$d_1 = 365\,mm$
$\dfrac{d_2}{d_1} = 0{,}315$
h_R = Einbauhöhe des Rührers

Abb. 7.4 Einfluss der Rührerdrehzahl auf die bezogene örtliche Konzentration beim Suspendieren (nach [7.21]), sowie Variationskoeffizient der Axialverteilung V_a und zugehörige spezifische Leistung in Abhängigkeit von der Drehzahl

Suspendieren. Ein strömungsmechanisches Modell zur Beschreibung des Suspendierens hat EINENKEL [7.21] vorgeschlagen. Analog zur Wirbelschicht wird für die Aufrechterhaltung eines Schwebezustandes Gleichgewicht zwischen Strömungskraft und Schwerkraft angesetzt, so daß die Froude-Zahl die maßgebende Kenngröße ist. Bei einer Anpassung an experimentelle Befunde ergab sich noch ein Einfluß von Re (siehe Tabelle 7.2). Eine vollständige Aufwirbelung, die zur axialen Gleichverteilung der Konzentration führt, ist für eine hinreichende Intensivierung des Stoffübergangs meist nicht nötig. In Abbildung 7.4 sind axiale Konzentrationsprofile in Abhängigkeit von der Drehzahl und die jeweils dazu notwendige Leistung wiedergegeben. Bei Forderung einer Gleichmäßigkeit von 20% wären für das gegebene Beispiel ca. 10 kW m⁻³ aufzuwenden. Ein vergleichbarer Verteilungsgrad wird bei Maßstabsvergrößerung näherungsweise bei gleicher spezifischer Rührleistung erreicht.

Dispergieren. Das disperse Feinzerteilen von Flüssigkeiten oder Gasen in einer Trägerflüssigkeit erfolgt infolge turbulenter Deformation durch die dem Mikrobereich des Turbulenzspektrums zugeordneten Wirbel. Die maßgebende Kenngröße, in der die Schubspannung aufgrund der eingeleiteten Rührleistung und die Grenzflächenspannung verknüpft sind, ist die Weber-Zahl. Die in Tabelle 7.2 angegebene Abhängigkeit konnte bei zahlreichen Flüssig/Flüssig-Systemen bestätigt werden. Es wurden aber auch erhebliche Abweichungen beobachtet [7.22].

7.4
Mischen in Rohrleitungen

Beim Zusammenführen von Materialströmen in Rohrleitungen spielt die zur Quervermischung notwendige Zeit eine Rolle. Die sich aufgrund der Rohrturbulenz ($Re > 10^4$) einstellende Mischgüte ist häufig nicht ausreichend, insbesondere wenn Viskositäts- oder Dichteunterschiede vorliegen. Die Mischungsgüte muss durch turbulenzerhöhende Maßnahmen verbessert werden, beispielsweise durch Einbau von Staublechen, Blenden, Strahlmischern, rechtwinklige Zusammenführung und Ähnliches [7.12], [7.23] oder durch Einbau statischer Mischer [7.24]. Während sich für das leere Rohr eine notwendige Mischstrecke von $l/d \approx 100$ ergibt, wird diese durch Einbauten meist auf Werte $l/d < 10$ gesenkt. Beim Vorhandensein von Dichteunterschieden sind wesentlich längere Strecken nötig [7.25]. Die Druckverluste sind höher, können sich jedoch erheblich unterscheiden. Die Homogenisierwirkung wird durch Rohrkrümmer und T-Stücke wesentlich verbessert [7.26].

Der Anwendungsschwerpunkt von statischen Mischern wurde ursprünglich in der Quervermischung zäher Fluide gesehen. Neben dieser klassischen Anwendung werden sie seit langem auch zum turbulenten Dispergieren, zur Intensivierung von Wärme- und Stoffaustausch und zum Gaswaschen benutzt [7.27], [7.28].

Ein aus Gründen von Temperatur- oder Reaktionsführung wesentlicher Effekt ist bei zähen Medien der Erhalt enger Verweilzeitspektren. Dies erklärt sich aus den fortwährenden Umlagerungen, die zu einem radial ausgeglichenen Geschwindigkeitsprofil führen. Vergleichende Betrachtungen sind z. B. in [7.29], [7.30] zu finden.

7.5
Mischen von Massen, Teigen und Schmelzen

Unter Massen oder Teigen werden Flüssig/Fest-Systeme verstanden, bei denen der Flüssigkeitsanteil soweit vorherrschend ist, dass das Schüttgutverhalten gegenüber dem rheologischem Verhalten zurücktritt. Zu den hochzähen Fluide zählen auch die Thermoplastschmelzen.

Für das Mischen von leichteren Massen, Pasten oder Salben (z. B. in der Kosmetikindustrie) sind häufig Planetenmischwerke oder ineinander kämmende Finger, meist kombiniert mit Wandabstreifern, üblich. Die diskontinuierliche Behandlung sehr zäher Massen ist den Trogknetern vorbehalten. Zur Anpassung an das Produkt, wobei das rheologische Verhalten eine erhebliche Rolle spielt, steht eine Vielzahl von Knetschaufelausführungen zur Verfügung. Große Trogkneter haben ein Fassungsvermögen von 15 m^3, bezogen auf mittlere Größen liegt die installierte Leistung bei ca. 100 kW m^{-3}.

Für das kontinuierliche Mischen zäher Massen werden Schneckenmaschinen verwendet. Einspindelige Maschinen, deren Geschwindigkeitsprofil längs des Schneckenkanals durch schleppende Wirkung der Schnecke und Gegendruck vom Mundstück gekennzeichnet ist, haben keine selbstreinigende Wirkung; diese ist jedoch bei ineinander kämmenden Doppelschnecken gegeben. Solche Ausführungen sind für gleich- und gegenläufigen Drehsinn der Schnecken möglich.

Für verfahrenstechnische Aufgaben sind gleichsinnig drehende Doppelschnecken, die axial offen sind, besser geeignet als gegenläufige. Die axiale Öffnung ermöglicht eine für die Längsmischung erwünschte Schleppströmung und verhindert den unerwünschten Aufbau zu hoher Drücke. Das Längen/ Durchmesser-Verhältnis liegt üblicherweise bei 12–15. Ein Aufbau nach dem Baukastenprinzip ermöglicht zahlreiche Modifikationen, wie den Einbau von Zonen aufeinander abrollender Knetscheiben, die kaum fördern, sondern durch Stauchungen und Verziehungen für eine intensivere Axial- und Quervermischung sorgen. Der Durchmesserbereich liegt bei 50–280 mm, wobei Durchsätze > 5 m³ h⁻¹ möglich sind. Installierte Leistungen für mittlere Größen liegen bei ca. 20 kW L⁻¹. Die Schnecken sowie die gekammerten Gehäuse können von einem Wärmeträgermedium durchströmt werden, so daß bei dem hohen Verhältniswert von Übertragungsfläche zu Füllvolumen alle Arten von Reaktionen in zähplastischer Phase möglich sind. Näheres kann z. B. [7.31], [7.32] entnommen werden.

7.6
Mechanismen des Pulvermischens

7.6.1
Absatzweise Vermischung

Die Einteilung der Mischvorgänge kann nach den beherrschenden Bewegungsmechanismen in den Mischern erfolgen. Während diese Einteilung allein der Empirie entspringt, liefert die Gruppierung in systematische bzw. stochastische Prozesse Hinweise auf innere Mischprozesse. Ein besonderes Augenmerk gilt dabei den für Pulvermischungen bedeutsamen Entmischungserscheinungen. Man kann prinzipiell zwei verschiedene Grundvorgänge unterscheiden: Entmischungen aufgrund konvektiver Transportvorgänge und Entmischungen, die durch konzentrationsabhängige Dispersionskoeffizienten verursacht werden. Die theoretischen Betrachtungen führen zu qualitativen praktischen Folgerungen [7.33], [7.34].

Systematische Vermischung. Alle Mischmechanismen haben zum Ziel, die Komponenten möglichst so zu verteilen, daß die Elemente, also die Feststoffpartikeln einer Komponente, den Elementen der anderen Komponenten benachbart sind. Dies kann neben den häufig auftretenden zufälligen Verteilungsvorgängen auch in systematischen Prozessen erfolgen. Diese systematischen Vermischungsvorgänge sind in allen statischen Mischern und Silomischern wirksam [7.35]–[7.37].

Zufallsmischung. Außer den systematischen Mischprozessen bewirken auch ungeordnete Haufwerksbewegungen eine Verbesserung der Mischgüte. Eine ungeordnete Mischbewegung in dem hier betrachteten Sinne ist dadurch gekennzeichnet, daß die gegenseitige Lage der Partikeln nicht bestimmt, sondern zufällig ist. MÜLLER und RUMPF [7.38] haben gezeigt, daß unabhängig vom realen Bewegungstyp diese Zufallsbewegungen durch die Theorie der stochastischen Prozesse beschrieben werden können.

Zur Festlegung der Teilchenlage sind mehrere Koordinaten erforderlich. Da die Mischmechanismen prinzipiell betrachtet werden sollen, wird die Kennzeichnung der Systeme auf eine einzige Ortskoordinate beschränkt. Dies ist für praktische Fälle zulässig bei Mischern mit axialer Mischbewegung, wenn die Mischung in den anderen Richtungen so schnell erfolgt, daß die hierfür erforderliche Mischzeit gegenüber dem Zeitbedarf der Axialvermischung vernachlässigbar ist. Andernfalls kann man senkrecht zur gewählten Ortskoordinate mittlere Konzentrationen zugrunde legen.

»*Dispersive« Vermischung*«. Sind in Gleichung (7.1) der Transportkoeffizient $\nu = 0$ und der Dispersionskoeffizient konstant (unabhängig von der Ortskoordinate oder der Konzentration), dann vereinfacht sich die Gleichung zu:

$$\frac{\partial c}{\partial t} = M \cdot \frac{\partial^2 c}{\partial x^2} \tag{7.11}$$

Diese Gleichung entspricht dem 2. Fickschen Gesetz und führt immer zu einem (zufälligen) Konzentrationsausgleich, also zu Vermischung.

Axialvermischung mit konvektiven Transportprozessen. Unterscheiden sich die Komponenten bei Pulvermischungen in ihrer Partikelform, Partikelgröße oder Dichte, dann werden häufig bei stochastischen Mischvorgängen Entmischungen beobachtet, die sich mit dem einfachen »Dispersionsmodell« mit konstantem, positivem Dispersionskoeffizienten nicht erklären lassen. Gemäß Gleichung (7.1) setzt sich der Massenstrom aus zwei Anteilen zusammen, dem konvektiven Transport und dem dispersiven Transport. Durch das Zusammenspiel dieser beiden Massenströme können sich die Komponenten entmischen [7.38]. Die physikalische Ursache dafür ist die unterschiedliche konvektive Transportcharakteristik (unterschiedliche Beweglichkeit) der zu mischenden Komponenten. Ein experimentelles Beispiel dieser qualitativen Entmischungsphänomene geben die Versuche in der Arbeit von MÜLLER [7.38] (Abb. 7.5). Durch unterschiedliches Transportverhalten von Eisen (630 bis 750 μm) und Quarz (100 bis 200 μm) bzw. von Eisen (300 bis 400 μm) und Kalkstein (40 bis 60 μm) werden Entmischungen verursacht. Um Entmischungen dieser Art zu vermeiden, muss die unterschiedliche Beweglichkeit vermieden oder ausgeglichen werden (z. B. durch Kompensation einer unterschiedlicher Dichte durch unterschiedliche Partikelgrößen).

Axialvermischung ohne konvektive Transportprozesse. Entmischungen werden in Mischtrommeln jedoch auch beobachtet, wenn keine äußeren konvektiven Transportvorgänge beteiligt sind, also wenn der Dispersionskoeffizient konzentrationsabhängig ist. Die Auswertung von Gleichung (7.1) ergibt [7.33]:

$$\frac{\partial m}{\partial t} = -\left(M + c \cdot \frac{\partial M}{\partial c} \right) \cdot \frac{\partial c}{\partial x} \tag{7.12}$$

Wenn die Konzentrationsabhängigkeit von M einen genügend großen negativen Differentialquotienten $\partial M/\partial c$ liefert, entsteht ein Materialstrom in Richtung *höherer* Konzentration, das bedeutet, die Komponenten *entmischen* sich. Wie beim konvek-

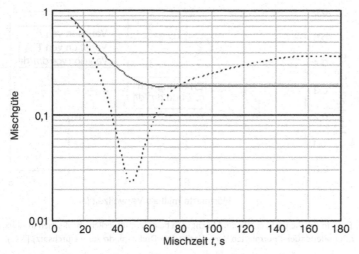

Abb. 7.5 Entmischungsphänomene durch selektiven konvektiven Transport (nach [7.38])
– – – – – Quarz-/Eisenpulver; ———— Kalkstein-/Eisenpulver

tiven »Entmischungsvorgang« ist die Ursache auch in diesem Fall die unterschiedliche Beweglichkeit, die evtl. ausgeglichen werden muss, beispielsweise durch Zugabe geringer Mengen Flüssigkeit [7.33].

7.6.2
Kontinuierliche Vermischung

Die wesentliche Aufgabe des kontinuierlichen Mischens ist es, Dosierschwankungen auszugleichen. Dabei treten an einem Ende zwei (oder mehrere) Materialströme in den Mischer ein, ohne dass Material wieder zurückfließen kann. Im Regelfall befindet sich am Ende des Mischers ein Stauwehr, über das überschüssiges Material abfließen kann. Der Füllungsgrad beider Komponenten zusammen am Stauwehr bleibt konstant. Aufgrund dispersiver und/oder konvektiver Transportvorgänge werden die beiden (radial vereinfacht als immer homogen angenommenen) Materialströme von einem zum anderen Ende des Mischers gefördert. Für beide Ströme gelten jeweils eigene Fokker-Planck-Gleichungen [7.41].

Im Allgemeinen haben beide Massenströme verschiedene dispersive und konvektive Transportkoeffizienten. Bestehen jedoch beide Ströme aus gleichen (bzw. sehr ähnlichen) Stoffen, die sich z. B. nur durch ihre Farbe unterscheiden, können die Transportkoeffizienten gleichgesetzt werden.

Der Transportkoeffizient ν ist, wie im diskontinuierlichen Fall, eine interne Eigenschaft des Mischers. In den meisten Arbeiten und Literaturzitaten wird ν mit dem mittleren Stofftransport gleichgesetzt. Diese Vorstellung lässt sich nicht aufrecht erhalten. Sie kann nur näherungsweise erfüllt sein, wenn ein Massenstrom dominiert und ohne eigene Dispersion den zweiten Massenstrom mittransportiert. Eine solche Situation ergibt sich häufig, wenn der Hauptmassenstrom eine Flüssig-

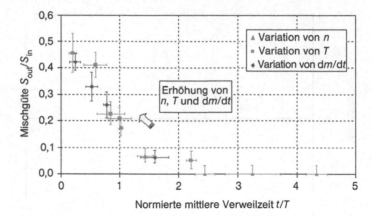

Abb. 7.6 Experimentelle und berechnete Mischgüten beim kontinuierlichem Mischen in Abhängigkeit der mit der Periodendauer T normierten Verweilzeit t (n = Drehzahl, dm/dt = Durchsatz) [7.43].

keit ist und beim Einlaufen in den Mischer die darin befindliche Flüssigkeit verdrängt. Insbesondere für das Vermischen zweier Pulverströme ist diese Annahme nicht gerechtfertigt und es müssen beide Fokker-Planck-Gleichungen berücksichtigt werden.

Die Simulation bei unterschiedlichen Parametervariationen zeigt, dass die Verweilzeit bezogen auf die charakteristische Schwankungsdauer der Eingangsmassenströme die dominierende Einflussgröße ist und die Mischgüte unabhängig vom Mischsystem in einem engen Bereich liegt, der durch eine für die Praxis völlig hinreichende Masterkurve beschrieben werden kann (Abb. 7.6) [7.39], [7.40].

7.6.3
Feststoffmischer

Beim Mischen von Feststoffen wird die Gutverschiebung durch drehende Werkzeuge, drehende Behälter oder durch Umwälzen mittels Luft (Stickstoff) bewirkt. Kriterien für die Apparatewahl sind Durchsatz bzw. Chargengröße, Partikelgröße oder die Verfügbarkeit einer genügenden Austauschfläche, wenn z.B. gleichzeitig getrocknet werden muss.

Allgemein gesehen sind die bisher erarbeiteten Kenntnisse für die Auslegung von Feststoffmischern wesentlich geringer als bei Verfahren, bei denen die Trägerphase eine Flüssigkeit ist. Dies liegt an der wesentlich aufwendigeren Versuchstechnik und dem schwer zu erfassenden Stoffverhalten [7.39].

Bei gleicher Feststoffart hängt die Fließfähigkeit in hohem Maß von der Partikelgröße ab. Bei feinen Pulvern werden Kohäsionskräfte zwischen den Partikeln wirksam, die die Verschiebung erschweren. Durch schnell drehende Mischwerkzeuge findet jedoch Lufteinzug statt, so daß solche Verbände Fließbettcharakter annehmen können und geringeren Widerstand ausüben. Selbst bei geringen Feuchtegehalten sind wegen damit einhergehender Haftkräfte Dispergieren und Zerteilen er-

Apparatetyp	Bewegung durch	Fr = Rω²/g	Größen (m³)	Leistung (kW/m³)
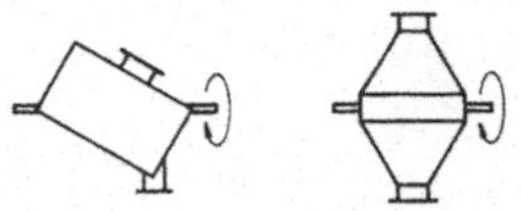	freien Fall	< 1	< 10	1–2
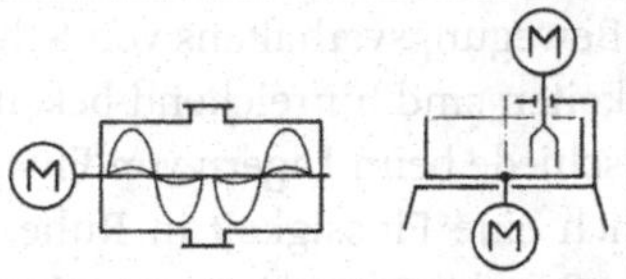	Schub	< 1	< 30 / < 8	3–10
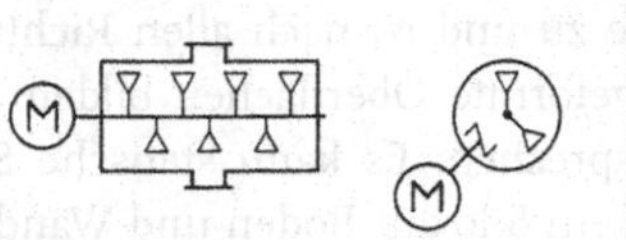	Schub Fliehkraft	> 1	< 30	< 20
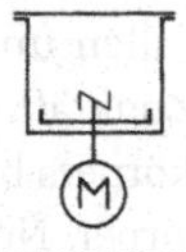	Fliehkraft	≫ 1	< 1,5	20 beim Heißmischen bis 500

Abb. 7.7 Apparate zum Mischen von Feststoffen (Gutbewegung durch drehende Mischwerkzeuge oder drehende Behälter)

schwert, so dass sich je nach Bindungsintensität höhere Mischzeiten und höhere Leistungsaufnahmen ergeben.

Zwei Apparatekategorien sind von besonderer Bedeutung:
– Mischer mit drehenden Werkzeugen (bzw. drehenden Behältern),
– Mischsilos, in denen die Gutbewegung meist pneumatisch erfolgt.

Alle Feststoffmischer dürfen nur teilgefüllt werden, damit die Gutbeweglichkeit gesichert ist. Bei den Mischern mit drehenden Werkzeugen, von denen verschiedene Ausführungen in Abbildung 7.7 dargestellt sind, kann eine Einteilung nach Art der realisierten Gutbewegung als zweckmäßig angesehen werden. Maßgebende Kennzahl zur Charakterisierung der Gutbewegung ist die Froude-Zahl. Sie drückt das Verhältnis von Flieh- zu Schwerkraft aus.

8
Lagern von Schüttgütern

8.1
Fließverhalten von Schüttgütern

Zu den Aufgaben der Mechanischen Verfahrenstechnik gehört auch die Erforschung und Beschreibung des Lagerungs- und Bewegungsverhaltens von Schüttgütern. Die entsprechenden Vorgänge bei Flüssigkeiten sind hinreichend bekannt. Es ist deshalb zunächst auf die prinzipiellen Unterschiede beim Lagern von Flüssigkeiten und Schüttgütern hinzuweisen. Befindet sich eine Flüssigkeit in Ruhe, bildet sie eine horizontale Oberfläche und kann keine Schubkräfte übertragen. In einem Behälter nimmt der Druck linear mit der Tiefe zu und ist nach allen Richtungen gleich. Ein Schüttgut kann dagegen beliebig geformte Oberflächen bilden bis zu Neigungen, die seinem Böschungswinkel entsprechen. Es kann statische Schubkräfte übertragen, und die Drücke, die es in einem Silo auf Boden und Wände ausübt, steigen nicht linear mit der Tiefe an, sondern streben einem Maximalwert zu. Zudem ist der Druck von der Richtung abhängig und beim Füllen und Entleeren unterschiedlich. Da ein Schüttgut keine oder nur sehr geringe Zugkräfte übertragen kann, lässt sich sein Verhalten nicht mit den Gesetzen des Festkörpers beschreiben.

Das Schüttgut ist also weder eine Flüssigkeit noch ein Festkörper. Nur in Grenzfällen, die nicht Gegenstand dieses Kapitels sind, mögen Analogien zutreffen. Das fluidisierte Schüttgut, das von einem Gasstrom bewegt wird, verhält sich ähnlich wie eine Flüssigkeit (vgl. Abschnitt 3.2). Ist das Schüttgut dagegen fest gepackt, z.B. brikettiert, kann es bis zu einem gewissen Grad die Eigenschaften eines Festkörpers zeigen (vgl. Abschnitt 6).

Den Schüttgütern im Sinne dieses Kapitels sehr nahe kommen die Materialien der Bodenmechanik. Im Gegensatz zur Aufgabenstellung der Bodenmechanik, die darum bemüht ist, dass die Beanspruchung ihrer Stoffe in Staudämmen, unter Gebäuden, usw. so ist, dass es nicht zu Gleitvorgängen oder Brüchen kommt, strebt der Verfahrenstechniker den Fließzustand meist an. Das Schüttgut soll im Silo fließen, und die Bildung von Brücken und toten Zonen muss vermieden werden.

In der Literatur kann eine größere Zahl empirischer Definitionen wie Rieselfähigkeit oder Fließfähigkeit nachgelesen werden, die jedoch nicht in der Lage sind, die Fließfähigkeit unabhängig vom Anwendungsfall zu beschreiben. Dieser Forderung sehr nahe kommt der bereits erwähnte Böschungswinkel. Er stellt den maximal möglichen Neigungswinkel einer Schüttgutoberfläche gegen die Horizontale dar. Der Böschungswinkel kann auf vielerlei Art bestimmt werden, z.B. durch Aufschütten eines Kegels, Auslaufenlassen eines Behälters mit kreisförmiger oder schlitzförmiger Öffnung im horizontalen Boden oder Rotation eines mit Schüttgut gefüllten Zylinders um die horizontale Achse. Es ist leicht einzusehen, dass das Ergebnis von der Art der Messung abhängt. So ist der Winkel eines aufgeschütteten Kegels mit seiner konvexen Oberfläche kleiner als der Winkel der konkaven Oberfläche, die im Behälter mit Kreisöffnung bestehen bleibt. Zudem ist der Böschungswinkel nur bei solchen Schüttgütern eine eindeutige und damit reproduzierbare Größe, die beim

Fließen keine größeren Schwierigkeiten bereiten. Es sind dies die kohäsionslosen, meist grobkörnigen Schüttgüter, die von den kohäsiven Schüttgütern zu unterscheiden sind.

Aus den Arbeiten, die sich mit dem Fließverhalten von Schüttgütern befasst haben, folgt, dass der Partikelgrößenbereich, oberhalb dem bei nicht zu feuchtem Schüttgut die Kohäsion zu vernachlässigen ist, bei etwa 100–200 µm liegt. Im Bereich darunter spielt die Kohäsion eine wesentliche Rolle. Sie beruht auf den Haftkräften zwischen den Einzelpartikeln (vgl. Abschnitt 6). Mit kohäsiven Schüttgütern lassen sich beliebige Böschungswinkel erzeugen. Der Böschungswinkel wird vom Verdichtungszustand abhängig und eignet sich kaum mehr, die Fließfähigkeit hinreichend zu beschreiben.

8.1.1
Fließkriterien

Die Betrachtung des Böschungswinkels zeigt, dass es Grenzzustände gibt, bei deren Unterschreitung Böschungen stabil und bei deren Überschreitung Böschungen instabil sind. Am Übergang müssen bestimmte Bedingungen erfüllt sein. In der Plastizitätslehre spricht man von Fließkriterien. Es ist somit ein Kriterium aufzustellen, das besagt, ob ein Schüttgutelement unter bestimmten Spannungszuständen fließt oder nicht.

Die Bodenmechanik benutzt in Analogie zur Festkörperreibung das Mohr-Coulombsche Fließkriterium. Wirkt auf einen Körper bzw. ein Schüttgutelement eine Druckkraft F_p, ist zur Bewegung des Körpers längs der Fläche eine Scherkraft F_s nötig, die der Kraft F_p proportional ist. Da der Zusammenhang von der Berührfläche A unabhängig ist, wird für die grafische Darstellung die Druckspannung $\sigma = F_p/A$ und die Schubspannung $\tau = F_s/A$ gewählt. Die Gerade im σ, τ-Diagramm (Abb. 8.1) – Coloumb-Gerade genannt – ist um den Winkel φ gegen die σ-Achse geneigt und schneidet die τ-Achse beim Wert τ_c. φ ist der Reibungswinkel, $\tan \varphi$ der Reibungskoeffizient und τ_c in Anlehnung an die Nomenklatur der Bodenmechanik die Kohäsion mit der Einheit einer Spannung:

$$\tau = \tau_c + \sigma \tan \varphi \tag{8.1}$$

Diese Gleichung stellt ein Fließkriterium dar und besagt, dass Fließen eintritt, wenn die Schubspannung einen Wert gemäß der Gleichung erreicht, bzw. kein Fließen einsetzt, wenn τ kleiner ist. Bei kohäsionslosen Schüttgütern ist. $\tau_c = 0$.

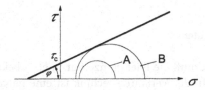

Abb. 8.1 Coulombsches Fließkriterium

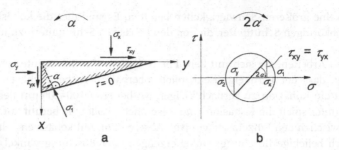

Abb. 8.2 Darstellung der Spannungen beim ebenen Spannungszustand. a) Lageplan, b) Spannungskreis

Die Beanspruchung eines Schüttgutelementes, z. B. in einem Silo, hängt von der Geometrie der Schüttung, dem Ort in der Schüttung und den wirkenden Kräften, u. a. der Schwerkraft, ab. Je nach Lage eines willkürlich wählbaren x, y-Achsenkreuzes erhält man auf den Flächen $x =$ konst. und $y =$ konst. Wertepaare, die sich aus Kräftegleichgewichten ergeben (Abb. 8.2). Es erscheint damit zunächst zufällig, dass die Werte von σ und τ gerade so sind, dass sie auf der Coulomb-Geraden liegen. Die Frage, ob ein Schüttgutelement fließt oder nicht, muss aber unabhängig vom willkürlich wählbaren x, y-Achsenkreuz lösbar sein. Dies ist über Mohrsche Spannungskreise möglich.

Bei der Beanspruchung des Schüttgutelements wird es eine um den Winkel α gegen die x-Achse geneigte Richtung geben, in der σ_1 wirkt. Diese sogenannte Hauptspannung ist dadurch ausgezeichnet, dass auf die entsprechende Fläche keine Schubspannung ($\tau = 0$) wirkt. Sämtliche Spannungszustände σ, τ in beliebigen Schnitten α werden im σ, τ-Diagramm durch den Mohrschen Spannungskreis wiedergegeben. Er ist die grafische Darstellung der sich aus Kräftegleichgewichten ergebenden Zusammenhänge zwischen σ, τ und α. Mit der Größe der beiden Hauptspannungen σ_1 und σ_2 liegen Ort und Größe des Kreises fest. Eine Abhängigkeit vom willkürlich gewählten Achsenkreuz entfällt.

Das Fließkriterium lautet dann (vgl. Abb. 8.1):
- Spannungszustände unterhalb der Coulomb-Geraden verursachen kein Fließen (Kreis A),
- Spannungskreise, die die Coulomb-Gerade tangieren, führen zum Fließen (Kreis B),
- Spannungszustände jenseits der Coulomb-Geraden sind physikalisch nicht möglich.

8.1.2
Verhalten realer Schüttgüter

In der Bodenmechanik muß die Fließgrenze nur in etwa bekannt sein, da sie nicht erreicht werden darf. In der Verfahrenstechnik ist eine genaue Kenntnis erforderlich. In der Bodenmechanik liegen die Drücke in Bereichen bis über 20 bar, im

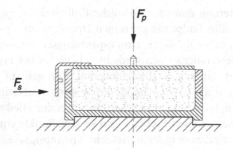

Abb. 8.3 Schergerät nach JENIKE

Schüttgutsilo dagegen meist unter 1 bar. Für diesen Druckbereich stellt das Mohr-Coulombsche Fließkriterium eine Näherung dar, die nicht befriedigen kann.

Die Ermittlung der Fließgrenze geschieht experimentell mit Hilfe von Scherversuchen [8.1]–[8.3]. Die Schergeräte der Bodenmechanik konnten nicht oder nur bedingt übernommen werden. Übersichten über Schergeräte, über ihre Vor- und Nachteile und ihre Einsatzgebiete finden sich in [8.3]–[8.5]. Ein häufig benutztes Schergerät ist das nach JENIKE, das schematisch in Abbildung 8.3 dargestellt ist. Es besteht aus zwei konzentrischen Ringen mit einem Innendurchmesser um 95 mm, von denen der untere bodenseitig geschlossen ist. Die Schüttgutprobe wird mit einer Normalkraft F_p belastet und durch Verschieben des oberen Ringes geschert. Die dazu nötige Scherkraft F_s wird gemessen. Werden an mehreren Proben gleicher Ausgangsdichte Scherversuche unter verschiedenen Normalkräften ausgeführt, ergeben die einzelnen Wertepaare F_p, F_s Punkte der Fließgrenze dieses Materials. Nach Division durch die Scherfläche erhält man Schubspannung τ und Druckspannung σ, die im σ, τ-Diagramm dargestellt werden (Abb. 8.4). Im Unterschied zur Coulomb-Geraden, Gleichung (8.1), ergibt sich keine Gerade für die Fließgrenze. Parameter der Fließgrenze, Fließort genannt, ist die Schüttgutdichte ρ_b. Ist sie größer, liegt der entsprechende Fließort höher, da bei gleicher Druckspannung σ eine höhere Schubspannung τ zum Scheren nötig ist.

Jeder Fließort hat einen Endpunkt in Richtung steigender Druckspannungen, der dadurch gekennzeichnet ist, dass das Schüttgutelement bei Erreichen dieses Zustandes ohne Änderung der Spannungen und des Volumens fließt (stationäres Flie-

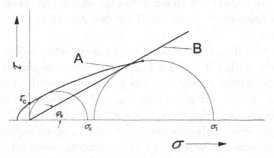

Abb. 8.4 Fließort (A) und effektiver Fließort (B)

ßen). Da keine Änderung eintritt, sind solche Proben der vorgegebenen Schüttgutdichte ρ_b unter der zum Endpunkt gehörigen Druckspannung »kritisch verfestigt«. Bei Scherversuchen unter größeren Druckspannungen wird das Schüttgutelement im Verlauf des Scherversuchs noch verdichtet, bevor es bei Erreichen eines höher gelegenen Fließortes stationär zu fließen beginnt. Bezogen auf die Druckspannung des Scherversuchs war die entsprechende Probe »unterverfestigt«. Schließlich sind Proben »überverfestigt«, wenn sie sich bei Erreichen der Fließgrenze auszudehnen beginnen. Versuche an solchen Proben legen weitere Punkte eines Fließortes fest.

In Abbildung 8.4 sind zwei charakteristische Spannungskreise mit den größeren Hauptspannungen σ_1 und σ_c eingezeichnet. Der größere Spannungskreis stellt den Spannungszustand des stationären Fließens bei der Schüttgutdichte ρ_b dar. σ_c ist die Druckfestigkeit des Schüttguts gleicher Schüttgutdichte ρ_b. Das Verhältnis beider Größen σ_1/σ_c ist eine sinnvolle Größe zur Charakterisierung der Fließfähigkeit und wird u. a. zur quantitativen Silodimensionierung benötigt (vgl. Abschnitt 8.2.2). Man unterscheidet etwa folgende Bereiche: Sehr kohäsiv für $\sigma_1/\sigma_c < 2$, kohäsiv für $2 < \sigma_1/\sigma_c < 4$, leicht fließend für $4 < \sigma_1/\sigma_c < 10$ und freifließend für $\sigma_1/\sigma_c > 10$.

Die in Abbildung 8.4 gezeichnete Gerade mit dem Neigungswinkel φ_e tangiert nicht nur den dargestellten größten Spannungskreis eines Fließortes, sondern angenähert auch die entsprechenden Spannungskreise aller anderen Fließorte. Diese Gerade, effektiver Fließort genannt, gibt somit die stationären Fließzustände unter verschiedenen Drücken bzw. bei unterschiedlichen Schüttgutdichten wieder. Jenike führte diese Gerade aus rein mathematischen Erwägungen ein, um ein einfaches Materialgesetz für stationäres Fließen zu erhalten:

$$\frac{\sigma_1}{\sigma_2} = \frac{1 + \sin \varphi_e}{1 - \sin \varphi_e} \tag{8.2}$$

φ_e ist ein Maß für die innere Reibung beim stationären Fließen.

Im Gegensatz zu Jenike, der das Schüttgut als Kontinuum betrachtet, geht Molerus [8.6] von den interpartikulären Wechselwirkungen zwischen Einzelpartikeln aus. Er erhält eine physikalisch begründete Beziehung für den Zustand des stationären Fließens. Im σ, τ-Diagramm ergibt sich ebenfalls eine Gerade, allerdings mit einem Schnittpunkt auf der τ-Achse. Um Widersprüche zu vermeiden, wird empfohlen, den von Molerus eingeführten Ort stationären Fließens als stationären Fließort zu bezeichnen. Tomas [8.7] hat den Ansatz von Molerus erheblich erweitern können.

Der Reibungswinkel φ_w eines Schüttguts gegen ein Wandmaterial kann ebenfalls mit der Scherzelle nach Abbildung 8.3 ermittelt werden, nachdem die untere Zellhälfte gegen eine Platte des Wandmaterials ausgetauscht wird. Neben dem Schergerät nach Jenike hat sich für praktische Ingenieuraufgaben wie die Silodimensionierung insbesondere das Ringschergerät nach Schulze [8.3], [8.5], [8.8] bewährt. Es hat den Vorteil eines unbegrenzten Scherweges und ermöglicht auch ungeübten Experimentatoren bei Beachtung der Bedienungsvorschrift, reproduzierbare Ergebnisse zu erhalten. Beim Schergerät nach Jenike, das geübte Experimentatoren erfordert, liegen die Vorteile bei der Ermittlung der Wandreibungswinkel und des Einflusses einer Zeitverfestigung.

8.2
Dimensionierung von Silos

Über die Dimensionierung von Silos zum Lagern von Schüttgütern wird zusammenfassend in [8.1]–[8.3] berichtet.

8.2.1
Probleme, Fließprofile

Beim Lagern von Schüttgütern treten folgende Probleme auf:
- *Brückenbildung:* Über der Auslauföffnung bildet sich ein stabiles Gewölbe;
- *Schachtbildung:* Es fließt nur das Schüttgut aus, das sich zentral über der Auslauföffnung befindet;
- *Unregelmäßiger Fluss;*
- *Schießen von Material:* Bei unregelmäßigem Fluss können feinkörnige Schüttgüter von selbst fluidisiert werden und »schießen« wie eine Flüssigkeit aus dem Silo;
- *Entmischung:* Bildet sich beim Füllen eines Silos ein Schüttgutkegel, gelangt das Grobgut in die Peripherie, wogegen sich das Feingut im Zentrum ansammelt; bildet sich beim Entleeren ein Abflusstrichter, wird zunächst vorwiegend Feingut und gegen Ende vorwiegend Grobgut ausgetragen;
- *Füllstandskontrolle:* Bilden sich tote Zonen im Silo, ist die Kapazität unbekannt und eine Füllstandsangabe sinnlos;
- *Verweilzeitverteilung:* Bei Silos mit toten Zonen wird Schüttgut, das beim Füllen in diese Zonen gelangt, erst beim völligen Entleeren abgezogen, wogegen später eingefülltes Schüttgut sofort wieder ausgetragen wird.

Die Reibungsverhältnisse im Schüttgut und an der Wand und die Siloausführung in ihrem untersten Bereich sind die Faktoren, die die Art des Flusses festlegen. Nach JENIKE wird zwischen Massenfluss und Kernfluss unterschieden (Abb. 8.5). Beim Massenfluss ist die gesamte Füllung in Bewegung, sobald Schüttgut abgezo-

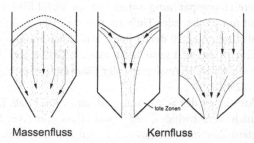

Massenfluss   Kernfluss

Abb. 8.5 Massenfluss und Kernfluss

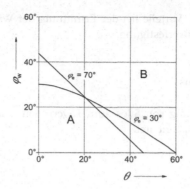

Abb. 8.6 Grenzen zwischen Massenfluss (A) und Kernfluss (B) für den konischen Auslauftrichter

gen wird. Damit dies eintritt, müssen die Wände entsprechend glatt und steil sein. Wird Brückenbildung ausgeschlossen, treten weitere Probleme nicht auf. Ist die Neigung des Auslauftrichters zu gering oder sind die Wände zu rau, wird sich Kernfluss einstellen. Die Grenzen zwischen Massenfluss und Kernfluss ergeben sich bei der mathematischen Behandlung und Lösung des Spannungsfeldes im Silo. Die Ergebnisse entsprechender Rechnungen nach JENIKE liegen in Diagrammform vor [8.1].

Die Grenzen sind von den drei Winkelgrößen θ, φ_e und φ_w abhängig. Dabei sind θ die Neigung des Auslauftrichters gegen die Vertikale, φ_e der Neigungswinkel des effektiven Fließortes (Abb. 8.4) und φ_w der Wandreibungswinkel. Abbildung 8.6 zeigt die Grenzen für Massenfluss für den konischen Auslauftrichter. Ein ähnliches Diagramm existiert für den keilförmigen Trichter. Über Scherversuche mit über 500 Schüttgütern aus dem Bereich der chemischen Industrie berichtet TER BORG [8.9].

8.2.2
Vermeidung von Brückenbildung

In Abbildung 8.7 ist ein Massenflusssilo dargestellt, der bis zur Höhe H mit Schüttgut gefüllt ist. Daneben sind schematisch drei Druckverläufe über der Höhe dargestellt, die folgende Bedeutung haben:

- σ_1 ist die größere Hauptspannung auf ein an der Wand fließendes Schüttgutelement. σ_1 nimmt mit wachsender Tiefe zu, um vom Übergang zum Auslauftrichter an wieder abzunehmen. In der Höhe h' sind Spannungsspitzen möglich (gestrichelt gezeichnet), die sich zwar nicht auf die Größe von σ_1 in Auslaufnähe auswirken, für die statische Auslegung der Silowände aber von Bedeutung sind (vgl. Abschnitt 8.2.4);

- σ_c ist die Druckfestigkeit des Schüttguts und hängt von σ_1 ab. Dass σ_c in den Höhen 0 und H nicht verschwindet, liegt daran, dass kohäsives Schüttgut auch in nicht-verdichtetem Zustand eine gewisse durch Haftung bedingte Festigkeit besitzt. Im allgemeinen gilt: $\sigma_1/\sigma_c \neq$ konst.

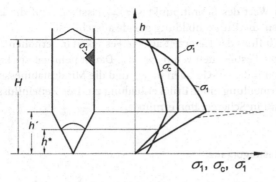

Abb. 8.7   Spannungsverläufe im Massenflusssilo

- σ_1' ist die Auflagerspannung einer stabilen Schüttgutbrücke. σ_1' ist der Breite bzw. dem Durchmesser des Auslauftrichters in der jeweiligen Höhe direkt proportional. Im Auslauftrichter gilt:

$$\left(\frac{\sigma_1}{\sigma_1'}\right)_{\text{Trichter}} = ff = f(\theta, \varphi_e, \varphi_w) = \text{konst.} \tag{8.3}$$

Werte für ff, Fließfaktor genannt, können aus Diagrammen von JENIKE abgelesen werden.

Bei Kenntnis der Verläufe von σ_1, σ_1' und σ_c ergibt sich folgendes Kriterium der Brückenbildung: Ist die Auflagerspannung σ_1' größer als die Festigkeit σ_c des Schüttguts, ist keine stabile Brücke möglich. Im Fall von Abbildung 8.7 muss der Auslauf also mindestens in der Höhe h^* angebracht werden, in der gerade $\sigma_1' = \sigma_c$ ist.

Zeichnet man die über die Fließorte experimentell erhaltene Abhängigkeit $\sigma_c = \sigma_c(\sigma_1)$ und die über Gleichung (8.3) erhaltene Beziehung $\sigma_1' = \sigma_1/ff$ in ein Diagramm gemäß Abbildung 8.8, lässt sich das Fließkriterium neu formulieren: Liegt die Kurve für σ_c unter der Geraden für σ_1', ist keine Brückenbildung möglich. Aus

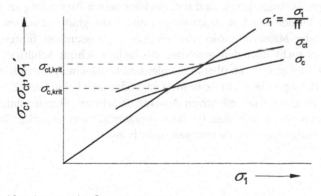

Abb. 8.8   Druckfestigkeit σ_c und Auflagerspannung σ_1'

dem kritischen Wert des Schnittpunktes $\sigma_{c,krit}$ lässt sich auf die kritische Abmessung umrechnen, die Brückenbildung gerade ausschließt.

Besteht ein Einfluss der Lagerzeit auf die Festigkeit σ_c, erhöhen sich bei konstanten Werten σ_1 die Festigkeiten von σ_c auf σ_{ct}. Damit nehmen der kritische Wert des Schnittpunktes mit der σ_1'-Geraden $\sigma_{ct,krit}$ und die Mindestabmessung der Auslauföffnung zur Vermeidung einer Brückenbildung zu. Der Zeiteinfluss auf die Schüttgutfestigkeit wird in Schergeräten ermittelt.

8.2.3
Austraghilfen, Austragorgane

Die Auswertung der Versuche führt damit für einen Massenflusssilo neben der Angabe der Neigung des Auslauftrichters zu einer kritischen Größe der Auslauföffnung, die Brückenbildung ausschließt. Für die Fälle, in denen Massenfluss nicht nötig oder nicht möglich ist und ein Kernflusssilo gebaut wird, kann aufgrund der Scherversuche die Größe der Auslauföffnung angegeben werden, die Brücken- und Schachtbildung ausschließt. Sind die Werte, die sich errechnen lassen, so groß, dass sie konstruktiv nicht gerechtfertigt erscheinen, kann die Öffnung durchaus kleiner ausgeführt werden. Es ist dann aber dafür zu sorgen, dass bis in die Höhe des Trichters, in der der Trichterquerschnitt die errechneten Werte erreicht, Austraghilfen angebracht werden, die ein Gleiten des Schüttguts an der Wand erzwingen.

Mögliche Austraghilfen sind das Einblasen von feinverteilter Luft durch die Trichterwände, die Anwendung von lokal begrenzter Vibration oder der Einsatz mechanischer Rührwerke im Inneren des Trichters. Auch eine gezielte Änderung der Schüttguteigenschaften, z. B. durch Zugabe von Dispergiermitteln oder Herstellen von Mikrogranulaten im Wirbelschichtgranulator (vgl. Abschnitt 6.2.1) stellt eine Austraghilfe dar, denn durch die Schüttgutbehandlung wird die Druckfestigkeit σ_c reduziert.

Die schließlich festgelegten Auslaufquerschnitte sind meist so groß, dass sich bei freiem Austritt ein Auslaufmassenstrom einstellen würde, der weit über dem geforderten liegt. Es ist also nötig, ein Austragorgan anzuschließen, das die Schüttgutbewegung bremst und die gewünschten Massenströme dosiert austrägt. Bei der Konstruktion von Austragorganen und insbesondere seiner Anpassung an Silos ist immer auf die Einheit von Silo, Austragorgan und Austraghilfe zu achten. Ein richtig dimensionierter Massenflusssilo wird niemals zu Massenfluss führen, wenn das Austragorgan nicht über den gesamten Auslaufquerschnitt Schüttgut entnimmt. Dabei ist es unerheblich, ob überall die gleichen Geschwindigkeiten herrschen. Solange das Schüttgut überall in Bewegung ist, bilden sich keine toten Zonen, die wegen der Verringerung des effektiven Auslaufquerschnitts Ausgangspunkt für Brückenbildungen werden könnten. Ist das Austragorgan falsch ausgelegt, können Austraghilfen häufig keine Verbesserungen mehr bringen.

8.2.4

Siloauslegung aus statischer Sicht

Ab einer bestimmten Größe ist ein Silo ein Bauwerk, dessen Erbauung von der Bauaufsichtsbehörde genehmigt werden muss. Für die Genehmigung sind statische Berechnungen vorzulegen, für die die DIN 1055, Blatt 6, herangezogen wird. Dieses Normblatt basiert auf einer Gleichung von JANSSEN aus dem Jahre 1895. Es werden die am Scheibenelement der Abbildung 8.9 in der Tiefe z eines Silos angreifenden Kräfte betrachtet. Dabei seien die Drücke gleichmäßig über den Querschnitt verteilt. Zur Verknüpfung von σ_c und τ_w werden das Horizontallastverhältnis λ und der Wandreibungskoeffizient $\tan \varphi_w$ eingeführt:

$$\lambda = \sigma_h / \sigma_\nu \tag{8.4}$$

$$\tan \varphi = \tau_w / \sigma_h \tag{8.5}$$

Aus dem Kräftegleichgewicht am Scheibenelement ergibt sich:

$$\sigma_\nu = \frac{g \cdot \rho_b \cdot A}{\lambda \cdot \tan \varphi_w \cdot U} \left(1 - e^{\displaystyle \frac{\lambda \cdot \tan \varphi_w \cdot U}{A} z} \right) \tag{8.6}$$

σ_h und τ_w folgen aus einer Verknüpfung der Gleichungen (8.4) bis (8.6). Bei großen Tiefen geht der Klammerausdruck gegen 1, womit der anfangs genannte Maximalwert des Vertikaldruckes σ_v erreicht ist. Bei einem kreisförmigen Silo des Durchmessers D folgt:

$$\sigma_{\nu,\max} = \frac{g \cdot \rho_b \cdot D}{4 \cdot \lambda \cdot \tan \varphi_w}, \tag{8.7}$$

d.h. der maximale Druck ist unabhängig von der Höhe, dem Durchmesser direkt proportional und dem Wandreibungskoeffizienten umgekehrt proportional. Letzteres ist für die statische Auslegung wichtig, da kleine Wandreibungskoeffizienten große Werte des Horizontaldrucks σ_h und damit dicke Silowände nach sich ziehen.

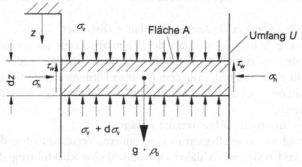

Abb. 8.9 Scheibenelement nach JANSSEN

Da lange bekannt ist, dass die Drücke beim Befüllen und Entleeren verschieden sind, wird auch für die Druckberechnung zwischen beiden Zuständen unterschieden. Da man aber an der JANSSEN-Gleichung, die nur für die Fülldrücke eine gewisse, zumindest praktikable Berechtigung hat, festhalten wollte, werden die Fülldrücke mit schüttgutabhängigen Entleerungsfaktoren multipliziert, um die Entleerungsdrücke zu erhalten. Die Entleerungsfaktoren sind neben anderen Größen in einer Tabelle für 12 bekannte Schüttgüter angegeben. Das Beiblatt zur Norm enthält Daten für weitere 12 Schüttgüter. Mit dem Normblatt können Silowände für die genannten Schüttgüter verlässlich berechnet werden. Bei neuen, nicht in der Tabelle enthaltenen Schüttgütern, muss sich der planende Ingenieur bezüglich aller Parameter Gedanken machen.

In Abbildung 8.7 sind am Übergang Vertikalteil/Auslauftrichter gestrichelt Spannungsspitzen eingezeichnet. Auch bei Kernflusssilos können entsprechende Spitzen auftreten, aber nicht am geometrischen Übergang Vertikalteil/Trichter, sondern an der Stelle, an der die Grenzlinie zwischen bewegtem und ruhendem Schüttgut auf die Silowand trifft (s. Abb. 8.5). Da diese Stelle nicht vorherberechnet werden kann, musste das Normblatt so konzipiert werden, dass auch an dieser Stelle die Festigkeit gewährleistet ist. Für Massenflusssilos lassen sich die Spannungsspitzen abschätzen.

9
Hydraulischer und pneumatischer Transport

9.1
Hydraulischer Transport

Die Rohrströmung von Suspensionen ist nicht nur für reine Transportaufgaben von Bedeutung, sondern auch in der chemischen Technik, so z. B. für den Rohrreaktor zum Lösen von Bauxit bei der Aluminiumerzeugung. Hydraulische Förderung über längere Distanzen wird hauptsächlich für die folgenden Schüttgüter eingesetzt: Kohle, Eisenerzkonzentrate, Phosphate sowie Abfallprodukte bei der Aufbereitung mineralischer Rohstoffe. Als Förderfluid wird üblicherweise Wasser verwendet.

Typische Probleme bei der Förderung über lange Distanzen sind:
– Verschleiß der Rohrwand und an den Trennapparaten (Zentrifugen), die zur nachfolgenden Trennung von Feststoff und Fluid benötigt werden, daher sollen die Partikeln nicht zu grobkörnig sein (geringe Fördergeschwindigkeiten);
– je nach Klimazone ist eventuell eine frostsichere Verlegung nötig, d.h Eingraben in das Erdreich;
– Probleme beim An- und Abfahren der Anlage,
– Wasserentzug von einer Region in eine andere, Verschmutzung des Transportwassers in ariden Gegenden, daher ist eventuell eine Rückführung des Transportwassers an den Ausgangsort nötig.

Vorteile der hydraulischen Förderung im Vergleich zu anderen Fördersystemen sind:
- vergleichsweise steile Trassen im hügeligen Gelände (bis 16% Steigung) möglich, dabei Energierückgewinnung beim Abwärtsströmen;
- kontinuierlicher Betrieb mit wenig Personal bei jedem Wetter.

Zur Beurteilung der apparativen Ausrüstung hydraulischer Förderanlagen wird auf die Spezialliteratur, z. B. [9.1], verwiesen. Typische Daten hydraulischer Förderleitungen sind in Tabelle 9.1 aufgelistet.

Tab. 9.1 Typische Daten hydraulischer Förderanlagen

System	Länge (km)	Rohrdurch- messer (mm)	Kapazität (10^6 ta^{-1})	Inbetrieb- nahme
Kohle				
Black Mesa (USA)	173	254	1,3	1957
Ohio (USA)	437	457	4,8	1970
Eisenerzkonzentrat				
Savage River (USA)	85	229	2,5	1967
Peña Colorado (Mexiko)	48	203	108	1974
Sierra Grande (Argentinien)	32	203	201	1974
Las Truckas (Mexiko)	27	203	105	1975
Kupferkonzentrat				
Bougainville	27	152	1,0	1972
West Irian	110	102	0,3	1972
Pinto Valley (USA)	18	102	0,4	1974
Kalkstein				
Trinidad	10	203	0,6	1959
Rugby (England)	91	254	107	1964
Calaveras (USA)	27	178	1,5	1971
Australien	70	203	0,9	1975

9.2
Pneumatischer Transport

9.2.1
Vor- und Nachteile der pneumatischen Förderung

Der pneumatische Feststofftransport wird in Mühlenbetrieben, in Kraftwerken für die Staubfeuerung und Entaschung, in der chemischen Industrie und in Verladeanlagen des Straßen-, Schienen- und Schiffsverkehrs eingesetzt.

Gründe für die weite Verbreitung der pneumatischen Förderung beruhen auf
- der hohen Anpassungsfähigkeit der Förderstrecken an die örtlichen Gegebenheiten,

- der umweltfreundlichen Gestaltung (staubfreie Förderung),
- der Vielfalt an Schaltungsmöglichkeiten durch Rohrweichen,
- dem geringen Wartungsaufwand für die Förderleitung,
- der Möglichkeit, während des Fördervorgangs chemische oder physikalische Prozesse durchzuführen,
- der Möglichkeit, luftempfindliche Feststoffe mit Schutzgas zu fördern.

Die Vorteile überwiegen häufig die Nachteile der pneumatischen Förderung. Diese sind im wesentlichen im relativ hohen Energieverbrauch im Vergleich zu sonstigen Fördereinrichtungen, wie Bändern, Becherwerken usw., im Verschleiß der Rohrleitungen, besonders der Krümmer, im Produktabrieb und in der gegebenenfalls aufwändigen Fördergasreinigung am Ende der Förderstrecke zu sehen.

Die Risiken einer Fehlauslegung sollten nicht unterschätzt werden, da bei einer Variation der Einstelldaten auch dramatische Veränderungen bis hin zum Versagen der Anlage gelegentlich beobachtet werden.

Eine ausführliche Darstellung der pneumatischen Förderung wird z.B. in [9.2] gegeben.

9.2.2
Förderzustände

Die horizontale pneumatische Förderung kann bei verschiedenen Förderzuständen erfolgen. Senkt man bei konstantem Feststoffmassenstrom die Gasgeschwindigkeit, so kann man die in Abbildung 9.1 dargestellten Förderzustände beobachten [9.3].

Bei großer Gasgeschwindigkeit u bewegen sich die Partikeln homogen über den Rohrquerschnitt verteilt durch das Förderrohr. Dieser Förderzustand wird als *Flugförderung* bezeichnet. Die Flugförderung wird im allgemeinen bei der Förderung von grobem Gut mit Partikelgrößen $d > 1$ mm und bei Gasgeschwindigkeiten $u > 20$ m/s^{-1} angewandt. Das Verhältnis ν/u von Partikelgeschwindigkeit zu Gasgeschwindigkeit beträgt dabei $\nu/u \simeq 0,5 - 0,8$. Bei Verringerung der Gasgeschwindigkeit tritt eine Entmischung der Zweiphasenströmung ein, die sogenannte *Strähnenförderung* wird erreicht. Ein Teil des Feststoffs gleitet als Strähne am Rohrboden, während der andere Teil fliegend über der Strähne transportiert wird. Wird die Gasgeschwindigkeit weiter abgesenkt, bilden sich streckenweise Feststoffballen am Rohrboden aus, und es kommt zur *Ballenförderung*. Bei noch weiterer Verringerung der Gasgeschwindigkeit können sich einzelne Ballen zu Pfropfen zusammenlagern. Bei kleinen Beladungen stellt sich beim Übergang von der Ballen- zur *Pfropfenförderung* eine Förderung über einer am Boden liegenden Strähne ein. Ballenförderung und Pfropfenförderung sind instationäre Förderzustände, bei denen bei Förderung feinkörniger Güter die Gefahr der Anlagenverstopfung besteht. Bei Förderung in diesen Zuständen ist deshalb eine sichere pneumatische Förderung vielfach nur mit zusätzlichen Hilfseinrichtungen, wie z.B. einer innenliegenden Belüftungseinrichtung zu erreichen. Bei grobkörnigen Gütern ist dagegen auch mit der Ballen- und Pfropfenförderung eine problemlose Förderung zu erreichen.

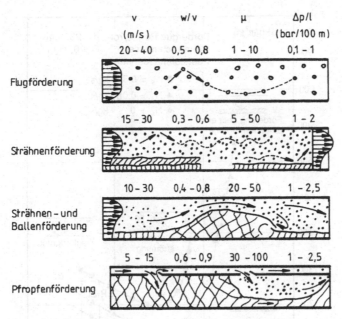

Abb. 9.1 Förderzustände bei horizontaler pneumatischer Förderung. (Die Zahlen beziehen sich auf DN 100) [9.3]

Bei der vertikal-aufwärts gerichteten pneumatischen Förderung treten der horizontalen Förderung analoge Förderzustände auf (Abb. 9.2). Bei großen Gasgeschwindigkeiten wird das Fördermaterial homogen über den Querschnitt der Förderleitung verteilt. Bei kleineren Gasgeschwindigkeiten geht die Flugförderung in die Strähnenförderung über. Bei einer weiteren Verkleinerung der Gasgeschwindigkeit wird der Feststoff in Form von Ballen gefördert. Eine Verringerung der Gasgeschwindigkeit unter die Sinkgeschwindigkeit der Einzelpartikel führt schließlich zur Pfropfenförderung.

Die in Abbildung 9.1 gezeigten Zustände der horizontalen Förderung stellen sich in einem Druckverlust-Leerrohrgasgeschwindigkeits-Diagramm entsprechend Abbildung 9.3 dar.

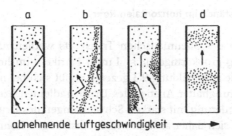

Abb. 9.2 Förderzustände bei vertikal-aufwärts gerichteter Förderung
a) Flugförderung, b) Strähnenförderung, c) Ballenförderung, d) Pfropfenförderung

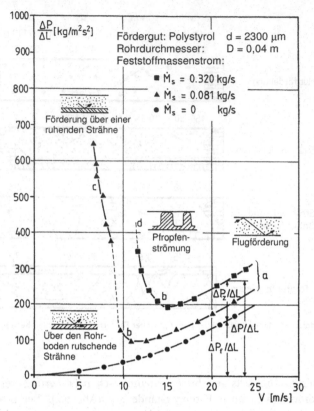

Abb. 9.3 Gemessene Druckverluste bei der Förderung von Polystyrolpartikeln in einem Glasrohr als Funktion der Leerrohrgasgeschwindigkeit, und beobachtete Förderzustände [9.4]

In der Theorie der pneumatischen Förderung wird der Druckgradient $\Delta p/\Delta l$ üblicherweise in einen Anteil $\Delta p_g/\Delta l$, der für einphasige Strömung gemessen (oder berechnet) wird und einen Anteil $\Delta p_z/\Delta l$ der dem Feststofftransport zugeordnet wird, aufgeteilt (vgl. Abb. 9.3).

9.2.3
Stationäre Förderzustände im horizontalen Rohr

Eigentümlichkeiten des pneumatischen Transports werden nachstehend am Beispiel der Förderung grobkörniger ($d \approx 1$ mm) Partikeln im horizontalen, geraden Rohr diskutiert. Wie in Abbildung 9.3 gezeigt, ergibt sich bei niedrigeren Feststoffbeladungen ein sprunghafter Anstieg des Druckgradienten bzw. bei höheren Beladungen Pfropfenförderung mit starken Schwankungen des Druckgradienten. Beide Phänomene lassen sich daher auch am undurchsichtigen Rohr aus dem Druckverlustverhalten herauslesen. Die zugehörige minimale Leerrohrgasgeschwindigkeit wird im folgenden als Stopfgrenzengeschwindigkeit u^* bezeichnet. Eine detaillierte

Analyse [9.5] ergibt, daß sich die Stopfgrenzengeschwindigkeit in der Gestalt einer dimensionslosen Kennzahl

$$\frac{u^*}{\sqrt[5]{\dfrac{\dot{M}_s g^2}{\rho_g}}} \approx 5 \tag{9.1}$$

mit dem Feststoffmassenstrom $\dot{M}_s$, der Erdbeschleunigung g und der Fluiddichte ρ_g darstellen läßt.

In Abbildung 9.4 sind Versuchsergebnisse für eine breite Variation des Massenstromverhältnisses (Beladung) $0,2 \leq \mu_s = \dot{M}_s / \dot{M}_g \leq 50$ in Abhängigkeit von der dimensionslosen Leerrohrgeschwindigkeit $u/\sqrt[5]{/\dot{M}_s g^2)\rho_g}$ dargestellt [9.5].

Die linken Endpunkte der Kurven bezeichnen das plötzliche Einsetzen der beschriebenen Veränderungen im Druckverlustverhalten.

Mit Hilfe einer dimensionslosen Leistungskennzahl ψ

$$\psi = \frac{\Delta p_z / \Delta l}{\rho_s g} \cdot \frac{u - u^*}{u_s} \tag{9.2}$$

und einer dimensionslosen Gasgeschwindigkeit φ

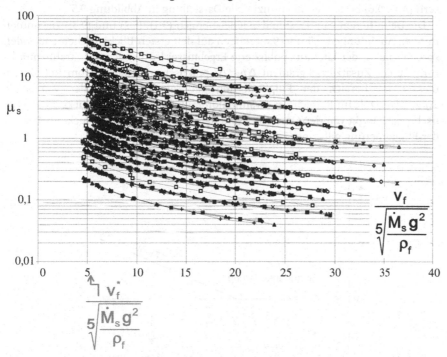

Abb. 9.4 Experimentelle Ermittlung der Stopfgrenzengeschwindigkeit u^*, geförderter Feststoff: Polyethylen, Polystrol, Glaskugeln und Quarzsand; statische Drücke $p = 1, 2, 5, 10$ und 20 bar, Rohrdurchmesser $D = 40$ mm und 80 mm.

$$\varphi = \frac{(u - u^*)\sqrt{\rho_s/\rho_F}\,u}{D_g} \tag{9.3}$$

lassen sich die beiden stationären Förderzustände (Strähnenförderung bzw. Flugförderung) einheitlich in einem einzigen Diagramm darstellen [9.5]. In der Gleichung (9.2) bezeichnet

$$\nu_s = \frac{\dot{M}_s}{\rho_s(\pi/4)D^2} \tag{9.4}$$

die Feststoffleerrohrgeschwindigkeit.

Strähnenförderung bildet sich ab als

$$\psi_{\mathrm{Str}} = f_R \tag{9.5}$$

mit einem konstanten Reibwert f_R einer rutschenden Strähne und Flugförderung als

$$\psi_{\mathrm{Fl}} = \lambda_p \cdot \varphi \tag{9.6}$$

mit dem die Partikel/Wandstöße kennzeichnenden Stoßfaktor λ_p (Abb. 9.5).

Experimentelle Ergebnisse mit Glaskugeln in zwei verschiedenen Rohrdurchmessern (Abb. 9.6) bestätigen die prinzipielle Darstellung in Abbildung 9.5.

Die Definitionen von u^*, φ und ψ (Gleichungen (9.1), (9.2) und (9.3)) zusammen mit den Abbildungen 9.5 und 9.6 erklären auf den ersten Blick anscheinend widersprüchliche, in der Literatur publizierte Ergebnisse: Im Bereich der Strähnenförderung ist der Zusatzdruckgradient $\Delta p_Z/\Delta l$ praktisch unabhängig vom Rohrdurchmesser, im Bereich der Flugförderung gilt dagegen wegen der Wandstöße $\Delta p_Z/\Delta l \sim D^{-1}$. Im Bereich der Strähnenförderung ist der Zusatzdruckverlust praktisch unabhängig von der Gasdichte, und damit dem statischen Druck, im Bereich der Flugförderung gilt dagegen $\Delta p_Z/\Delta l \sim \sqrt{\rho_s/\rho_g}$.

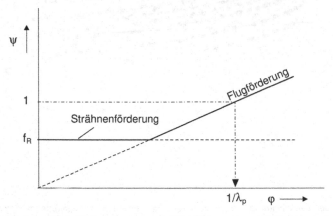

Abb. 9.5 Die Förderzustände Strähnenförderung und Flugförderung im $\psi(\varphi)$-Diagramm, Ermittlung der Größen f_R und λ_p aus Förderversuchen

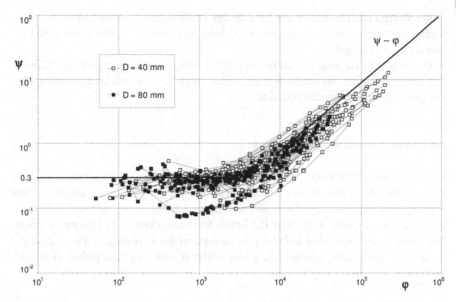

Abb. 9.6 Pneumatische Förderung von Glaskugeln (d = 0,7 mm) in zwei verschiedenen Rohren (D = 40 mm und 80 mm): statische Drücke: p = 1, 2, 5, 10 und 20 bar [9.5]

Abbildung 9.7 zeigt mit Versuchsergebnissen bei gleich harten Partikeln (Glaskugeln bzw. Quarzsand) ein weiteres Ergebnis experimenteller Untersuchungen.

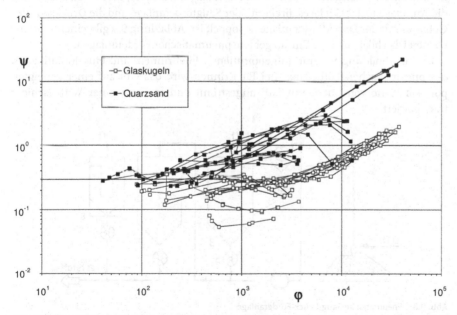

Abb. 9.7 Der Einfluß der Partikelgestalt auf den Zusatzdruckverlust, Förderung von kantigem Quarzsand und Glaskugeln ($d \approx 1$ mm), statische Drücke 1, 10 und 20 bar [9.5]

Bei Strähnenförderung ist der Einfluß der Partikelgestalt unwesentlich, bei Flugförderung zeigen die kantigen Quarzpartikeln einen weit höheren Zusatzdruckverlust als die Glaskugeln.

Derartige Effekte zeigen, daß theoretische Überlegungen zwar generelle Einsichten vermitteln, aber im konkreten Einzelfall durch Betriebserfahrungen oder Messungen abgesichert werden müssen.

9.2.4
Anlagen zur pneumatischen Förderung

In *Saugförderanlagen* kann anlagenbedingt ein maximales Druckgefälle von $\Delta p = 1$ bar realisiert werden. In der Praxis beträgt das für die Förderung selbst zur Verfügung stehende Druckgefälle meist nur $\Delta p \simeq 0,6$ bar. Dies bedeutet, daß Saugförderanlagen in aller Regel nur für kurze Förderstrecken zum Einsatz kommen. Die dabei zu erreichenden Beladungen sind meist im Bereich $\mu < 10$, so dass mit diesen Anlagen meist weniger als 10 kg Feststoff mit 1 kg Gas gefördert werden können.

Bei *Druckförderanlagen* unterscheidet man zwischen
– Niederdruck-Anlagen mit einem Druckgefälle < 0,2 bar,
– Mitteldruck-Anlagen mit einem Druckgefälle von 0,2–0,7 bar,
– Hochdruck-Anlagen mit einem Druckgefälle > 0,7 bar.

Es sind auch kombinierte *Saug-Druck-Förderanlagen* (Abb. 9.8) im Einsatz, bei denen die Ansaugseite des Gebläses direkt mit der Saugförderanlage und die Druckseite des Gebläses mit der Druckförderanlage gekoppelt ist. Abbildung 9.9 gibt einen schematischen Überblick über die Einsatzgebiete pneumatischer Förderanlagen.

Die in Abbildung 9.9 mit aufgenommenen Fließrinnen sind eine Modifikation der pneumatischen Förderung. Bei Fließrinnen wird das Gut auf einer geneigten porösen Platte von unten mit Luft angeströmt und in Form einer Wirbelschicht transportiert.

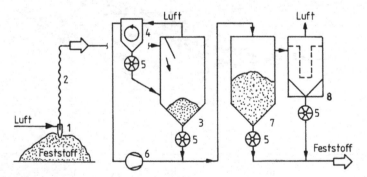

Abb. 9.8 Pneumatische Saug-Druck-Förderanlage
1) Saugdüse, 2) Saugförderleitung, 3) Schwerkraftabscheider, 4) Zyklonabscheider, 5) Zellenradschleusen, 6) Gebläse, 7) Silo, 8) Filter

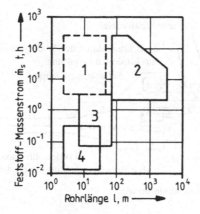

Abb. 9.9 Einsatzgebiete pneumaticher Förderanlagen
1) Fließrinnen vom Silo zum Schiff, von Silos zu den Druckförderern, Entaschungen;
2) Hochdruck-, Mitteldruckförderung, Schiffsentladung, Abbrandförderung, Grundstoffe und Zwischenprodukte in der Chemie, landwirtschaftliche Produkte, Nahrungsmittel;
3) Mitteldruckförderung von Apparat zu Apparat, Stromtrockner, Kühlstrecken;
4) Niederdruckförderung, Absaugung, Maschinenbeschickung und Abnahme

Die Abbildungen 9.10 und 9.11 zeigen verschiedene Varianten des Feststoffeintrags.

Wegen des geringen Energieverbrauches hat die instationäre Propfenförderung vor allem für grobkörnige Fördergüter an Bedeutung gewonnen. Für einen sicheren Betrieb sind dann konstruktive Zusatzmaßnahmen notwendig. Diese Zusatzmaßnahmen verwirklichen unterschiedliche Prinzipien [9.2]:

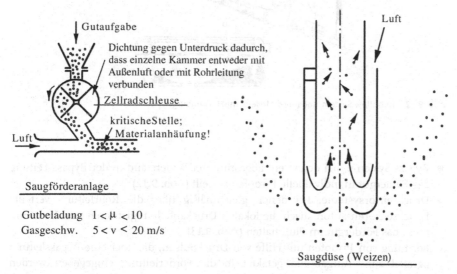

Abb. 9.10 Feststoffeintrag bei Saugförderung

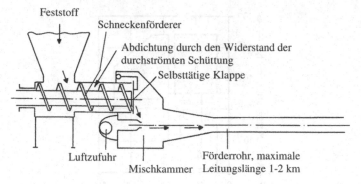

Abb. 9.11 Feststoffeintrag bei Druckförderung

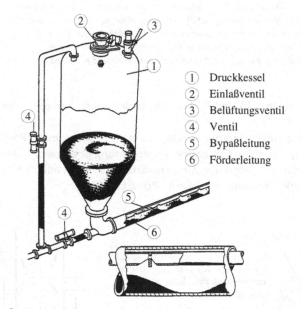

①	Druckkessel
②	Einlaßventil
③	Belüftungsventil
④	Ventil
⑤	Bypaßleitung
⑥	Förderleitung

Abb. 9.12 Turbuflow System (Johannes Möller GmbH, Hamburg)

- Bypass-Systeme, bei denen ein abgestimmter Widerstand in der Bypass-Leitung das Fördergut in individuelle Pfropfen aufteilt (Abb. 9.12)
- Drucksensorsysteme, bei denen gleichmäßig über die Rohrleitung verteilte Drucksensoren automatisch die lokalen Druckabfälle registrieren und Druckimpulse das Fördergut im Fluß halten (Abb. 9.13).
- Formung von Pfropfen mit Hilfe von Druckpulsen, die über eine Bypassleitung parallel zum Aufgabesilo getaktet in die Förderleitung eingegeben werden (Abb. 9.14).

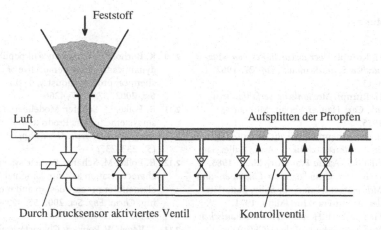

Feststoff

Luft

Aufsplitten der Pfropfen

Durch Drucksensor aktiviertes Ventil

Kontrollventil

Abb. 9.13 Fluid-Schub System (Bühler, Uzwil)

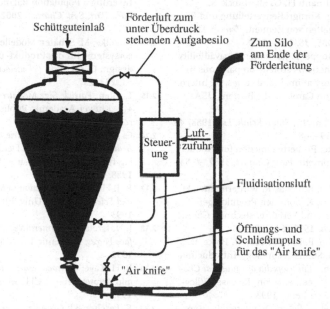

Schüttguteinlaß

Förderluft zum unter Überdruck stehenden Aufgabesilo

Zum Silo am Ende der Förderleitung

Steuer-ung

Luft-zufuhr

Fluidisationsluft

Öffnungs- und Schließimpuls für das "Air knife"

"Air knife"

Abb. 9.14 Druckpulssystem (Sturtevant Engineering, UK)

10
Literatur

1.1 H. Rumpf: *Über Eigenschaften von Nutz-stäuben Staub-Reinhalt., Luft* 27, **1967**, *1*, 3–13.

1.2 H. Rumpf: *Mechanische Verfahrenstechnik*, Carl Hanser Verlag, München, **1975**.

1.3 P. Grassmann: *Physikalische Grundlagen der Verfahrenstechnik*, 3. Aufl., Salle, Sauerländer, Aarau-Frankfurt/Main, **1983**.

1.4 H. Brauer: *Grundlagen der Einphasen- und Mehrphasenströmungen*, Salle, Sauerländer, Aarau-Frankfurt/Main, **1971**.

1.5 H. Schubert: *Handbuch der Mechanischen Verfahrenstechnik*, Wiley-VCH, Weinheim, **2003**.

2.1 K. Kuhlmann H.-G. Ellerbrock, S. Sprung: Korngrößenverteilung und Eigenschaften von Zement, *Zement-Kalk-Gips* **1985**, *38*, 169–178.

2.2 P. P. Hoppe, F. J.Schöner: Bioavailibility of synthetic β-carotene preparations in laboratory animals and calves, 8th Intern. Symp. on Carotenoids, Boston, USA, **1987**.

2.3 W. Bartknecht, *Staub Reinh. Luft* **1988**, *48* (*10*), 359–368.

2.4 R. Polke: Property Function for Product Development, *Part. Charact.* **1987**, *4*, 54–67.

2.5 K. Borho, R. Polke, K. Wintermantel, H. Schubert, K. Sommer: Produkteigenschaften und Verfahrenstechnik, *Chem. Ing. Tech.* **1991**, *63*, 792–808.

2.6 K. Borho, F. R. Faulhaber, R. Polke, D. Thoma: Solids Technology, Introduction, *Ullmann's Encyclopedia of Industrial Chemistry*, 6th ed., electron. Release, Wiley-VCH, Weinheim, **1998**.

2.7 J. Krekel, R. Polke: Qualitätssicherung bei der Verfahrensentwicklung, *Chem. Ing. Tech.* **1992**, *64* (6), 528–535.

2.8 F. Müller, R. Polke: From the product and process requirements to the milling facility, *Powder Technol.* **1999**, *105*, 2–13.

2.9 H. Umhauer, A. Schiel: Streulicht-Zählanalysator zur In-Situ-Bestimmung von Partikelgröße und -Konzentration im Abgas der DKSF-Versuchsanlage in Dorsten, Drittes Statutsseminar, Essen, **Nov. 2002**.

2.10 K. Borho: The importance of population dynamics from the perspective of the chemical process industry, *Chem. Eng. Sci.* **2002**, *57*, 4257–4266.

2.11 R. Polke, M. Schäfer: Modelle und Sensorsysteme für das Produkt und Prozessdesign, *Chem. Tech. (Heidelberg)* **1999**, *51* (5), 233–237.

2.12 R. Polke, M. Schäfer: Particle systems characterisation as a fundamental element for process design and modelling, *Chem. Eng. Sci.* **2002** *57*, 4295–4299.

2.13 L. Vogel, W. Peukert: Characterisation of Grinding-Relevant Particle Properties by Inverting a Population Balance Model, *Part. Part. Syst. Charact.* **2002**, *19*, 149–157.

2.14 R. Polke, M. Schäfer: Modelle und Sensorsysteme für das Produkt- und Prozeßdesign, *Chem. Tech. (Heidelberg)* **1999**, *51*, 233–237.

2.15 T. Allen: *Particle Size Measurement*, Vol. 1 + 2, Kluwer Academic Publishers, Dordrecht, **1999**.

2.16 C. Bernhardt: *Granulometrie, Klassier- und Sedimentationsmethoden*, Deutscher Verlag für Grundstoffindustrie, Leipzig, **1988**.

2.17 R. J. Hunter: *Introduction to Modern Colloid Science*, Oxford Univ. Press, Oxford, **1993**.

2.18 J. N. Isrelachvili: *Intermolecular and Surface Forces*, Academic Press, London, **1992**.

2.19 B. H. Kaye: *Characterization of Powders and Aerosols*, Wiley-VCH, Weinheim, **1999**.

2.20 K. Leschonski: *Grundlagen und moderne Verfahren der Partikelmeßtechnik*, Clausthaler Kurs »Partikelmeßtechnik« Manuskript, Clausthal, **2000**.

2.21 K. Leschonski, W. Alex, B. Koglin: Teilchengrößenanalyse, *Chem. Ing. Tech.* **1974**, *46*, 23–26, 8 Folgen bis **1975**, *47*, 97–100.

2.22 F. Löffler, J. Raasch: *Grundlagen der mechanischen Verfahrenstechnik*, Vieweg Verlag, Braunschweig, **1991**.

2.23 J. Lyklema: *Fundamentals of Interface and*

Colloid Science, Academic Press, London, Vol. (**1991**), Vol. (**1995**).

2.24 H. Rumpf: *Mechanische Verfahrenstechnik*, Carl Hanser Verlag, München, **1975**.

2.25 R. D. Nelson: *Dispersing of powders in liquids*, Elsevier, Amsterdam, **1988**.

2.26 G. D. Parfitt: *Dispersion of Powder Agglomerates in Liquid Systems*, International Fine Particle Research Institute, Annual Progress (IFPRI), Report 1984.

2.27 G. D. Parfitt, C. H. Rochester: *Adsorption form Solution at the Solid/Liquid Interface*, Academic Press, London, **1983**.

2.28 H. Schubert, E. Heidenreich, F. Liepe, T. Heeße: *Mechanische Verfahrenstechnik*, 3. Auflage, VEB Verlag für Grundstoffindustrie, Leipzig, **1977**.

2.29 H. Schubert: *Handbuch der Mechanischen Verfahrenstechnik*, Wiley-VCH, Weinheim, **2003**.

2.30 K. Sommer: *Probenahme von Pulvern und körnigen Massengütern*, Springer-Verlag, Heidelberg, **1979**.

2.31 M. Stieß: *Mechanische Verfahrenstechnik 1 und 2*, Springer-Verlag, Heidelberg, **1995**.

2.32 H. C. Van de Hust: *Light Scattering by Small Particles*, Dover Publications, Inc,. New York, **1957**.

2.33 DIN-Taschenbuch 133 Partikelmeßtechnik, Beuth-Verlag, Berlin, **1997**.

2.34 ISO/DIS Internationale Normen, die zur Zeit überarbeitet werden und in unterschiedlichen Bearbeitungsstadien stehen.
9276
Representation of results of particle size analysis
9277
Determination of the specific surface area of solids by gas adsorption using the BET method
13317
Gravitational liquid sedimentation methods
13318
Determination of particle size distribution by centrifugal sedimentation methods
13319
Electrical sensing zone method
13320
Laser diffraction methods

13321
Photon correlation spectroscopy
13322
Image analysis methods
13323
Determination of particle size distribution
Single particle light interaction methods
13762
Small angle X-ray scattering methods
14887
Sample preparation – Dispersing procedures for powders in liquids
14488
Sample preparation – Sample splitting
15900
Aerosol electrical mobility analyser
15901
Pore size distribution and porosity of solid materials
Evaluation by mercury porosimetry and gas adsorption

2.35 VDI-Richtlinie 2031: Feinheitsbestimmung an technischen Stäuben, **1962**.

2.36 H. Umhauer, in *Partikelmesstechnik*, Broschüre des GVC-Fachausschusses, PMT **1994**, S. 18.

2.37 M. H. Pahl, G. Schädel, H. Rumpf, Zusammenstellung von Teilchenformbeschreibungsmethoden, *Aufbereitungstechnik* **1973**, *14* Teil 1, 257–264, Teil 2, 672–683, Teil 3, 759–764.

2.38 B. B. Mandelbrot: *Die fraktale Geometrie der Natur*, Birkhäuser Verlag, Basel, **1991**.

2.39 B. H. Kaye, D. Alliet, L. Switzer, C. Turbitt-Daoust: The Effect of Shape on Intermethod Correlation of Techniques for Characterizing the Size Distribution of Powder, *Part. Part. Syst. Charact.* **1999**, *16*, 266–272.

2.40 R. Weichert, D. Huller: Volumenbestimmung und Formerkennung unregelmäßig geformter Partikeln mittels dreidimensionaler Bildanalyse, *2. Europ. Symp. Partikelmeßtechnik*, Nürnberg, **1979**, 600–615.

2.41 T. Matsuyama, H. Yamamoto, B. Scarlett: Transformation of Diffraction Pattern due to Ellipsoids into Equivalent Diameter Distribution for Spheres, *Part. Part. Syst. Charact.* **2000**, *17*, 41–46.

2.42 H. Wadell: Volume, shape and roundness of quartz particles, *J. Geology* **1935**, *43*, 250–280.

2.43 K. Sommer: 40 Jahre Darstellung von Partikelgrößenverteilung – und immer noch falsch? *Chem. Ing. Tech.* **2000**, *72*, 809–812.

2.44 G. Mie: Beiträge zur Optik trüber Medien, *Am. Physik* **1908**, *25*, 377–445.

2.45 A. Hoferer: *Grundsatzuntersuchungen zur Leistungsfähigkeit der elektroakustischen Spektralanalyse*, Dipl. Arb. MVTM, Univ. Karlsruhe, **1997**.

2.46 H. Wiese: Lichtstreuung und Teilchengrößenmessung, *GIT Fachz. Lab.* **1992**, *4*, 385–389, 762–768, 1029–1033.

2.47 J. Raasch, H. Umhauer: Der Koinzidenzfehler bei der Streulicht-Partikelgrößen-Zählanalyse, Fortschritt-Berichte der VDI Zeitschrift 3 (**1984**) Nr. 95.

2.48 H. Umhauer: A new Device for Particle Characterization by Single Particle Light Extinction Measurement, in S.-Wood, R. W. Lines (Hrsg.): *Particle Size Analysis*, Proceedings of the 25th Anniversary Conference, Loughborough, **1992**, 236–245.

2.49 H. Umhauer: Particle Size Distribution Analysis by Scattered Light Measurements using an Optically Defined Measuring Volume, *J. Aerosol Sci.* **1983**, *14*, 765–770.

2.50 B. Sachweh: Erweiterung des Meßbereiches eines optischen Partikelzählers durch moderne, digitale Signalverarbeitungstechniken, Dissertation Universität Kaiserslautern, **1991**.

2.51 H. Umhauer, S. Berbner, G. Hemmer: Optical In Situ Size and Concentration Measurement of Particles Dispersed in Gases at Temperatures up to 1000 °C, *Part. Part. Syst. Charact.* **2000**, *17*, 3–15.

2.52 H. Barthel, B. Sachweh, F. Ebert: Measurement of airborne mineral fibres using a new differential light-scattering device, *Meas. Sci. Technol.* **1998**, *9*, 210–220.

2.53 J. C. Russ: *The Image Processing Handbook*, 3rd ed., CRC Press, Springer, IEEE Press, **1999**.

2.54 M. Schäfer, Digital Optics: Some Remarks on the Accuracy of Particle Image Analysis, *Part. Part. Syst. Charact.* **2002**, *19*, 158–168.

2.55 D. Shindo, T. Oikawa: *Analytical Electron Microscopy for Material Science*; Springer-Verlag, Tokyo, **2002**.

2.56 F. Ernst, M. Rühle, High -Resolution Imaging and Spectroscopy of Materials; Springer-Verlag, Berlin, **2003**.

2.57 E. Müller, C. Oetreich, V. Klemm, E. Brendler, H. Ferkel, W. Riehemann, Zirconia-Alumina Nanoparticles Prepared by Laser Evaporation: Powder Characterisation by TEM and AL MAS NMR, *Part. Part. Syst. Charact.* **2002**, *19*, 169–175.

2.58 Ch. Oestreich et al., DFG-Schwerpunkt: Handhabung feiner fester Partikeln, DFG Zwischenbericht, **2002**.

2.59 H.-E. Albrecht, C. Tropea, M. Borys, N. Damaschke: Laser Doppler and Phase Doppler Measurement Techniques, Springer-Verlag, Heidelberg, **2001**.

2.60 K. Bauckhage, The Phase-Doppler-Difference Method, A New Laser-Doppler Technique for simultaneous Size and Velocity Measurements Part 1: Description of the Method, *Part. Part. Syst. Charact.* **1988**, *5*, 16–22.

2.61 N. A. Fuchs, On the Stationary Charge Distribution on Aerosol Particles in a Bipolar Ionic Atmosphere, *Geofis. Pura Appl.* **1963**, *56*, 185–193.

2.62 W. C. Hinds: *Aerosol Technology*, John Wiley & Sons, New York, **1982**.

2.63 E. O. Knutson, K. T. Witby, Aerosol Classification by Electric Mobility, Apparatus, Theory and Applications, *J. Aerosol Sci.* **1975**, *6*, 443–451.

2.64 J. Aitken, On the Number of Dust Particles in the Atmosphere, *Proc. Royal Soc. Edinburgh* **1888**, *35*.

2.65 H. Krupp: Particle Adhesion, Theory and Experiment, *Adv. Colloid Interface Sci.* **1967**, Vol. 1, 2, 111–239.

2.66 R. Polke, H. Krupp, H. Rumpf: Einflüsse auf die Adhäsion von Feststoffteilchen, Chemie, physikalische Chemie und Anwendungstechnik der grenzflächenaktiven Stoffe, *VI. Intern Kongreß für Grenzflächenaktive Stoffe, Zürich* (**1972**), Carl Hanser Verlag, München, **1973**, 773–786.

2.67 W. Schütz, H. Schubert: Der Einfluß von Anpreßkräften auf die Partikelhaftung, *Chem. Ing. Tech.* **1976**, *48*, 567.

2.68 L.-O. Heim, J. Blum, M. Preuss, H.-J. Butt: Adhesion and Friction Forces between Spherical Micrometer-sized Particles, *Phys. Rev. Lett.* **1999**, *73*, 3328–3331.

2.69 M. Kappl, H.-J. Butt, The colloidal Probe Technique and its Application to Adhesion Force Measurement, *Part. Part. Syst. Charact.* **2002**, *19*, 129–143.

2.70 R. Polke, W. Herrmann, K. Sommer: Charakterisierung von Agglomeraten, *Chem. Ing. Tech.* **1979**, *51(4)*, 283–288.

2.71 H. Reichert, Desaglomeration organischer Farbpigmente in Scherströmungen hochzäher Flüssigkeiten, *Chem. Ing. Tech.* **1973**, *45(6)*, 391–395.

2.72 H. Reichert, K. Rümling, Misch- und Agglomerationskinetik beim Kneten von Pigmentpasten, *Chem. Ing. Tech.* **1976**, *48 (6)*, 559 Synopse (vollständiges Manuskript umfasst 28 Seiten).

2.73 D. G. Bika, M. Gentzler, J. N. Michaels, Mechanical properties of agglomerates *Powder Technol.* **2001**, *117*, 98–112.

2.74 S. Froeschke, S. Kohler, A. P. Weber, G. Kasper, Impact fragmentation of nanoparticle agglomerates, *J. Aerosol Sci.* **2002**, *34/3*, 275–287.

2.75 C. Heffels, D. Heintzmann, E. D. Hirleman, B. Scarlett: The Use of Azimuthal Intensity Variations in Diffraction Patterns for Particle Shape Characterization, *Part. Part. Syst. Charact.* **1994**, *11*, 194–199.

2.76 M. Hendrix, A. Leipertz: Photonenkorrelationsspektroskopie, *Physik in unserer Zeit* **1984**, *15*, 68–75.

2.77 U. Riebel, F. Löffler: The Fundamentals of Particle Size Analysis by Means of Ultrasonic Spectrometry, *Part. Part. Syst. Charact.* **1989**, *6*, 135–143.

2.78 F. Babick, F. Hinze, M. Stintz, S. Ripperger: Ultrasonic Spectrometry for Particle Size Analysis in Dense Submicron Suspensions, *Part. Part. Syst. Charact.* **1998**, *15*, 230–236.

2.79 C. Knöche, F. Hinze, H. Friedrich, M. Stintz: Characterization of Concentrated Suspensions Using Ultrasonic and Electroacoustic Methods, *Preprint II PARTEC* **1998**, 407–418.

2.80 F. Babik, S. Ripperger, Information Content of Acoustic Attenuation Spectra, *Part.Part.Syst.Charact.* **2002**, *19*, 176–185.

2.81 J. R. Allegra, S. A. Hawle,: Attenuation of Sound in Suspensions and Emulsions:

Theory and Experiments, *J. Acoust. Soc. Am. S1* **1972**, *51*, 1545–1564.

2.82 J. Schröder: Elektrokinetische Schallamplitude, ESA – eine neue Meßmethode für Pigmentdispersionen, *farbe + lack* **1991**, *97*, 957–961.

2.83 A. Bürkholz: Einsatz von Kaskadenimpaktoren zur Staubmessung, *Staub/Umwelt* **1987**, *9*, 12–22.

2.84 S. J. Gregg, K. S. W. Sing: *Adsorption, Surface Area and Porosity*, Academic Press, London, **1982**.

2.85 E. W. Washburn: The Dynamics of Capillay Flow, *Phys. Rev. Ser. 2.17* **1921**, 273–283.

2.86 K. Reinecke, G. Petritsch, D. Schmitz, D. Mewes: Tomographische Meßverfahren – Visualisierung zweiphasiger Strömungsfelder, *Chem. Ing. Tech.* **1997**, *69*, 1379–1394.

2.87 F. Mesch: Indirekte Erfassung räumlich verteilter Meßgrößen mit berührungslosen Sensorarrays, GMA-Kongress (1990), *VDI-Berichte 855*, S. 391–403.

2.88 F. Mesch: Process Tomography – Principles and Industrial Applications, *Proceedings IMEKO XIII Congress Torino*, **1994**, 817–826.

2.89 R. Polke: Qualitätssicherung in der Feststoffverfahrenstechnik in Qualitätslenkung in der Chemie und bei der Stoffumwandlung, *GVC-Tagungsband*, Heidelberg, Juni **1992**, 3.3.2, 1–14.

2.90 A. Scholz: Ergebnissicherheit der Probenahme körniger Massengüter am Beispiel fester Brennstoffe, *Aufbereitungstechnik* **2001**, *42 (6)*, 267–277.

2.91 C. Bachmann, A. Klein: Vergleich von inline- und online-Meßsystemen mit vorgeschalteter Probenahme, *Aufbereitungstechnik* **2001**, *42 (6)*, 296–301.

2.92 R. Polke, M. Schäfer, N. Scholz,: Preparation Technology for Fine Particle Measurement, *Part. Part. Syst. Charact.* **1991**, *8*, 1–7.

2.93 C. Heffels, R. Polke, M. Schäfer, N. Scholz: Modellbasierte Präparationstechnik, *Chem. Ing. Tech.* **1999**, *71*, 966–967.

2.94 A. Zahradnicek: Untersuchungen zur Dispergierung von Quarz- und Kalksteinfraktionen im Korngrößenbereich 0,5–10 µm in strömenden Gasen, Dissertation Universität Karlsruhe, **1976**.

2.95 A. Zahradnicek: Methoden zur Aerosolherstellung aus vorgegebenen Feststoff-haufwerken, *Staub Reinh. Luft* **1975**, *35*, 226–231.

2.96 B. Koglin: Systematik der Dispergiermit-tel, *Chem. Ing. Tech.* **1974**, *46*, 720–726.

2.97 K.-L. Metzger, K. Leschonski,: Untersu-chungen eines Querstromsichters zur On-Line-Teilchen-Größenanalyse, 1. Eu-rop. Symp. Partikelmeßtechnik, *Dechema Monogr.* Bd. 79, Teil B, Verlag Chemie GmbH, Weinheim, **1976**, 77–94.

2.98 R. Polke, N. Scholz: Online Particle Mea-surement Technology for Controlling a Mill-Classifier Circuit, *PARTEC (1995)*, 461–471.

2.99 M. Polke: *Prozeßleittechnik*, Oldenbourg Verlag, München, **1994**; oder M. Polke: Process Control Engineering«, VCH-Verlag, Weinheim, **1994**.

2.100 J. Ettmüller, W. Eustachi, A. Hagenow, R. Polke, M. Rädle, M. Schäfer: Photometri-sche Messeinrichtung, Europäisches Pa-tent, Veröffentlichungsnummer 0 472 899 B1 (1995).

2.101 C. Heffels, R. Polke, M. Rädle, B. Sach-weh, M. Schäfer, N. Scholz: Control of Particulate Processes by Optical Measu-rement Techniques, *Part. Part. Syst. Cha-ract.* **1998**, *15*, 211–218.

2.102 B. Blümich, P. Blümler, R. Botto, E. Fu-kushima: *Spatially Resolved Magnetic Re-sonance*: Wiley – VCH, Weinheim, **1998**.

2.103 H. Buggisch, Anwendungen der magne-tischen Resonanz zur Aufklärung von Strukturen und Stofftransportprozessen in dispersen Systemen, *DFG-Forschungs-vorhaben einer Forschergruppe Universität Karlsruhe*, **1998**.

2.104 J. Götz, D. Müller, H. Buggisch, C. Ta-sche-Lara: NMR flow imaging of pastes in steadystate flows, *Chem. Eng. Proc.* **1994**, *33*, 385–392.

2.105 K. Leschonski: Partikelmeßtechnik, ge-genwärtige und zukünftige Entwicklun-gen, *Erzmetall* **1987**, *40*, 83–90.

2.106 R. Polke, M. Rädle, N. Scholz, Partikel-meßtechnik- Status, Trend – Bedarf, *Chem. Ing. Tech.* **1993**, *65*, 1191–1199.

2.107 P. Roth, A. Hospital: Design and Test of a Particle Mass Spectrometer (PMS), *J. Aerosol Sci.* **1994**, *25* (1) 61–73.

2.108 P. Roth, A. Filippov,: In-Situ Ultrafine Particle Sizing by a Combination of Pulsed Laser Heatup and Particle Ther-mal Emission, *J. Aerosol Sci. 27*, **1996**, *1*, 95–104.

2.109 R. Weichert: In-Situ Characterization of Nanoparticles by Polarized Light Scatte-ring and Laser-Induced Incandescence, *Kona* **1998**, *16*, 207–214.

2.110 B. J. Ennis, J. Green, R. Davies: The Le-gacy of Neglect in the U. S., *Chem. Eng. Progr.* **1994**, 32–43.

2.111 R. Polke, M. Schäfer: Particle Systems Characterization – The Key to Property Functions, *Preprints 38th Tutzing-Sympo-sium, Chemical Nanotechnology – From Visions to Products*, DECHEMA, Frank-furt, **2000**, 67–70.

2.112 F. Müller, R. Polke: Agglomeration und Strukturänderung bei der Mahlung, *Aufbereitungstechnik 43*, **2002**, *8*, 12–18.

2.113 H. Umhauer: Bestimmung der Vertei-lungszustände disperser Phasen in tur-bulenter Gasströmung mit Hilfe der Doppelimpulsholographie, DFG, 7/2-1, -/2-2 Abschlussbericht (**1995**).

2.114 G. Schulte: Zweidimensionale Verteilun-gen von Partikeleigenschaften. Habilitati-onsschrift Universität Bremen **1994**.

2.115 J. Raasch, H. Umhauer: Computation of the frequency distribution of distanzes between particles randomly distributed, *Part. Part. Syst. Charact. 6*, **1989**, 13–16.

2.116 T. Lehre B. Jungfleisch, R. Suntz, H. Bockhorn: Development of a measuring technique for simultaneous in-situ detec-tion of nanoscaled particle size distributi-ons and gas temperatures, *Chemosphere 51*, **2003**, *10*, 1055–1061.

3.1 H. Schlichting: *Grenzschicht-Theorie*, 8. Auflage, Verlag Braun, Karlsruhe **1982**.

3.2 H. Brauer: *Grundlage der Einphasen- und Mehrphasenströmungen*, Sauerländer Ver-lag, Aarau-Frankfurt/Main **1971**.

3.3 C. M. Tchen: *Mean Value and Correlation Problems Connected with the Motion of Small Particles Suspended in a Turbulent Fluid*, Diss. Univ. Delft **1947**.

3.4 L. M. Brush, H. W. Ho, B. C. Yen: *Proc. Am Soc. Civ. Eng.* **1964**, *90*, HY1, 149.

3.5 L. B. Torobin, W. H. Gauvin: *Can. J. Chem. Eng.* **1959**, *37*, 224.

3.6 H.-J. Schmid: *Zum Partikeltransport in Elektrischen Abscheidern*, Shaker Verlag, Aachen, **1999**.

3.7 O. Sawatzki: *Über den Einfluß der Rota-*

tion und der Wandstöße auf die Flugbahnen kugeliger Teilchen im Luftstrom, Diss. Univ. Karlsruhe **1960**.

3.8 H. Brenner: *Chem. Eng. Sci.* **1963**, *18*, 1; **1964**, *19*, 599.

3.9 C. N. Davies: *Proc. Phys. Soc.* **1945**, *57*, 259.

3.10 H. Brenner: *Chem. Eng. Sci.* **1961**, *16*, 242.

3.11 R. Ladenburg: *Annalen der Physik*, 4. Folge, **1907**, *23*, 447.

3.12 H. Brenner, J. Happel: *J. Fluid Mech.* **1958**, *4*, 195.

3.13 G. Rubin: *Widerstands- und Auftriebsbeiwerte von ruhenden, kugelförmigen Partikeln in stationären, wandnahen, laminaren Grenzschichten*, Diss. Univ. Karlsruhe **1977**.

3.14 K. Bauckhage: *Zur Entmischung nicht sedimentierender Suspensionen bei laminarer Rohrströmung*, Diss. Techn. Univ. Clausthal **1973**.

3.15 A. J. Goldman, R. G. Cox, H. Brenner: *Chem. Eng. Sci.* **1966**, *21*, 1151.

3.16 B. Koglin: *Chem. Ing. Tech.* **1971**, *43*, 761.

3.17 S. Ergun: *Chem. Eng. Prog.*, *48*, **1952**, 89.

3.18 O. Molerus: *Principles of Flow in Disperse Systems*, Chapman & Hall, London, **1993**.

3.19 O. Molerus, K.-E. Wirth: *Heat Transfer in Fluidized Beds*, Chapman & Hall, London, **1997**.

3.20 D. Kunii, O. Lev enspiel: *Fluidization Engineering* (Chemical Engineering Series), Butterworth-Heinemann, **1991**.

3.21 J. F. Richardson, J. Zaki in J. F. Davidson, D. Harrison (Hrsg.): *Incipient Fluidization*, Academic Press, London, **1971**.

3.22 J. Werther: *Chem. Ing. Tech.* **1977**, *49*, 193.

3.23 O. Molerus: *Fluid-Feststoff-Strömungen*, Springer-Verlag, Berlin **1982**.

3.24 L. Reh: *Chem. Ing. Tech.* 40 (1986), 509.

3.25 D. Geldart: *Powder Technol.* **1973**, *7*, 285.

3.26 J. Werther: *Chem. Ing. Tech.* **1976**, *48*, 339.

3.27 J. Werther: GVC/AIChE – Joint Meeting und Jahrestreffen, München, Sept. 1974, Preprints, Bd. 3 (1974), E2-2/1.

3.28 K.-E. Wirth: *Zirkulierende Wirbelschichten*, Springer-Verlag, Berlin, **1990**.

4.1 K. Leschonski, in *Ullmann's Encyclopädie der technischen Chemie*, 4. Aufl., Bd. 2, Verlag Chemie, Weinheim, **1972**.

4.2 W. Batel: *Entstaubungstechnik*, Springer, Berlin, **1972**.

4.3 F. Ebert: *Chem.-Ing.-Tech.* **1978**, *50*, 181.

4.4 S. L. Soo: *The Fluid Dynamics of Multiphase Systems*, Blaisdell Publishing, Waltham, MA, **1967**.

4.5 P. Meißner: *Zur turbulenten Drehsenkenströmung in Zyklonabscheidern*, Dissertation, TH-Karlsruhe, **1978**.

4.6 E. Muschelknautz, V. Greif, M. Trefz: *Zyklone zur Abscheidung von Feststoffen aus Gasen*, VDI-Wärmeatlas, 7. Auflage, VDI-Verlag, Düsseldorf, **1994**, Lja1-Lja11.

4.7 E. Muschelknautz, W. Krambrock: Aerodynamische Beiwerte des Zyklonabscheiders aufgrund neuer verbesserter Messungen, *Chem. Ing. Tech.* **1970**, *42* (5), 247–255.

4.8 M. Morweiser: *Einfluß von Druck und Temperatur auf Trenngrad und Druckverlust von Aerozyklonen*, Dissertation, TU Braunschweig, **1998**.

4.9 W. Rentschler: *Abscheidung und Druckverlust des Gaszyklons in Abhängigkeit von der Staubbeladung*, VDI-Fortschr.-Ber., Reihe 3, Nr. 242, Düsseldorf, **1991**.

4.10 H. Mothes, F. Löffler: Zur Berechnung der Partikelabscheidung in Zyklonen, *Chem. Eng. Process*, **1984**, *18*, 323–331.

4.11 T. Lorenz: *Heißgasentstaubung mit Zyklonen*, VDI-Fortschr. Ber., Reihe 3, Nr. 366, Düsseldorf, **1994**.

4.12 VDI-Richtlinie 3679 Nassabscheider für partikelförmige Feststoffe, VDI-Verlag, Düsseldorf, **1998**.

4.13 E. Weber, W. Brocke: *Apparate und Verfahren der industriellen Gasreinigung*, R. Oldenbourg Verlag, München-Wien, **1973**.

4.14 E. Muschelknautz, G. Hägele, U. Muschelknautz: *Behandlung von Abluft und Abgasen*, Springer-Verlag, Berlin, **1996**, Kapitel 6 Nassabscheider.

4.15 R. Birr, M. List: *Verfahrenstechnische Berechnungmethoden*, Teil 3 Mechanisches Trennen in fluider Phase, VCH-Verlag Weinheim, **1985**, Kapitel 15 Nassabscheider.

4.16 F. Mayinger, M. Neumann: Staubabscheidung in Venturi-Wäschern, *Chem. Ing. Tech.* **1977**, *49* (5), 433.

4.17 K. Holzer: Nassabscheidung von Feinstäuben und Aerosolen, *Chem. Ing. Tech.*
1979, *51* (3), 200–207.

4.18 F. Löffler: *Chem.-Ing.-Tech.* 1980, *52*, 312.

4.19 F. Löffler: *Technik der Gas-Feststoffströ-
mung, Sichten, Abscheiden, Fördern, Wirbelschichten*, Tagung Düsseldorf, Dez.
1981. Preprints, S. 77. VDI-Gesellschaft,
Düsseldorf, Verfahrestechnik und Chemieingenieurwesen (GVC) 1981.

4.20 C. N. Davies: *Air Filtration*, Academic
Press, London, 1973.

4.21 F. Löffler: *Staubabscheiden*, Thieme,
Stuttgart, 1988.

4.22 R. C. Brown: *Air Filtration*, Pergamon
Press, Oxford, 1993.

4.23 H.-J. Rembor: *Das Verhalten von Tiefenfiltern bei zunehmender Beladung*, Shaker
Verlag, Aachen 2002.

4.24 H. Dietrich: *Staub-Reinhalt. Luft* 1979,
39, 314.

4.25 VDI-Richtlinie 3677: Filternde Abscheider. Beuth, Berlin, 1997.

4.26 F. Löffler, H. Dietrich, Flatt, W.: *Staubabscheidung mit Schlauchfiltern und Taschen-
filtern.* Vieweg, Braunschweig, 1991.

4.27 R. Klingel: *Untersuchung der Partikelabscheidung aus Gasen an einem Schlauchfilter mit Druckstoßabreinigung*, Diss., Univ.
Karlsruhe 1982. Fortschr.-Ber. VDI Z.,
Reihe 3, 1983, Nr. 76.

4.28 J. Sievert: *Physikalische Vorgänge bei der
Regenerierung des Filtermediums in
Schlauchfiltern mit Druckstoßabreinigung*,
VDI Verlag, Düsseldorf, 1988.

4.29 E. Schmidt: *Abscheidung von Partikeln aus
Gasen mit Oberflächenfiltern*, VDI-Verlag,
Düsseldorf, 1988.

4.30 G. Mayer-Schwinning, R. Rennhack:
Chem.-Ing.-Tech. 1980, *52*, 375.

4.31 VDI-Richtlinie 3678: Elektrofilter, Beuth,
Berlin 1998.

4.32 E. Schmidt: *Rohgaskonditioierung und
Partikelabscheidung.* Shaker Verlag, Aachen, 2000.

4.33 E. Weber, W. Brocke: *Apparate und Ver-
fahren der industriellen Gasreinigung*,
Bd. 1: Feststoffabscheidung, Oldenbourg,
München, 1973.

4.34 M. Robinson in W. Strauss (Hrsg.): *Air
Pollution Control*, Wiley, New York, 1971,
S. 227.

4.35 K. R. Parker: *Applied Electrostatic Precipi-
tation*, Blackie Academic, London, 1997.

4.36 H.-J. Schmid: *Zum Partikeltransport in
Elektrischen Abscheidern*, Shaker Verlag,
Aachen, 1999.

4.37 K. Leschonski: *Chem.-Ing.-Tech.*, 1977,
49, 708.

4.38 K. Leschonski: *Die Technik des Windsichtens in: Technik der Gas/Feststoff-Strömung
– Sichten, Abscheiden, Fördern, Wirbelschichten*, VDI-Verlag, Düsseldorf,
1986.

4.39 M. Stieß: *Mechanische Verfahrenstechnik
1*, Springer-Verlag, Berlin, 1995.

4.40 K. Leschonski: *Aufbereitungstechnik*,
1972, *13*, 751.

4.41 J. Wessel: *Aufbereitungstechnik*, 1962, *3*,
222.

4.42 A. H. Stebbins: US Patent 1861248,
1920.

4.43 F. Kaiser: *Chem.-Ing.-Tech.* 35 (1963),
273.

4.44 H. Rumpf: *Über die bei der Bewegung bei
Pulvern in spiraligen Luftströmungen auf-
tretende Sichtwirkung.* Diss., Techn.
Hochschule Karlsruhe, 1939.

4.45 R. Fritsch: *Chem.-Tech. (Heidelberg)*,
1977, 6, 473.

4.46 K. Husemann: *Aufbereitungstechnik*,
1990, *31*, 359.

4.47 R. Bott, Th. Langeloh: *Solid/Liquid-Sepa-
ration Lexicon*, Wiley-VCH, Weinheim,
2002.

4.48 T. C. Dickenson: *Filters and Filtration
Handbook*, Elsevier Advanced Techno-
logy, Oxford, 1997.

4.49 H. Gasper: *Handbuch der industriellen
Fest-Flüssig-Trennung*, Wiley-VCH, Weinheim, 2000.

4.50 H. Irmler: *Filtration mit keramischen
Membranen*, Vulkan, Essen, 2001.

4.51 M. Jornitz, Th. Meltzer: *Sterile Filtration*,
Marcel Decker Inc., New York-Basel,
2001.

4.52 W. W.-F. Leung: *Industrial Centrifugation
Technology*, McGraw-Hill, NewYork,
1998.

4.53 D. Purchas: *Handbook of Filtermedia*,
Elsevier Advanced Technology, Oxford,
1996.

4.54 S. Ripperger: *Mikrofiltration mit Membranen*, VCH, Weinheim, 1992.

4.55 A. Rushton, A. S. Ward, R. G. Holdich:
*Solid-Liquid Filtration and Separation
Technology*, Wiley-VCH, Weinheim, 1996.

4.56 H. Schubert: *Kapillarität in porösen Fest-*

stoffsystemen, Springer, Berlin-Heidelberg-NewYork, **1982**.

4.57 L. Svarovsky: *Solid-Liquid Separation*, Butterworth Heinemann, Oxford, **2000**.

4.58 R. J. Wakeman, E. S. Tarleton: *Filtration-Euipment Selection Modelling and Process Simulation*, Elsevier Advanced Technology, Oxford, **1999**.

5.1 K. Schönert, Bruchvorgänge und Mikroprozesse des Zerkleinerns (Kap. 3.4) und Zerkleinern (Kap. 5.1), in *Handbuch der Mechanischen Verfahrenstechnik* (Hrsg.: H. Schubert), Wiley-VCH, Weinheim, **2003**.

5.2 H. Schubert, *Aufbereitung fester mineralischer Rohstoffe*, Bd. 1, 4. Aufl., VEB Deutscher Verlag für Grundstoffindustrie, Leipzig, **1989**.

5.3 K. Höffl, *Zerkleinerungs- und Klassiermaschinen*, VEB Deutscher Verlag für Grundstoffindustrie, Leipzig, **1985**.

5.4 *Zerkleinerungstechnik* (Hrsg.: M. H. Pahl), Verlag TÜV Rheinland, Köln, **1991**.

5.5 G. Schubert, *Aufbereitung metallischer Sekundärrohstoffe*, VEB Deutscher Verlag für Grundstoffindustrie, Leipzig, **1984**.

5.6 *SME Mineral Processing Handbook* (Hrsg.: N. L. Weiss), Society of Mining Engineers, New York, **1985**.

5.7 J. Priemer, *Untersuchungen zur Prallzerkleinerung von Einzelteilchen*, Fortschritt-Berichte VDI Reihe 3 Nr. 8, VDI-Verlag, Düsseldorf, **1965**.

5.8 P. May, *Freiberger Forschungshefte A* **1975**, *560*, 29–106.

5.9 L. Vogel, W. Peukert, *Powder Technol.* **2003**, *129*, 101–110.

5.10 K. Klotz, H. Schubert, *Powder Technol.* **1982**, *32*, 129–137.

5.11 B. Buss, J. Hanisch, H. Schubert, *Neue Bergbautechnik* **1984**, *12*, 277–283.

5.12 J. Liu, K. Schönert, Modelling of interparticle breakage, *Comminution 1994* (Hrsg.: K.S.E. Forssberg, K. Schönert), Elsevier, Amsterdam, **1996**.

5.13 W. Heß, K. Schönert, *Brittle-plastic transition in small particles*, Proceedings 1981 Powtech Conference, Institution of Chemical Engineers, Rugby, D2/G/1 – D2/G/18, **1981**.

5.14 *Festkörperchemie* (Hrsg.: V. Boldyrev, K. Meyer), VEB Deutscher Verlag für Grundstoffindustrie, Leipzig, **1973**.

5.15 E. M. Gutman, *Mechanochemistry of solid surfaces*, World Scientific Publishing, Singapore, **1994**.

5.16 P. Baláž, *Extractive metallurgy of activated minerals*, Elsevier, Amsterdam, **2000**.

5.17 P. A. Rehbinder, G. S. Chodakow, *Silikattechnik* **1962**, *13*, 200–208.

5.18 E. Gock, *Beeinflussung des Löseverhaltens sulfidischer Rohstoffe*, Habilitationsschrift, TU Berlin, **1977**.

5.19 K. H. Matucha, K. Drefahl, G. Korb, M. Rühle, *Neue oxid-dispersionsgehärtete Legierungen für Hochtemperaturanwendungen, Ingenieur-Werkstoffe im technischen Fortschritt*, VDI Bericht 797, VDI Verlag Düsseldorf, **1990**.

5.20 ISMANAM 2001, International Symposium on Metastable Mechanically Alloyed and Nanocrystalline Materials, Ann Arbor, **2001**.

5.21 J. Schwedes, A. Kwade, H. H. Stender, *Zerkleinern und Dispergieren in Rührwerkskugelmühlen*, Hochschulkurs Institut für Mechanische Verfahrenstechnik, Techn. Universität Braunschweig, **2000**.

5.22 A. J. Lynch, *Mineral crushing and grinding circuits*, Elsevier, Amsterdam, **1977**.

5.23 L. G. Austin, R. R. Klimpel, P. T. Luckie, *Process engineering of size reduction: ball milling*, Society of Mining Engineers AIME, New York, **1984**.

5.24 T. Napier-Munn, S. Morrell, R. Morrison, T. Kojovic, *Mineral comminution circuits: their operation and design*, Julius Kruttschnitt Mineral Research Centre, Indooroopilly, Australia, **1999**.

6.1 M. Kind, *Chem. Eng. Proc.* **1999**, *38*, 405.

6.2 H. Krupp, *Adv. Colloid Interface Sci.* **1967**, *1*, 111.

6.3 H. Rumpf, *Chem. Ing. Tech.* **1958**, *30*, 144 und 329.

6.4 D. Roth, *Amorphisierung bei der Zerkleinerung und Rekristallisation als Ursachen der Agglomeration von Puderzucker und Verfahren zu deren Vermeidung*, Dissertation, Universität Karlsruhe (TH), Fakultät für Chemieingenieurwesen, Karlsruhe **1976**.

6.5 I. Charé, *Trockung von Agglomeraten bei Anwesenheit auskristallisierender Stoffe: Festigkeit und Struktur der durch die auskristallisierten Stoffe verfestigten Granulate*, Dissertation, Universität Karlsruhe (TH), Fakultät für Chemieingenieurwesen, Karlstuhe **1976**.

6.6 H. Schubert, *Untersuchungen zur Ermittlung von Kapillardruck und Zugfestigkeit von feuchten Haufwerken aus körnigen Stoffen*, Dissertation, Universität Karlsruhe (TH), Fakultät für Chemieingenieurwesen, Karlsruhe **1972**.

6.7 W. Schütz, *Haftung von Feststoffpartikeln an Festkörperoberflächen in gasförmiger Umgebung*, Disertation, Universität Karlsruhe (TH), Fakultät für Chemieingenieurwesen, Karlsruhe **1979**.

6.8 H. Rumpf, *Chem. Ing. Tech.* **1974**, *46*, 1.

6.9 W. Pietsch, *Size Enlargement by Agglomeration*, Wiley, Chichester, UK **1991**.

6.10 M. Kappl, H.-J. Butt, *Particle Particle Syst. Character.* **2002**, *19*, 129.

6.11 B. Hoffmann, G. Hüttl, K. Heger, B. Kubier, G. Marx, K. Husemann, *KONA* **2001**, *19*, 131.

6.12 W. Peukert, C. Mehler, M. Götzinger, *Appl. Surf. Sci.* **2002**, *196*, 30.

6.13 K. L. Johnson, K. Kendal, A. D. Roberts, *Proc. R. Soc. London, Ser. A* **1971**, *324*, 301.

6.14 W. Schütz, H. Schubert, *Chem. Ing. Tech.* **1976**, *48*, 567.

6.15 H. Schubert, K. Sommer, H. Rumpf, *Chem. Ing. Tech.* **1976**, *48*, 716.

6.16 B. Koglin, *Chem. Ing. Tech.* **1974**, *46*, 720.

6.17 J. Lyklema, *Fundamentals of interface and colloid science*, Academic Press, London **1991**.

6.18 J. N. Israelachvili, *Intermolecular and surface forces*, 2. Aufl., Academic Press, London **1992**.

6.19 R. H. Müller, *Zetapotential und Partikelladung in der Laborpraxis*, Wissenschaftliche Verlagsgesellschaft, Stuttgart **1996**.

6.20 W. A. Ducker, *J. Appl. Phys.* **1990**, *67*, 4045.

6.21 J. L. Hutter, J. Bechhoefer, *Rev. Sci. Instrum.* **1993**, *64*, 1868.

6.22 H. J. Butt, *J. Colloid Interface Sci.* **1994**, *166*, 109.

6.23 D. C. Prieve, N. A. Frej, *Langmuir* **1990**, *6*, 396.

6.24 M. Stieß, *Mechanische Verfahrenstechnik*, Springer, Berlin **1993**.

6.25 *Handbuch der Mechanischen Verfahrenstechnik* (Hrsg.: H. Schubert), Wiley-VCH, Weinheim **2002**.

6.26 W. Pietsch, *Agglomeration Processes*, Wiley-VCH, Weinheim, **2002**.

6.27 H. Rumpf, *Mechanische Verfahrenstech-*

6.28 H. Schubert, *Agglomerieren*, in *Grundzüge der Verfahrenstechnik und der Reaktionstechnik* (Hrsg.: K. Dialer, U. Onken, K. Leschonski), Hanser, München **1986**.

6.29 K. Sommer, *Agglomerationskinetik zur Simulation von Agglomerationsprozessen*, in *Preprints of the 3rd Int. Symp. on Agglomeration*, Nürnberg **1981**.

6.30 H. Schubert, *Chem. Ing. Tech.* **1990**, *62*, 892.

6.31 H. Mothes, *Bewegung und Abscheidung der Partikeln im Zyklon*, Dissertation, Universität Karlsruhe (TH), Fakultät für Chemieingenieurwesen, Karlsruhe **1982**.

6.32 S. Hogekamp, *Über eine modifizierte Strahlagglomerationsanlage zur Herstellung schnell dispergierbarer Pulver*, Dissertation, Universität Karlsruhe (TH), Fakultät für Chemieingenieurwesen, Karlsruhe **1997**.

6.33 S. Hogekamp, *Chem. Ing. Tech.* **1999**, *71*, 81.

6.34 S. Hogekamp, *Chem. Ing. Tech.* **1999**, *71*, 267.

6.35 U. Bröckel, *Untersuchungen zur Benetzungskinetik zwischen Partikeln und Kollektoren bei der Umbenetzungsagglomeration in Flüssigkeiten*, Dissertation, Universität Karlsruhe (TH), Fakultät für Chemieingenieurwesen, Karlsruhe **1991**.

6.36 M. Müller, *Untersuchungen zum Flockenwachstum bei der Agglomeration in Flüssigkeiten*, Dissertation, Universität Karlsruhe (TH), Fakultät für Chemieingenieurwesen, Karlsruhe **1996**.

6.37 K. Sommer, *Misch- und Rollagglomeration*, in Begleitmaterial zum Hochschulkurs »Pulverförmige Formulierungen«, Institut für Lebensmittelverfahrenstechnik der Fakultät für Chemieingenieurwesen, Karlsruhe **2001**.

6.38 W. Dötsch, *Agglomerationskinetik zur Simulation von Agglomerationsprozessen im Agglomerierteller*, VDI-Verlag, Düsseldorf **1988**.

6.39 T. Koch, *Modellierung der kontinuierlichen Wirbelschichtagglomeration*, Dissertation, Technische Universität München, Fakultät für Fakultät für Brauwesen, Lebensmitteltechnologie und Milchwissenschaft, München **1995**.

6.40 S. Heinrich, *Modellierung des Wärme- und*

Stoffübergangs sowie der Partikelpopulationen bei der Wirbelschicht-Sprühgranulation, VDI-Verlag, Düsseldorf **2001**.

6.41 K. C. Link, E.-U. Schlünder, *Chem. Ing. Tech.* **1996**, *68*, 1139.

6.42 R.-D. Becher, E.-U. Schlünder, *Chem. Ing. Tech.* **1997**, *69*, 805.

6.43 J. Zank, M. Kind, E.-U. Schlünder, *Chem. Ing. Tech.* **2000**, *72*, 1098.

6.44 J. Rangelova, J. Dalichau, S. Heinrich, L. Mörl, *Chem. Ing. Tech.* **2001**, *73*, 1124.

6.45 M. Ihlow, S. Heinrich, M. Henneberg, M. Peglow, L. Mörl, *Chem. Ing. Tech.* **2001**, *73*, 197.

6.46 G. Krüger, L. Mörl, H.-J. Künne, *Chem. Ing. Tech.* **1998**, *70*, 980.

6.47 E. Machnow, M. Ihlow, M. Henneberg, S. Heinrich, L. Mörl, *Chem. Ing. Tech.* **2001**, *73*, 68.

6.48 H. Uhlemann, L. Mörl, *Wirbelschicht-Sprühgranulation*, Springer, Berlin **2000**.

6.49 H. Uhlemann, *Chem. Ing. Tech.* **1990**, *62*, 822.

6.50 M. Kuentz, H. Leuenberger, *Powder Technol.* **2001**, *111*, 145.

6.51 J. A. Dressler, K. G. Wagner, M. A. Wahl, P. C. Schmidt, *Drugs Made in Germany* **2001**, *44* (3), 70.

6.52 G. Röscheisen, P. C. Schmidt, *Eur. J. Pharm. Biopharm.* **1995**, *41*, 302.

6.53 T. Moritz, *Sprühgefriergranulierung von Siliciumnitridpulvern aus nichtwäßrigen Suspensionen*, Dissertation, TU Bergakademie Freiberg, Freiberg **1995**.

6.54 M. Wollny, *Über das Gestalten der Eigenschaften von Instantprodukten mit dem Verfahren der Strahlagglomeration*, Dissertation, Universität Karlsruhe (TH), Fakultät für Chemieingenieurwesen, Karlsruhe **2002**.

6.55 R. Weichert (Hrsg.), *Reprints 7th Europ. Symp. Particle Character.*, Nürnberg, PARTEC 98, 10–12 March, **1998**.

6.56 DIN Deutsches Institut für Normung, *DIN-Taschenbuch 133: Partikelmeßtechnik*, Beuth, Berlin **1997**.

6.57 R. Polke, W. Herrmann, K. Sommer, *Chem. Ing. Tech.* **1979**, *51*, 283.

6.58 S. Hogekamp, M. Pohl, *Powder Technol.* **2003**, *130*, 385.

6.59 H. Rumpf, *Chem. Ing. Tech.* **1970**, *42*, 538.

6.60 H. Schubert, *Chem. Ing. Tech.* **1973**, *45*, 396.

6.61 H. Schubert, *Kapillarität in porösen Feststoffsystemen*, Springer, Berlin **1982**.

6.62 M. Wollny, H. Schubert, *Eine neue Methode zur Bestimmung des zeitlichen Benetzungsverhaltens von Partikelschüttungen*, DECHEMA Jahrestagung 1999, Kurzfassungen Band II, S. 369–371.

7.1 A. D. Fokker, *Ann. Physik (Leipzig)* **1914**, *43*, 810–820.

7.2 M. Planck, *Sonderber. Preuß.-Akad. Wiss. physik. math. Kl.* **1917**, 324–341.

7.3 H. S. Carslaw, J. C. Jaeger: *Conduction of Heat in Solids*, 2nd ed., Clarendon Press, Oxford, **1959**.

7.4 K. Sommer: *Probennahme von Pulvern und körnigen Massengütern*, Springer-Verlag, Berlin-Heidelberg-New York, **1979**.

7.5 M. Zlokarnik: *Rührtechnik*, Springer-Verlag, Berlin-Heidelberg, **1999**.

7.6 M. Zlokarnik: *Stirring*, Wiley-VCH, Weinheim, **2001**.

7.7 S. Ibrahim, A. W. Nienow, *TransIChemE* **1995**, *73*, Part A 485–491.

7.8 K. Bittins, P. Zehner, *Chem. Eng. Process.* **1994**, *33*, 295–301.

7.9 T. Espinosa-Solares et. al,. *Chem. Eng. J.* **1997**, *67*, 215–219.

7.10 M. Pahl, A. Brenke, Y. Luo, *Chem. Eng. Technol.* **1996**, *19*, 503–509.

7.11 M. Zlokarnik, *Chem. Ing. Tech.* **1967**, *39*, 539.

7.12 H.-J. Henzler, *VDI-Forschungsh.* **1978**, *44*, Nr. 587.

7.13 M. Opara: *Verfahrenstechnik (Mainz)* **1975**, *9*, 44.6.

7.14 K. Kipke, E. Todtenhaupt, *Verfahrenstechnik (Mainz)* **1982**, *16*, 497.

7.15 K. Kipke, *Chem.-Ing.-Tech.* **1982**, *54*, 416.

7.16 W. Büche, *VDI Z.* **1937**, *81*, 1065.

7.17 H. Schubert et al.: *Mechanische Verfahrenstechnik*. Bd.1, Deutscher Verlag für Grundstoffindustrie, Leipzig, **1977**.

7.18 S. Nagata: *Mixing, Principles and Applications*, Wiley-Kodansha, Tokyo, **1975**.

7.19 K. Kipke, *2nd European Congress of Biotechnology*, Eastbourne, April **1981**.

7.20 F. Strek, J. Karcz, *Chem. Eng. Process.* **1991**, *29*, 165–172.

7.21 W. D. Einenkel, A. Mersmann, *Verfahrenstechnik (Mainz)* **1977**, *11*, 90.

7.22 F. Langner, H. M. Moritz, K. H. Reichert, *Chem. Ing. Tech.* **1979**, *51*, 746.

7.23 K.-H. Hartung, J. W. Hiby, *Chem. Ing. Tech.* **1972**, *44*, 1051.

7.24 W. Tauscher, F. Streff, R. Bürgi, *VGB Kraftwerkstechnik* **1980**, *60*, 290.

7.25 H.-J. Henzler, Continuous Mixing of Fluids, *Ullmann's Encyclopedia of Industrial Chemistry* Vol. B4, VCH-Verlag, Weinheim, **1992**, pp. 561–586.

7.26 L. Sroka, L. Forney, *Ind. Eng. Chem. Res.* **1989**, *28*, 850–856.

7.27 G. Schneider, *Chem. Rundschau (Solothurn)* **1980**, *33* (*33*), 1.

7.28 S. J. Chen, *KTEK&Blätter Nr. 1&B*, Kenics Corp. Danvers/Mass., **1972**.

7.29 W. Müller, *Verfahrenstechnik (Mainz)* **1981**, *15*, 104.

7.30 M. H. Pahl, E. Muschelknautz, *Chem. Ing. Tech.* **1979**, *51*, 347.

7.31 H. Herrmann: *Schneckenmaschinen in der Verfahrenstechnik*, Springer-Verlag, Berlin, **1972**.

7.32 H. Herrmann, *Chem. Ing. Tech.* **1980**, *52*, 272.

7.33 K. Sommer, *J. Powder Bulk Solids Technol.* **1979**, *3*, 2–9.

7.34 K. Sommer, *Kona* **1996**, *14*, 73–78.

7.35 J. C. Williams, M. A. Rahmann, *Powder Technol.* **1971**, *5*, 307–316.

7.36 P. Eichler, G. Dau, F. Ebert, *Schüttgut* **1997**, *3*, 291–294, 443–451.

7.37 H. Dauth: *Einfluss der Verweilzeitverteilung auf den Mischeffekt in Schwerkraft-Mischsilos*, Dissertation TU München, **1999**.

7.38 W. Müller, H. Rumpf, *Chem. Ing. Tech.* **1966**, *38*, 137–145.

7.39 W. Müller, *Chem. Ing. Tech.* **1981**, *53*, 831.

7.40 W. Entrop, *C. R.-Int. Symp. Mixing*, Mons, Febr. 1978. Bericht D1, S. 1.

7.41 K. Sommer, *Powder Mixing Preprints 1. Int. Particle Technology Forum*, Denver, **1994**.

7.42 K. Sommer, *Kona* **1996**, *14*, 73–78.

7.43 V. Kehlenbeck, K. Sommer: Modelling of the mixing process of very fine powders in a continuous dynamic mixer, *Proceedings of the »4th International Conference for Conveying and Handling of Particulate Solids«*, Budapest, **2003**.

8.1 A. W. Jenike, *Storage and Flow of Solids*, Bull. 123 Utah Engng. Exp. Station, Salt Lake City, Univ. of Utah, **1964**.

8.2 J. Schwedes, *Fließverhalten von Schüttgütern in Bunkern*, Verlag Chemie, Weinheim, **1968**.

8.3 J. Schwedes, D. Schulze, *Lagern von Schüttgütern*, in *Handbuch der Mechanischen Verfahrenstechnik* (Hrsg.: H. Schubert), Wiley-VCH, Weinheim, **2002**, S. 1137–1253.

8.4 J. Schwedes, *2. Europ. Sympos. Partikelmesstechnik*, Nürnberg, Sept. 1979, S. 278.

8.5 J. Schwedes, *Review on testers for measuring flow properties of bulk solids*, Granular Matter **2003**, *5*, 1.

8.6 O. Molerus, *Schüttgutmechanik*, Springer-Verlag, Berlin-Heidelberg-New York, **1985**.

8.7 J. Tomas, *Schüttgut* **2002**, *8*, 522.

8.8 D. Schulze, *Schüttgut* **1996**, *2*, 347.

8.9 L. ter Borg, *Chem. Ing. Techn.* **1981**, *53*, 662.

9.1 B.E.A. Jacobs: *Design of Slurry Transport Systems*, Chapman & Hall, London, **1998**.

9.2 R. D. Marcus; L. S. Leung; G. E. Klinzing; F. Riszk: *Pneumatic Conveying of Solids*, Chapman & Hall, London, **1990**.

9.3 E. Muschelknautz; H. Wojahn: *Chem.-Ing.-Tech.* **1974**, 46, 223.

9.4 K.-E. Wirth: *Theoretische und experimentelle Bestimmungen von Zusatzdruckverlust und Stopfgrenze bei der pneumatischen Strähnenförderung*, Diss. Univ. Erlangen-Nürnberg, **1980**.

9.5 O. Molerus; U. Heucke: *Powder Technology* **1999**, 102, 135.

Stichwortverzeichnis